“超材料前沿交叉科学丛书”编委会

超材料前沿交叉科学丛书

信息超材料

崔铁军　张　磊　吴瑞元　著

科学出版社
龍門書局
北　京

内 容 简 介

本书由东南大学毫米波全国重点实验室崔铁军院士团队成员合作编写，涵盖了该团队近年来在信息超材料领域的众多研究成果。本书系统地阐述了信息超材料的基本原理和设计方法，包括数字编码超材料、现场可编程超材料、时间/时空编码超材料和信息超材料的信息理论等方面的最新进展；同时也介绍了信息超材料在无线通信、微波/雷达成像和智能可编程系统中的重要应用。

本书简明易懂、逻辑清晰，对从事超材料、超表面及其他相关领域的研究人员具有重要的参考价值，也可作为电子信息技术相关专业研究人员和高等院校师生的参考用书。

图书在版编目（CIP）数据

信息超材料 / 崔铁军, 张磊, 吴瑞元著. -- 北京 : 龙门书局, 2024. 11.
(超材料前沿交叉科学丛书). -- ISBN 978-7-5088-6487-7

Ⅰ. TN04

中国国家版本馆 CIP 数据核字第 2024TA6541 号

责任编辑：陈艳峰　杨　探 / 责任校对：高辰雷
责任印制：赵　博 / 封面设计：无极书装

科学出版社
龍門書局 出版
北京东黄城根北街 16 号
邮政编码：100717
http://www.sciencep.com
北京建宏印刷有限公司印刷
科学出版社发行　各地新华书店经销
*
2024 年 11 月第 一 版　开本：720×1000　1/16
2024 年 11 月第一次印刷　印张：15 3/4
字数：315 000

定价：138.00 元

(如有印装质量问题，我社负责调换)

丛 书 序

酝酿于世纪之交的第四次科技革命催生了一系列新思想、新概念、新理论和新技术，正在成为改变人类文明的新动能。其中一个重要的成果便是超材料。进入 21 世纪以来，“超材料”作为一种新的概念进入了人们的视野，引起了广泛关注，并成为跨越物理学、材料科学和信息学等学科的活跃的研究前沿，并为信息技术、高端装备技术、能源技术、空天与军事技术、生物医学工程、土建工程等诸多工程技术领域提供了颠覆性技术。

超材料 (metamaterials) 一词是由美国得克萨斯大学奥斯汀分校 Rodger M. Walser 教授于 1999 年提出的，最初用来描述自然界不存在的、人工制造的复合材料。其概念和内涵在此后若干年中经历了一系列演化和迭代，形成了目前被广泛接受的定义：通过设计获得的、具有自然材料不具备的超常物理性能的人工材料，其超常性质主要来源于人工结构而非构成其结构的材料组分。可以说，超材料的出现是人类从“必然王国”走向“自由王国”的一次实践。

60 多年前，美国著名物理学家费曼说过：“假如在某次大灾难里，所有的科学知识都要被毁灭，只有一句话可以留存给新世代的生物，哪句话可以用最少的字包含最多的讯息呢？**我相信那会是原子假说。**”所谓的原子假说，是来自古希腊思想家德谟克利特的一个哲学判断，认为世间万物的性质都决定于构成其结构的基本单元，这一单元就是“原子”。原子假说之所以重要，是因为它影响了整个西方的世界观、自然观和方法论，进而导致了 16—17 世纪的科学革命，从而加速了人类文明的演进。19 世纪英国科学家道尔顿借助科学革命的成果，尝试寻找德谟克利特假说中的“原子”，结果发现了我们今天大家熟知的原子。然而，站在今天人类的认知视野上，德谟克利特的“原子”并不等同于道尔顿的原子，而后者可能仅仅是前者的一个个例，因为原子既不是构成物质的最基本单元，也不一定是决定物质性质的单元。对于不同的性质，决定它的结构单元也是千差万别的，可能是比原子更大尺度的自然结构 (如分子、化学键、团簇、晶粒等)，也可能是在原子内更微观层次的结构或状态 (如电子、电子轨道、电子自旋、中子等)。从这样的分析中就可以引出一个问题：我们能否人工构造某种特殊“原子”，使其构成的材料具有自然物质所不具备的性质呢？答案是肯定的。用人工原子构造的物质就是超材料。

超材料的实现不再依赖于自然结构的材料功能单元，而是依赖于已有的物理学原理、通过人工结构重构材料基本功能单元，为新型功能材料的设计提供了一个广阔的空间——昭示人们可以在不违背基本的物理学规律的前提下，获得与自然材料具有迥然不同的超常物理性质的“新物质”。常规材料的性质主要决定于构成材料的基本单元及其结构——原子、分子、电子、价键、晶格等。这些单元和结构之间相互关联、相互影响。因此，在材料的设计中需要考虑多种复杂的因素，这些因素的相互影响也往往是决定材料性能极限的原因。而将“超材料”作为结构单元，则可望简化影响材料的因素，进而打破制约自然材料功能的极限，发展出自然材料所无法获得的新型功能材料，人类或因此成为“造物主”。

进一步讲，超材料的实现也标志着人类进入了重构物质的时代。材料是人类文明的基础和基石，人类文明进程中最基本、最重要的活动是人与物质的互动。我个人的观点是：这个活动可包括三个方面的内容。(1) 对物质的“建构”：人类与自然互动的基本活动就是将自然物质变成有用物质，进而产生了材料技术，发展出了种类繁多、功能各异的材料和制品。这一过程可以称之为人类对物质的建构过程，迄今已经历了数十万年。(2) 对物质的“解构”：对物质性质本源和规律的探索，并用来指导对物质的建构，这一过程产生了材料科学。相对于材料技术，材料科学相当年轻，还不足百年。(3) 对物质的“重构”：基于已有的物理学及材料科学原理和材料加工技术，重新构造物质的功能单元，进而发展出超越自然功能的“新物质”，这一进程取得的一个重要成果是产生了为数众多的超材料。而这一进程才刚刚开始，未来可期。

20 多年来，超材料研究风起云涌、异彩纷呈。其性能从最早对电磁波的调控，到对声波、机械波的调控，再从对波的调控发展到对流 (热流、物质流等) 的调控，再到对场 (力场、电场、磁场) 的调控；其应用从完美透镜到减震降噪，从特性到暗物质探测。因此，超材料被 *Science* 评为“21 世纪前 10 年中的 10 大科学进展”之一，被 *Materials Today* 评为“材料科学 50 年中的 10 项重大突破”之一，被美国国防部列为“六大颠覆性基础研究领域”之首，也被中国工程院列为“7 项战略制高点技术”之一。

我国超材料的研究后来居上，发展非常迅速。21 世纪初，国内从事超材料研究的团队屈指可数，但研究颇具特色和开拓性，在国际学术界产生了一定的影响。从 2010 年前后开始，随着国家对这一新的研究方向的重视，研究力量逐渐集聚，形成了具有一定规模的学术共同体，其重要标志是**中国材料研究学会超材料分会**的成立。近年来，国内超材料研究迅速崛起，越来越多的优秀科技工作者从不同的学科进入了这个跨学科领域，研究队伍的规模已居国际前列，产生了很多为学术界瞩目的新成果。科学出版社组织出版的这套“超材料前沿交叉科学丛书”既是对我国科学工作者对超材料研究主要成果的总结，也为有志于从事超材料研究和应用的年轻科技工作者提供了研究指南。相信这套丛书对于推动我国超材料的发展会发挥应有的作用。

感谢丛书作者们的辛勤工作，感谢科学出版社编辑同志的无私奉献，同时感谢编委会的各位同仁！

周济

2023 年 11 月 27 日

前　　言

电磁超材料是通过周期或准周期性地排列亚波长单元来控制其电磁响应的人工结构，可获得自然界材料难以实现的物理现象和电磁功能，引起了电磁、物理和材料等多个领域的研究热潮，已成功应用于天线设计、隐身、雷达、通信等多个领域，展现出对电磁波的强大调控能力。从物理机制上，电磁超材料的核心是研究电磁波与物质结构的相互作用。因此，长期以来超材料设计均基于电磁参数的连续或准连续调控，可以视作“模拟超材料”，其表征方式和分析方法需要引入较多的物理参数，存在设计优化复杂、功能固化、难以实时调控电磁波等缺点。

以数字编码超材料和现场可编程超材料为代表的信息超材料为解决上述问题提供了有效途径。数字编码超材料创新性地利用二进制编码方式表征超材料，利用数字编码序列来操控电磁波，极大程度地简化了超材料设计与优化流程。与传统超材料相比，数字编码超材料的核心是单元的“数字表征”和阵列的“数字编码”。单元的数字状态可由有源器件或有源材料实时控制，而阵列的数字编码可由现场可编程门阵列 (FPGA) 实时切换，因此构建出了一类全新的超材料——现场可编程超材料，实现了对电磁场与电磁波的实时可编程操控，极大地丰富了超材料对电磁波的操控能力。更为重要的是，操控电磁波的数字编码序列是信息“编码比特流”的表征形式，所以现场可编程超材料在实时控制电磁波的同时也在处理数字信息，又称为信息超材料。信息超材料极大地丰富了电磁超材料的内涵，建立了电磁物理世界与数字世界的桥梁，为超材料领域的进一步发展开辟了新方向。信息超材料能实时操控电磁波和直接处理数字信息，并进一步对信息进行感知、理解，甚至记忆、学习和认知，因此为电磁波调控和信息调制提供了全新的物理平台，构建了超材料新体系。

信息超材料同时受麦克斯韦方程、信息论、数字信号处理等理论与方法所支配，其内涵包括数字编码超材料、现场可编程超材料、软件定义超材料、智能超材料、可认知超材料等。信息超材料的最大特点是把电磁物理空间和数字空间融为一体，在操控电磁场和波的同时完成信息的感知、处理与调制。信息超材料既可为重大理论突破和方法创新提供契机，又能构建新体制、低成本、自主可控的电子信息系统，可颠覆传统通信和雷达等领域的设计理念和功能，在国防领域和国民经济主战场产生颠覆性或变革性应用，实现跨越式发展。信息超材料引起了国内外学者的广泛关注与研究热潮，研究范围也从最初的微波频段拓展到太赫兹、光学以及声学频段。经过近几年的发展，信息超材料已经在电磁领域展现出优异性能，可突破现有技术的桎梏，构筑通信、成像、雷达等新型信息超材料系统，具有重要的应用价值，为下一代电子信息技术和体系的发展提供了全新思路。

本书对近年来信息超材料领域的一些重要工作进行归纳总结，详细介绍了信息超材料的基本原理、设计方法、调控/调制理论，以及在相关器件与系统中的应用。全书层次清晰、内容丰富，包含大量的信息超材料设计案例，可为相关领域的硕士和博士研究生或从业人员提供参考。

全书共 9 章，主要内容包括：第 1 章引言，介绍了电磁超材料和信息超材料的基本概念和发展历史，并对未来的发展趋势进行了展望；第 2 章数字编码超材料，介绍了数字编码超材料的基本概念和工作原理，展示了多种微波、太赫兹和声学频段数字编码超材料的设计方法，并介绍了多功能数字编码超材料的代表性应用；第 3 章现场可编程超材料，介绍了可编程超材料的基本概念和工作原理，重点介绍了微波段可编程超材料的主要应用，展示了几种太赫兹和光波段可编程超材料的设计案例；第 4 章信息超材料的数字信息理论，介绍了信息超材料的卷积定理、加法定理、信息熵、电磁信息论以及时空信息转换理论；第 5 章时间编码超材料，介绍了时间编码超材料的概念、理论及应用，展示了其对电磁频谱的灵活调控；第 6 章时空编码超材料，介绍了时空编码超材料的概念、工作原理及代表性应用，展示了其在时域、空域、频域对电磁波和数字信息进行多维度调控与处理的能力；第 7 章信息超材料在无线通信中的应用，介绍了超材料无线通信的基本原理、简化架构的发射机系统以及一些新体制的无线通信系统原型；第 8 章智能超材料及系统级应用，介绍了基于信息超材料的新体制成像系统和智能可编程系统，展示了几种典型应用；第 9 章结束语，总结了全书的主要内容，并探讨了信息超材料的未来发展方向。

本书的编写主要由东南大学毫米波全国重点实验室的崔铁军教授、张磊博士和吴瑞元博士完成。研究生陈晓晴、郑熠宁、黄卓然、何实、郭雪云、石浩天协助完成了本书的校稿工作，在此对参与本书撰写和校对的各位老师和同学表示深深敬意，同时向科学出版社参与本书出版的诸君表示衷心感谢。本书部分内容得到了国家自然科学基金委“信息超材料”基础科学中心项目 (62288101) 资助，在此一并感谢。

由于写作时间有限，本书无法将信息超材料领域的所有研究进展予以介绍，希望未来能进一步扩充和丰富本书内容。鉴于作者水平有限，书中难免存在不足之处，恳请广大读者和同行专家批评指正。

作者
2024 年 7 月 1 日

目　录

第 1 章 引　　言

电磁超材料是一种将亚波长尺度的单元按周期或非周期性排布的人工结构，可实现对电磁场与波的灵活调控，突破了传统材料在原子或分子层面的固化限制，构造出自然界不存在或传统技术难以达到的超常规媒质参数。因此，电磁超材料可看作是材料、结构和功能的复合体，远远超越了传统材料的概念和范畴。近二十年来，电磁超材料一直是物理和信息领域的国际前沿和研究热点，相关成果四次入选 *Science* 期刊所评选的年度“十大科技突破”和 21 世纪前十年的“十大科技突破”，其概念也被推广至声学、热学、力学等不同领域。

长期以来，电磁超材料一直用等效媒质参数或材料参数 (例如介电常数、磁导率和折射率等) 来表征，通过控制参数值及其分布来自由地调控电磁波，带来全新的物理现象和重要应用，例如负折射、逆切伦科夫辐射、完美成像、隐身衣、电磁黑洞、各类新型天线和天线罩等。然而，基于等效媒质参数的超材料一旦完成制备，其固定的功能无法实现对电磁场与波的实时调控，也难以和信息理论及数字信号处理方法有效结合。为改变这种局面，我们提出了数字编码超材料和现场可编程超材料的概念。数字编码超材料用二进制数字编码来表征，通过设计数字编码序列来操控电磁波，极大地简化了超材料的设计与优化流程。与等效媒质超材料相比，数字编码超材料的核心是单元的“数字表征”和阵列的“数字编码”。单元的数字状态可由有源器件 (例如二极管) 或有源材料 (例如石墨烯) 实时控制，而阵列的数字编码可由 FPGA 实时切换，进而构建出全新的现场可编程超材料，实现了对电磁场与电磁波的实时可编程操控，极大地丰富了超材料对电磁波的操控能力。更为重要的是，操控电磁波的数字编码序列也是信息“编码比特流”的表征形式，因此这种超材料在实时控制电磁波的同时也在处理数字信息，故亦称为信息超材料。

顾名思义，信息超材料是指能实时操控电磁波、直接处理数字信息的超材料，并能进一步对信息进行感知、理解，甚至记忆、学习和认知。信息超材料创建了超材料的新体系，同时受麦克斯韦方程、信息论、数字信号处理等理论与方法所支配。其内涵包括但不限于：数字编码超材料、现场可编程超材料、软件定义超材料、智能超材料、可认知超材料等。信息超材料的最大特点是提供了一个物理平台，把电磁物理空间和数字空间融为一体，在操控电磁场与波的同时完成信息的感知、处理与调制。信息超材料既可为重大理论突破和方法创新提供契机，又能构建新体制、低成本、自主可控的电子信息系统，可颠覆传统雷达、通信等领域的设计理念和功能，在国防领域和国民经济主战场产生颠覆性或变革性应用，实现跨越式发展。经过近几年的发展，信息超材料已在电磁调控领域展现出优异性能，可突破现有技术桎梏，构筑新型无线通信、电磁感知、智能成像等系统级应用。本章将从电磁超材料的基本概念出发，首先回溯等效媒质超材料和电磁超表面的基础知识和典型应用，然后简述信息超材料的概念、种类和发展历程。

1.1　电磁超材料概述

19 世纪中后期，麦克斯韦在安培定律、法拉第定律、毕奥–萨伐尔定律、欧姆定律等基础上建立了完整的电磁理论，赫兹等则证实了电磁波的存在，解释了很多重要的物理现象，并在此基础上实现了简单的通信功能。但几乎所有天然材料的相对介电常数和磁导率均大于 1，这一客观条件限制了更多复杂的电磁调控应用。因此，突破传统材料的电磁特性一直是研究者的愿景，而超材料 (metamaterial) 的产生则为实现这一愿景提供了有效途径。初期，电磁超材料也被称为新型人工电磁媒质 (或新型人工电磁材料)，通过亚波长排列的人工结构来定制其等效电磁参数，调控电磁波，实现自然材料不具备的电磁现象。后来研究者们在三维超材料的基础上提出了二维电磁超材料，即电磁超表面 (metasurface)，进而引出了广义斯涅耳定律，使电磁调控更加灵活方便的同时具备设计简单和易集成等优点。本节将主要阐述经典电磁超材料和超表面的发展历程和典型应用。

1.1.1　等效媒质超材料

1967 年，苏联科学家 Veselago 教授在其论文 *The electrodynamics of substances with simultaneously negative* ε *and* μ 中提出了一个构想 [1]，当一种材料的介电常数和磁导率都为负值时，其电磁波的传播方向 $\boldsymbol{k}$、电场分量 $\boldsymbol{E}$ 和磁场分量 $\boldsymbol{H}$ 将不再遵循传统的“右手定则”，反而符合相反的“左手定则”。在该理论范畴下，存在负折射、反向多普勒效应和逆切伦科夫效应等奇特的物理现象，因此这种材料被称为左手材料 (或左手媒质)。但这是一个纯理论研究，因为没有找到真实的实现路径，之后的 30 余年，该工作一直无人问津。直到 1996 年，英国帝国理工学院的 John Pendry 爵士等提出了用金属线阵列实现负介电常数的方法 [2]；1999 年又提出用开口谐振环阵列实现负磁导率的方法 [3]。2000 年，美国加利福尼亚大学圣迭戈分校的 Smith 教授等将金属线和开口谐振环结构有机结合，实现了同时具有负介电常数和负磁导率的左手材料 [4]，并在 2001 年首次实验验证了负折射现象 [5]，正式开启了电磁超材料的系统性研究。典型左手材料结构及其等效媒质参数如图 1.1(a)～(c) 所示。进入 21 世纪以后，越来越多的研究者认识到超材料能够为电磁学和光学带来变革性发展，顺势提出了更多调控介电常数和磁导率的基础理论和设计方法 [6-10]。通过构建种类繁多的人工电磁结构，其等效媒质参数不仅能被调节为负值，而且能实现零折射率等其他特异情形 [11]，因此左手材料的概念也进一步推广为超材料 (或新型人工电磁材料)，以便与自然材料加以区分。

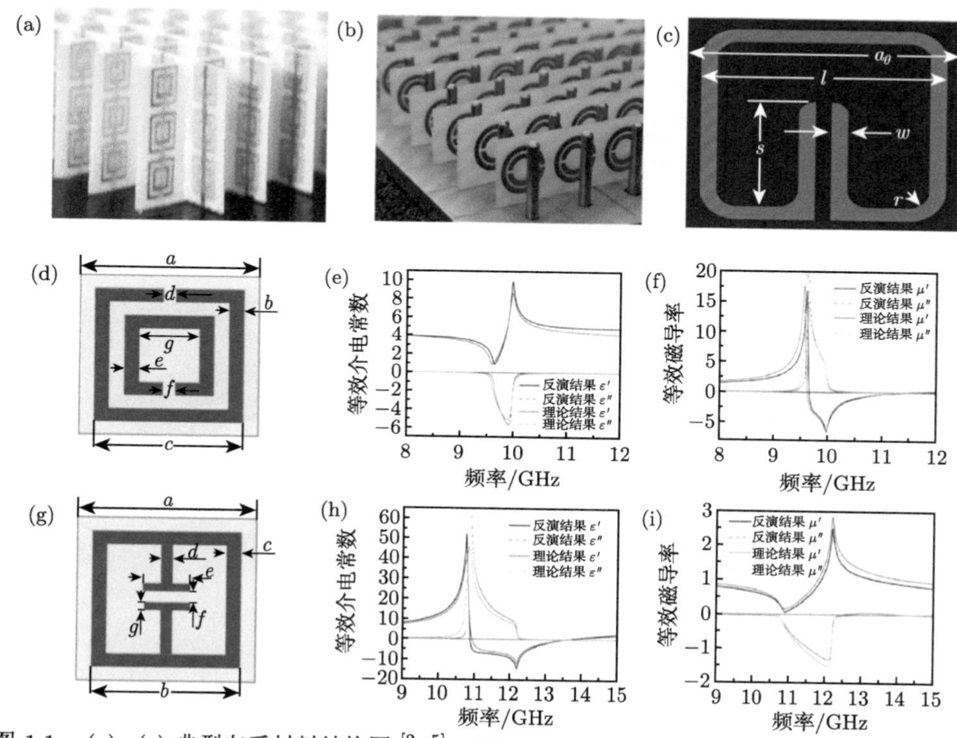

图 1.1 (a)~(c) 典型左手材料结构图 [2-5]；(d)~(f) 双开口谐振环结构的等效介电常数和磁导率反演 [12]；(g)~(i) 电谐振结构的等效介电常数和磁导率反演 [12]

简言之，超材料由空间中周期或非周期性排列的亚波长单元构成。由于单元具有亚波长尺寸，可类比自然材料中的原子或分子结构，因此超材料单元又称为“超原子”(meta-atom)，可对超材料的电磁特性进行整体研究。早期超材料单元的工作机制大多满足洛伦兹–德鲁德 (Lorentz-Drude) 模型，它能定性分析超材料的物理特性，却难以定量分析其等效媒质参数。随后，研究者基于等效媒质理论，推导得出超材料单元等效介电常数和等效磁导率的反演公式，可利用由数值计算或全波仿真得到的单元散射系数对其等效媒质参数进行直接推导，并预估其等效折射率 [12]。图 1.1(d)~(f) 和 (g)~(i) 分别给出了双开口谐振环和电谐振结构反演得到的等效介电常数和磁导率，验证了该方法的准确性，也为后期等效媒质超材料的器件和系统设计奠定了基础 [12]。

超材料单元结构和尺寸的渐变可带来等效媒质参数的连续变化。将单元按照预先计算得到的等效参数分布进行排列，便可设计任意非均匀的等效媒质分布，进一步增强了调控电磁波的能力，实现众多奇异功能和应用。隐身衣 (或隐身斗篷) 是其中最著名的设计之一。Pendry 爵士在 2006 年提出变换光学原理，可调控目标附近的等效媒质参数分布，引导电磁波从目标周围绕射过去，如图 1.2(a) 所示，从而实现了目标的完美隐身 [13]。在此基础上，Schurig 和 Mock 等在微波段实验验证了这一构想 [14]，利用开口谐振环单元构建了图 1.2(b) 所示的环形隐身衣，电磁波到达后按照预设的路径绕过内部的目标继续向前，离开隐身衣后恢复直线传播状态，外界便无法探测到其内部目标 [14]。这一工作被 *Science* 期刊评为 2006 年“十大科学进展”。后期又相继出现了二维宽带地面隐身衣和三维全介质宽带地面隐身衣等全新设计 [15−18]，实现了更好的隐身效果，并拓展了其工作带宽。

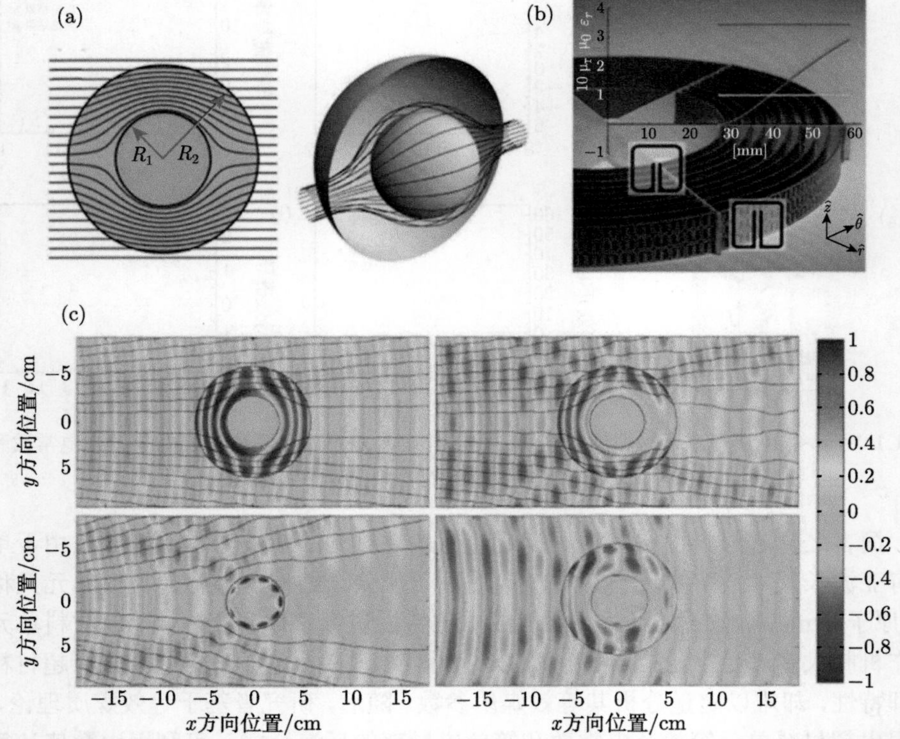

图 1.2　超材料隐身衣：(a) 隐身衣工作原理 [13]；(b) 和 (c) 微波频段采用开口谐振环结构的二维环形超材料隐身衣及其性能 [14]

超材料的出现也为工程领域提供了更多的创新空间，透镜天线是其中的典型代表 [19−25]。经典的龙伯透镜多为三维圆球状，而图 1.3(a) 展示了一种基于超材料的三维变形龙伯透镜 [19]，通过变换光学理论重构其空间折射率分布，使馈源的辐射点由位于球面转换为平面，更易于集成。图 1.3(b) 给出了波束扫描功能的电场分布图，结果表明，通过改变馈源位置便可实现波束指向角度的调控，宽带可覆盖整个 Ku 频段。由于超材料可以对电磁波前任意赋形，因此也被广泛应用于天线设计中。图 1.3(c) 展示了阻抗匹配的超材料透镜天线，显著提升了 H 面扇形喇叭天线的定向性和增益，同时降低了副瓣电平，如图 1.3(d) 和 (e) 所示 [25]。此外，超材料还用于构建电磁黑洞 [26−28]、电磁滤波器 [29] 和极化转换器 [30,31] 等一系列新奇的功能器件。

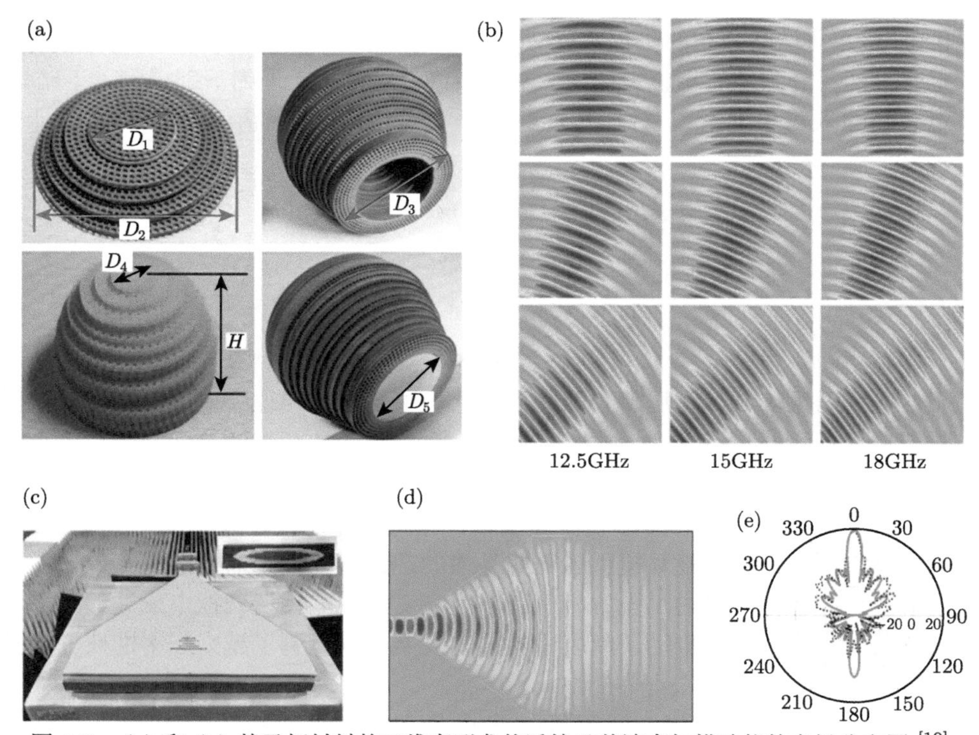

图 1.3 (a) 和 (b) 基于超材料的三维变形龙伯透镜及其波束扫描功能的电场分布图 [19]；(c)∼(e) 阻抗匹配超材料透镜天线及其远场辐射性能 [25]

1.1.2 电磁超表面

超材料对电磁波的调控机制的关键在于空间的相位累积，即改变空间的等效媒质参数分布，引导电磁波按照预设的路径进行传播，但这将导致超材料必须要占据一定的体积，因此其厚度一般为波长的数倍且很难降低，阻碍了低剖面和集成化超材料器件及系统的发展。为解决这一问题，电磁超表面的概念应运而生。电磁超表面可视为二维形式的电磁超材料，因此其英文名 metasurface 与超材料一脉相承，并突出体现了“表面”这一典型特征。

超表面同样是由人工设计的亚波长单元组阵构成，与超材料的最大区别在于其厚度远小于工作波长，因此具有质量轻、体积小、易集成和易共形等优点。但缺点是，无法在设计过程中直接用等效媒质进行分析 [32]。在早期研究中，主要采取广义表面转换条件 [33] 和横向共振法 [34] 等设计手段，通过推导等效电极化强度和磁极化强度得出超表面反射和透射系数的理论计算公式。

2011 年，哈佛大学 Yu 和 Genevet 等在 *Science* 期刊首次提出了广义斯涅耳定律 [35]。如图 1.4(a) 所示，在两种媒质的界面处设置电磁超表面，每个单元提供沿 x 方向梯度分布的相位突变 $\mathrm{d}\varphi$，此时出射波的角度既要满足经典的斯涅耳定律，又要受到外加相位突变的影响。最终，以费马定理为基础得到以下结论：当电磁波的入射角度为 θ_i 时，其折射角度 θ_t 和反射角度 θ_r 可由下列公式计算得出：

$$\sin(\theta_\mathrm{t})n_\mathrm{t} - \sin(\theta_\mathrm{i})n_\mathrm{i} = \frac{\lambda_0}{2\pi}\frac{\mathrm{d}\varphi}{\mathrm{d}x} \tag{1.1}$$

$$\sin(\theta_\mathrm{r}) - \sin(\theta_\mathrm{i}) = \frac{\lambda_0}{2\pi n_i}\frac{\mathrm{d}\varphi}{\mathrm{d}x} \tag{1.2}$$

此为广义斯涅耳定律。

该研究结果表明，利用超表面在界面上设置合理的相位突变，可实现对空间电磁波传播行为的灵活调控。例如，通过改变 V 形结构超表面单元的开口大小和朝向，可在 360° 范围内任意调控其交叉极化波的透射相位，当这些单元按照如图 1.4(b) 所示的梯度相位分布在阵面上时，能使透射波的传播方向发生偏折。广义斯涅耳定律为超表面设计提供了简明易懂的理论基础，无需复杂的等效媒质参数提取及分布计算，仅通过设置相位或幅度突变，便能灵活调控电磁波的传播方向和波前分布，进一步推动了超表面的蓬勃发展，也吸引了越来越多的研究者关注 [36−38]。

当电磁超表面用于调控空间波时，按照工作方式可分为反射式和透射式两类。由于在等相位面重构的同时必须保证良好的能量传输效率，因此设计过程需满足两个条件：较高的幅度和接近 360° 的相位调控。反射式超表面由于存在金属背板，其反射幅度可保持在较高的量级，仅需要考虑相位调控即可 [39,40]。而透射式超表面的相位调控和高透射率通带均依赖于单元所产生的谐振 [41,42]，因此多层结构设计较为常见 [42]。一般而言，这两种超表面可利用金属几何结构的变化实现，而针对透射式超表面单元层数增加的问题，也可以选择图 1.4(c) 所示的惠更斯超表面，它通过同时激励电谐振和磁谐振的阻抗参数实现对相位的大范围调控 [43−46]，有效降低了透射式超表面的厚度，如图 1.4(d) 所示。

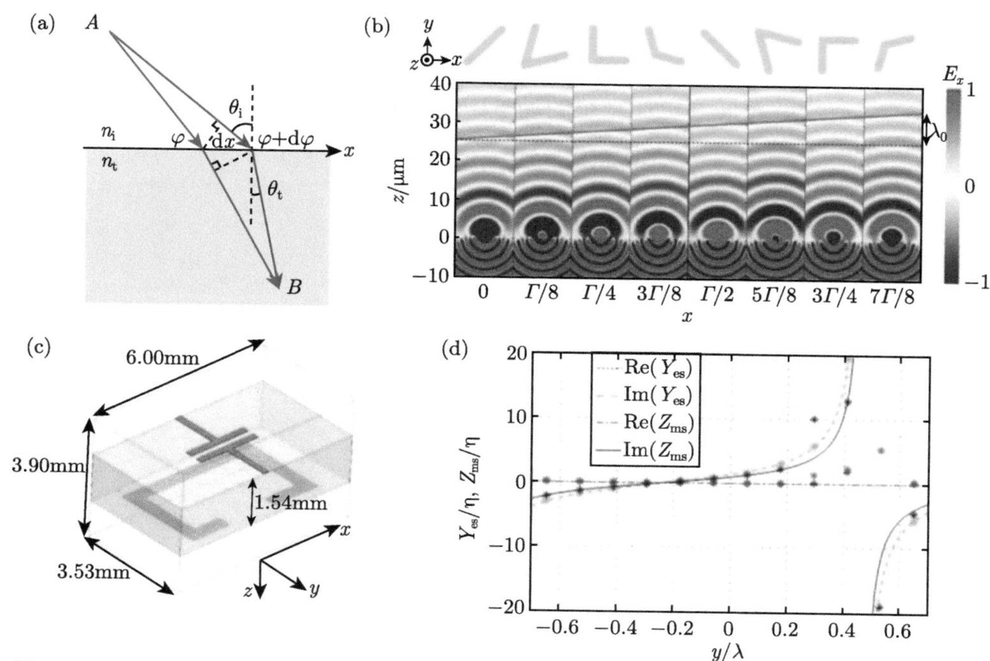

图 1.4 (a) 广义斯涅耳定律调控电磁波的示意图 [35]；(b) 利用 V 形结构超表面单元构建梯度相位分布实现电磁波传播方向偏折 [35]；(c) 和 (d) 惠更斯超表面单元及其电磁特性 [44]
Γ 表示周期

此外，电磁超表面也可用于调控表面波，基于经典的带地贴片结构可构建一系列调控表面波的超表面器件 [47−49]。从图 1.5(a) 中的贴片单元色散曲线出发，得到其结构参数与表面阻抗的关系，再根据目标功能所需的阻抗分布将单元排列在平面上，不但能实现表面波傅里叶透镜和龙伯透镜等束缚在界面处的电磁调控功能 [47]，也可转化为空间波辐射出去，实现图 1.5(b)~(d) 中的散射波束的频扫功能 [48,49]。

除了相位调控外，幅度调控也是超表面的重要应用之一。电磁吸波器是幅度调控的经典功能之一，利用金属结构提供的电谐振实现对来波能量的吸收 [50−52]。东南大学崔铁军院士团队通过在介质基板上排列多个不同长度的金属条带结构，在太赫兹频段实现了宽带的超表面吸波器，每个金属条带对应的谐振频率不同，经过组合达到了宽带吸波效果 [50]。也可以在超表面单元中加载变容二极管实现图 1.5(h) 和 (i) 中的可调吸波器 [51]，调整变容二极管两端的偏置电压便能改变吸波器的工作频率。幅度和相位的独立联合控制能进一步实现辐射能量调控、多调控模式叠加等复杂功能 [53−55]。天津大学韩家广、张伟力教授团队与伯明翰大学张霜教授团队合作在 2014 年提出了一种新颖的幅相调控方法，通过改变图 1.5(e)

中 C 形结构的开口方向和大小，分别调控交叉极化波的透射幅度和相位响应，并保持较高的隔离度 [53]。其优异的幅相调控效果和简单的设计方法，使其在后期工作中被广泛应用并拓展到更加复杂的场景中 [54,55]。

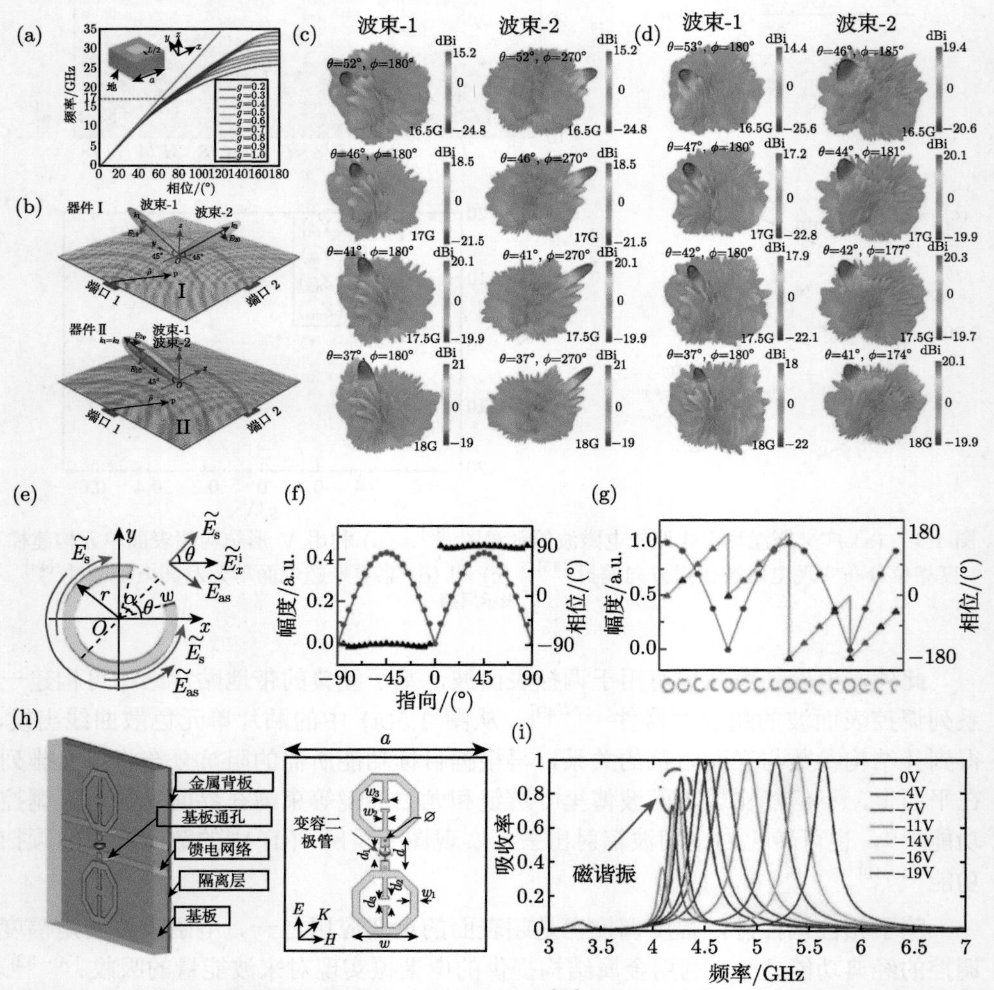

图 1.5　(a) 表面波调控的超表面单元及其色散曲线 [49]；(b)~(d) 用于表面波辐射双功能超表面示意图及其全波仿真结果 [49]；(e) 和 (f) 幅相可控 C 形开口环单元的示意图和性能 [53]；(g) 不同指向和开口角度单元构成的一阶和三阶衍射幅度和相位分布图 [53]；(h) 和 (i) 有源超材料吸波器单元结构及其在不同偏置电压条件下的吸收率结果 [51]

超表面也可用于电磁波极化控制。当其仅改变电磁波极化状态时，可被称为极化转换器，旨在将入射电磁波的极化变换为另一种线极化或圆极化状态。与超材料极化转换器相比，超表面极化转换器最大的优势依然是易集成和易共形的超薄性质，且转化效率保持在 95% 以上 [56−58]。将极化状态和相位调控结合在一起，则可将超表面划分为各向同性和各向异性两种。前者对极化不敏感，不同极化的入射波所实现的功能完全相同；后者则呈现出对极化的区分，当两种正交极化波入射时，可实现完全不同的效果，提升了超表面对电磁波的调控能力 [59−61]。与极化调控类似的还有频率调控，通过组合相位调控效果互不影响的多重谐振结构，可以将单一频率工作的超表面拓展到两个或更多的工作频段上 [62−64]。

上述设计展现了器件级电磁超表面的应用，近年来，系统级的超表面应用更加引人注目，成像系统是其重要的研究方向之一。主动式成像通过反演算法将图像对应的相位分布刻蚀在超表面上，用外加激励源照射便可在空间中测得该全息图像 [65,66]，过程如图 1.6(a) 所示；而被动式成像则是利用超表面不同的辐射模式，经过定标后对未知金属目标的外形进行勘测 [67]。另一个有意义的应用由美国宾夕法尼亚大学的 Silva 和 Monticone 等于 2014 年提出，他们综合了超材料和超表面技术，实现了电磁波形的空间数学运算系统 [68]。图 1.6(b) 阐述了对电磁波形进行微积分和卷积运算的实现方法：首先通过傅里叶变换超材料 (也可是聚焦透镜) 将入射电磁波形转换到傅里叶域，利用幅相可控的电磁超表面构建所需的变换函数 (其本质为一个空间滤波器)，与入射电磁信号相互作用后的波形再完成一次逆傅里叶变换，便可在其焦距处测得最终运算结果。随后，Pors 等在光波段实验验证了其可行性，也预示了未来超材料用于电磁信号处理的前景 [69]。

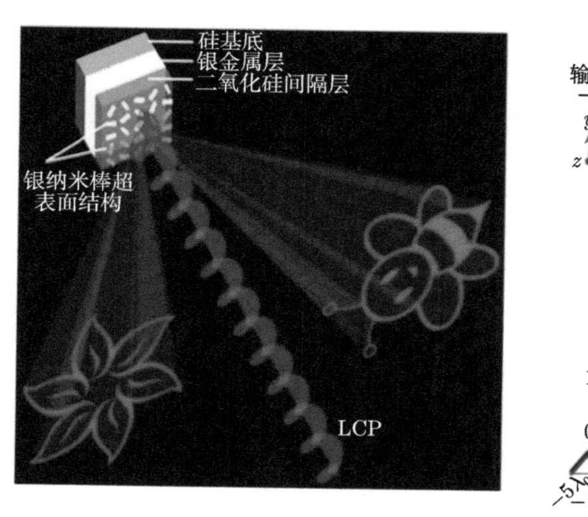

(a)

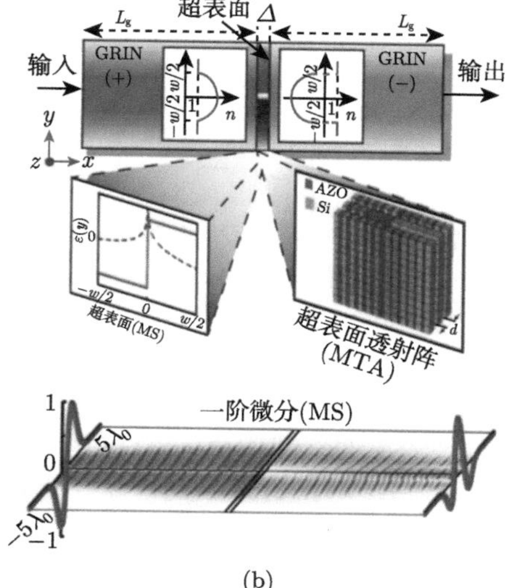

(b)

图 1.6 (a) 光波段超表面实现全息成像示意图 [66]；(b) 基于超材料和超表面实现电磁波形数学运算系统的理论模型 [68]
LCP: 左旋圆极化; GRIN: 梯度折射率

1.2　信息超材料概述

1.1 节概述了三维电磁超材料和二维电磁超表面的基本理论和典型设计方法，可以看出无论是等效媒质理论还是广义斯涅耳定律，均是基于对电磁参量的连续调控，因此可称为“模拟超材料”。如图 1.7“超材料树”的左半边所示，它们基于物理机制进行研究与探索，在表征和分析过程中需要引入较多的物理参数，导致设计难度较大，也难以和信息理论与技术深度融合。

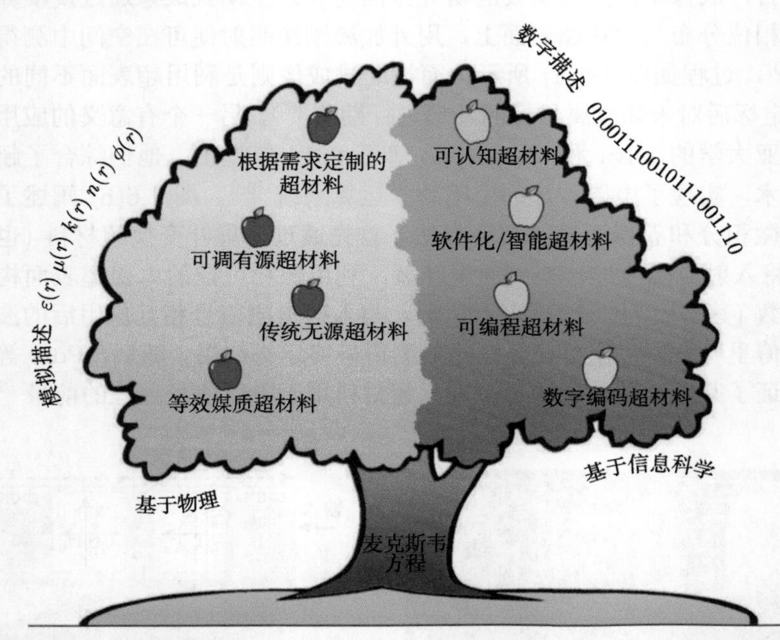

图 1.7　电磁超材料的发展路线图：从模拟超材料到信息超材料。信息超材料的内涵包括数字编码超材料、可编程超材料、软件化/智能超材料和可认知超材料等

2014 年，我们在国际上首次提出了“数字编码超材料”和“可编程超材料”的概念 [70]，并于 2017 年进一步提出了“信息超材料”的概念 [71]。这里及后续部分，为了叙述简便，我们用“超材料”泛指“超材料和超表面”。在上述概念中，有几个核心内涵：超材料单元的数字化表征、超材料阵列的数字编码、数字编码的现场可编程、可编程数字编码的数字比特流特征。这些内涵将传统的模拟超材料发展为数字编码超材料、现场可编程超材料和信息超材料这一新体系。追根溯源，超材料用数字化表征的根源可借鉴我国古典哲学中的阴阳太极，如图 1.8(a) 所示。阴阳太极被视为宇宙万物的根源：阴阳之道生万物，万物之道皆阴阳。超材料单元物理特性相反的两个状态可用数字“0”和“1”表示，即对应阴和阳。由两个状

态单元构成的超材料如何操控电磁波呢？类似于围棋黑白两子 (对应阴和阳) 势的博弈对抗 (图 1.8(b))，不同序列 (或图案) 的数字编码即可调控电磁场与波，形成千变万化的功能。

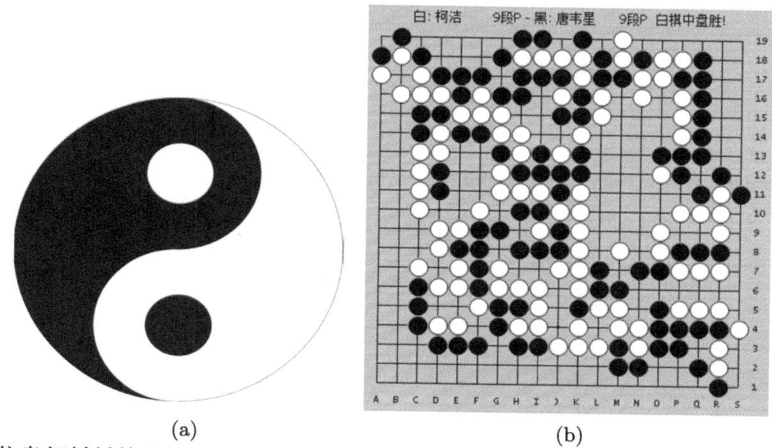

(a) (b)

图 1.8 信息超材料的思想源泉。(a) 阴阳太极：阴阳之道生万物，万物之道皆阴阳。信息超材料单元的 0 和 1 可类比阴和阳。(b) 围棋黑白两子 (对应阴和阳) 势的博弈对抗：方寸之间，包罗万象，自有乾坤。信息超材料的数字编码序列 (或图案) 可类比围棋的黑白博弈

超材料单元的数字化表征和超材料整体的数字编码调控为实现可编程超材料奠定了基础。类似于围棋的众多棋局，数字编码的不同序列 (或图案) 对应不同功能，将其存储起来并实时调用，即可实现现场可编程超材料 [70]。更进一步，这些数字编码序列或图案既是实时调控电磁场与波的指令，又是数字信息比特流，因此可编程超材料在实时调控电磁波的同时又处理和调制了数字信息，因此又称为信息超材料 [71]。信息超材料融通了电磁物理世界和数字世界，将数字信息直接赋予电磁场与波，在电磁空间对数字信息进行处理、调制、理解，甚至记忆、学习和认知，从而实现对电磁波和信息更加灵活、实时和智能的控制。超材料、信息超材料的发展脉络如图 1.7 中 “超材料树” 所展示 [71]。与传统超材料基于物理原理进行调控不同，信息超材料对电磁波和数字信息的实时调控依赖于物理原理和信息理论及信号处理方法，因此展现出更大的创新自由度和更大的发展潜力。更重要的是，信息超材料能促进电子信息系统的优化与革新。由于信息超材料具备天然的电磁物理和数字信息的融合特性，因此在简化通信系统架构、发明新系统架构、提升通信系统性能等方面具备优势 [71−75]。针对信息超材料新体系，本节将针对数字编码超材料、可编程超材料、软件化/智能超材料和可认知超材料等阶段，简要概述其基本概念和发展历程，具体内容将在后续几章详细展开。

数字编码超材料是信息超材料最早的表现形式 [70]，其主要研究方向集中在超材料单元的数字化表征、超材料阵列数字编码序列 (或图案) 对电磁场与波的调控，以及电磁空间的信息熵及信息处理等。简单来说，数字编码超材料利用离散的数字状态表征超材料单元的电磁特性，利用数字编码序列 (或图案) 代替传统的相位或幅度分布来构建超材料阵列，实现电磁波和信息的数字化调控。此时超材料单元不仅具备电磁性能，也被赋予了数字信息内涵。以最基本的 1 比特数字编码超材料为例，如图 1.9 所示，相位差 180° 的两个单元分别被定义为数字状态 “0” 和 “1”，通过构建不同的一维数字编码序列或二维数字编码图案，便可实现不同的远场电磁调控功能，例如单波束、双波束和四波束辐射、随机漫散射等，其原理将在 2.1 节中详述 [70]。因此，编码图案所蕴含的数字信息能通过远场方向图的接收来获取。此时，电磁波不再仅是信息的载体，其本身就作为信息在电磁空间直接传播、接收和处理。

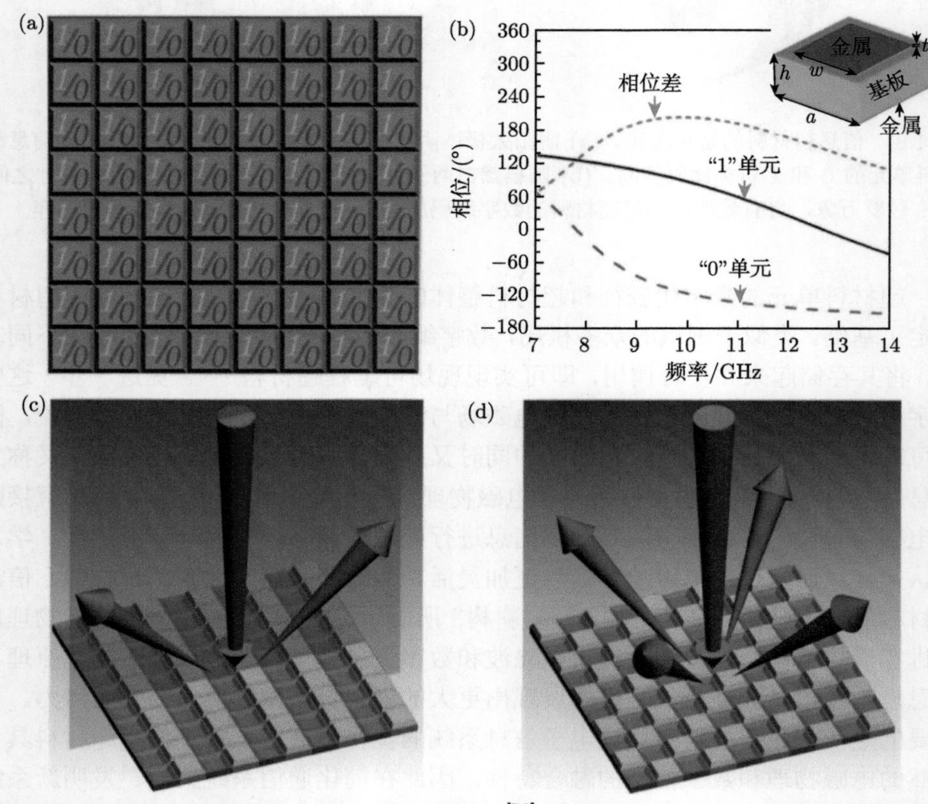

图 1.9　(a) 1 比特数字编码超材料的概念示意图 [70]；(b) 超材料单元的结构图示例与不同数字状态下的相位响应 [70]；(c) 和 (d) 超材料阵列的不同数字编码图案，用以实现双波束和四波束辐射 [70]

在 1 比特数字编码超材料的基础上对相位状态进行更精细的量化，可将其推广为 2 比特、3 比特，甚至更高。高比特数字编码意味着更多的信息自由度和更大的电磁调控能力，还可对 1 比特数字编码超材料所实现的功能进一步优化，例如实现效果更佳的随机散射等 [76]，也可以实现单波束偏折、涡旋电磁波等更多、更复杂的功能 [77,78]。

由于电磁波的传播波前多由相位控制，因此相位编码是最常见的数字编码，但也可引入更多的电磁参数构建联合编码。例如，当引入极化参量时，依托正交极化状态间的隔离特性，可为不同极化赋予不同的数字状态，即各向异性数字编码超材料 [79]，如图 1.10 所示。当引入频率参量时，可在不同频率处构建不同的编码图案 [80,81]，独立实现多种不同功能。除此之外，幅度也是电磁波传播的重要参数，幅度编码的构建方法与相位编码类似，通过将幅度进行数字化表征，在提升数字编码超材料性能的同时，也可增加所表征和传递信息的维度 [82−84]。这一概念也可拓展至对工作空间的控制，构建出全空间数字编码超材料 [85−88]。这些新型的数字编码方式既能提升其电磁功能的多样性，也可有效扩充数字编码超材料的信息容量，为超材料的发展注入新的活力。

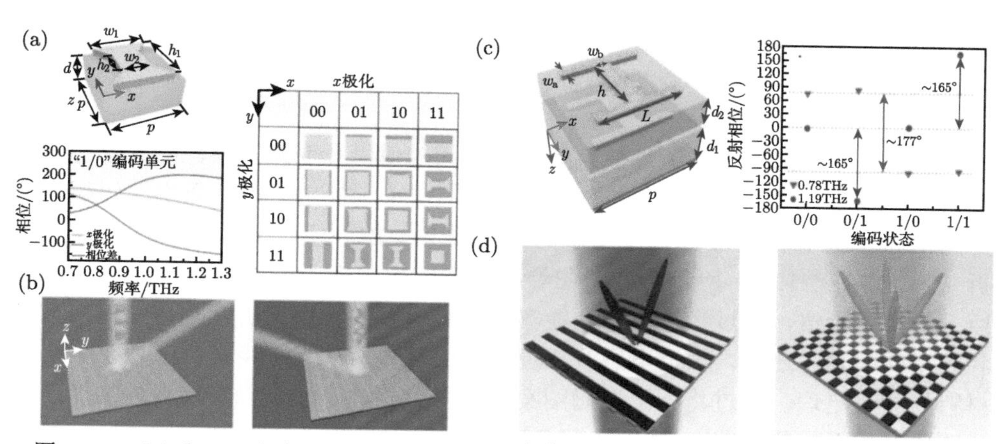

图 1.10 (a) 和 (b) 各向异性数字编码超材料 [79]；(c) 和 (d) 双频段数字编码超材料 [80]

数字编码超材料更大的优势在于与数字信息调控方法和信息理论的融合。当香农信息熵的概念引入数字编码超材料实体时，我们可以定义数字编码的几何信息熵和物理信息熵 [89]，用以表征编码序列 (或图案) 所代表的比特流信息熵 (即经典信息熵) 和远场方向图所蕴含的电磁信息量 (图 1.11(b))。该理论表明，随着编码图案的复杂化，其散射方向图也会随之扩散并提升其电磁信息熵，即调控数字编码图案便可调整其信息含量，如图 1.11(c) 所示 [89]。这一结论为基于数字编码超表面的无线通信系统奠定了理论基础。

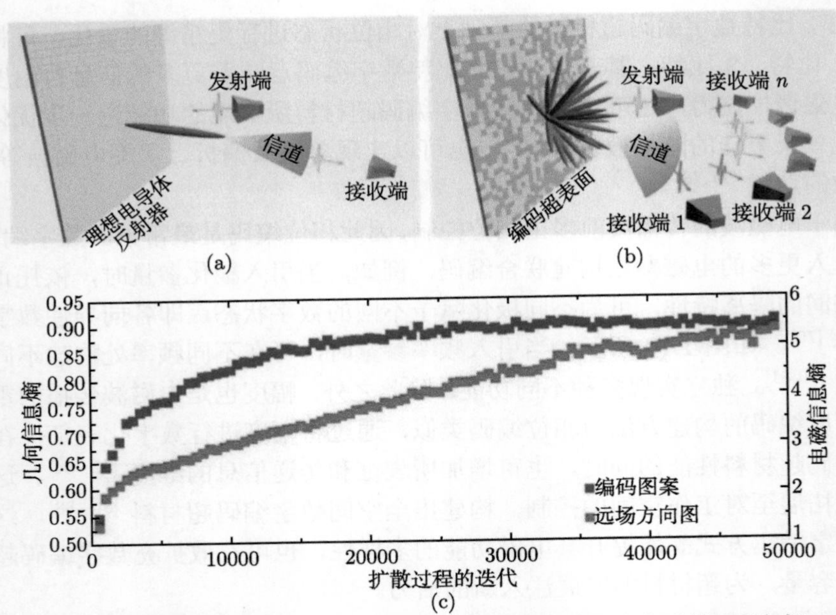

图 1.11 数字编码超材料的信息熵：(a) 电磁波入射到金属面产生全反射 (单波束)；(b) 电磁波入射到数字编码超表面，编码图案的复杂化引起电磁信息熵的增加；(c) 数字编码超表面几何信息熵和电磁信息熵的关系 [89]

基于数字编码图案和远场散射方向图之间的傅里叶变换关系，结合信号处理中傅里叶变换频谱搬移的基本性质，我们在 2016 年提出了用于数字编码超材料方向图搬移的卷积定理。只需简单的编码图案叠加，便可完成方向图的任意偏折 [90]，如图 1.12(a) 所示。方向图卷积定理的提出在天线工程和雷达领域蕴含巨大的实用价值，通过多次卷积便能实现任意角度的波束偏折，不再受单元大小和周期的限制。之后，根据电磁波相位调控的复数特性进一步提出了数字编码超材料的加法定理，通过将不同编码图案进行复数相加，便可以实现多种功能在同一阵面上的无损叠加 [91]，如图 1.12(b) 所示。在微观层面，加法定理表示了每个单元所蕴含的数字信息叠加；在宏观层面，利用加法定理实现了多种功能同时在同一数字编码超材料的无互扰叠加。复数编码和加法定理为数字编码超材料提供了更加灵活的电磁调控手段，平衡了设计难度和功能效果的矛盾，无需幅度调控或优化算法也可实现复杂多波束或波形，在可编程信息超材料中具有重要的应用潜力。

数字编码超材料的表征形式和操控电磁波方法为构建可编程超材料 (programmable metamaterial) 奠定了基础 [70]。当数字编码超材料单元加载了有源器件 (例如 PIN 开关二极管) 时，其数字状态 (例如 1 比特情况下的 180° 相位反转) 可实时切换。将预先设计好的所有电磁功能的数字编码序列 (或图案) 存储在现场

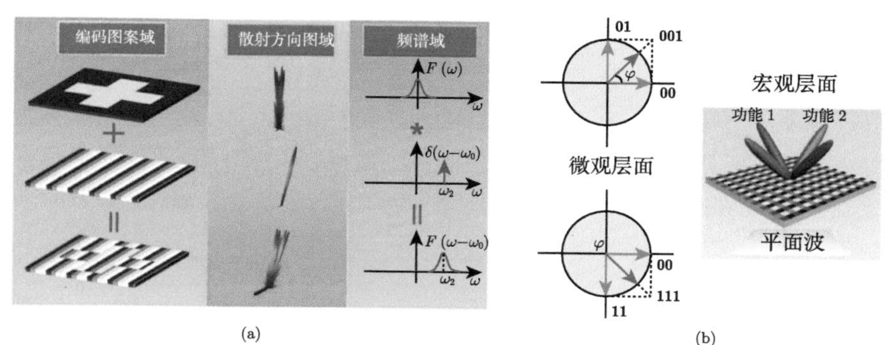

图 1.12 数字编码超材料的两个基本定理：(a) 卷积定理，实现方向图的任意搬移 [90]；(b) 加法定理，实现多种功能同时在同一数字编码超材料的无互扰叠加 [91]

可编程门阵列或其他控制模块，即可实时地调用所需的数字编码序列，完成对应的电磁功能，实现对电磁波的实时可编程调控、对数字信息的实时处理与调制 [70,92]。例如，图 1.13(a) 中的超材料单元加载了 PIN 开关二极管，当它的状态在 ON(开) 和 OFF(关) 切换时，单元的谐振状态发生变化，并产生 1 比特的相位调控。将单元组成阵列后，每个单元的工作状态可利用 FPGA 中的编码序列进行独立控制，实时产生多种不同的远场波束，如图 1.13(b) 和 (c) 所示，在新型雷达和通信系统中具有重要的应用前景 [70]。所选取的开关二极管也可更换为变容二极管、光控二极管等，拓展出更多新颖的电磁调控功能。

信息超材料的实时可编程特性使更多高复杂性、高灵敏度的电磁功能成为可能，在系统级应用中尤为明显。2017 年，北京大学李廉林教授与东南大学崔铁军院士等合作，利用 1 比特数字编码超材料在微波段设计并实现了动态可编程的多组全息成像 [93]，如图 1.14(a) 所示。该设计首先根据优化后的成像算法计算得到生成指定全息图像所需的数字编码序列，利用 FPGA 存储这些序列并输入到数字编码超材料中，仅使用一块可编程超材料样件便可产生大量动态可编程的全息图案。除此之外，可编程信息超材料在通信领域也展现了重要的研究价值。常见无线通信系统的工作原理是将所需传递的信息转换为二进制的数字形式，再利用数模转换模块将数字信息调制为中频的模拟信号，通过混频等步骤将其调制到载波电磁波中，最后通过天线等发射器件进行调制电磁波的发送传输。而基于可编程信息超材料对远场方向图的灵活调控机制，可实现一种全新的直接调制无线通信系统 [94]，极大地简化了原有通信系统的架构，将发射端所需传递的数字信息直接通过控制模块输入至可编程超材料，并通过快速地切换编码图案将电磁信息以远场方向图的形式发射至接收端。接收端通过多个天线测量其对应的远场方向图，逆向恢复发射端所发送的编码序列，从而达到信息的直接传输，如图 1.14(b) 所示。

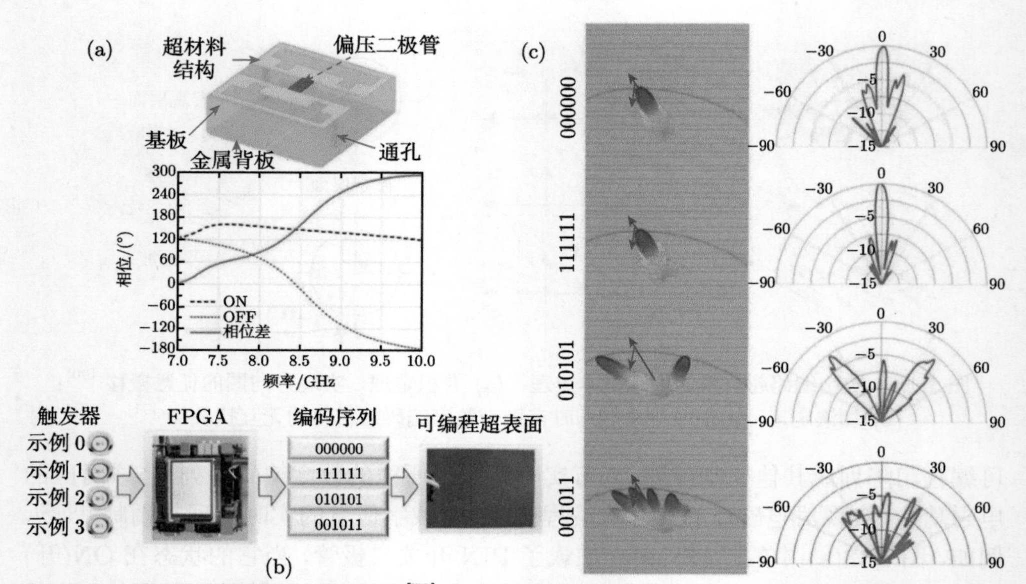

图 1.13 现场可编程超材料示意图 [70]：(a) 可编程超材料单元及其 1 比特相位响应；(b) 可编程超材料的实时调控流程；(c) 可编程超材料的远场散射方向图实时变换效果

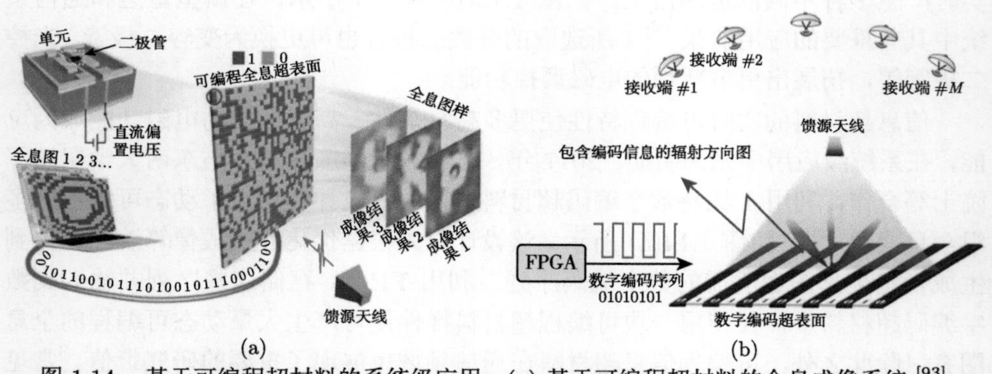

图 1.14 基于可编程超材料的系统级应用：(a) 基于可编程超材料的全息成像系统 [93]；(b) 基于可编程超材料的直接调制无线通信系统 [94]

上述讨论的数字编码序列或编码图案均是在空间域排列的，我们称之为空间编码超材料，可用于调控电磁场与波的空间特性，例如波束 (单波束、多波束、波束扫描、漫散射等) 和波形 (针状波束、锥状波束、扇形波束、涡旋波等)。依赖于有源器件的快速切换特性，我们在 2018 年陆续提出了“时间编码超材料”和“时空编码超材料”的概念 [95–98]。其中，时间编码超材料单元的电磁响应只以时间为变量，在时间维度编码，而其空间编码不变；而时空编码超材料单元的电磁响应以时间和空间为变量，在时间和空间维度上同时编码，因此具有更高的电磁调控自由度和更高的信息容量。通过时间维的数字编码，可有效地生成多阶谐波，从而实现对电磁频谱的实时可编程调控 [95]，如图 1.15(a) 所示；而时空编码超材料可同时对电磁波的空间特性 (波束和波形) 及电磁频谱进行可编程调控 [96]，如图 1.15(b) 所示。例如，通过分析时空编码超材料对电磁空域谱和频谱的调控机制，可成功将电磁能量均匀地分散至频率域与波矢域，进一步实现了雷达散射截面的缩减 [95]，这一功能有望在新体制隐身和低成本计算成像等相关领域中发挥关键作用。更重要的是，时空编码超材料也可用于实现电磁波的可编程非互易传输 [97] 和新体制无线通信系统 [98]，在新兴的智能超表面 (reconfigurable intelligent surface，RIS) 和新体制通信架构等方面具有重要的应用前景。

可编程信息超材料的提出使得超材料对电磁波的调控不再固化，但仍需要人为输入对应的数字编码来切换功能，提前对其所需的编码序列或图案进行设计。因此，可编程超材料需要与快速算法、软件、人工智能算法等相结合，利用机器学习等手段对电磁场与波和信息进行智能化调控，形成自适应信息超材料、智能超材料，以及可认知超材料 [99−101]，进而实现信息在电磁空间的自主感知和自主决策。

(a)

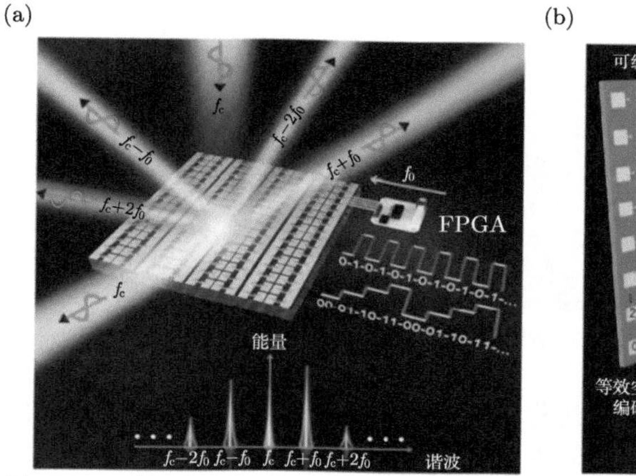

(b)

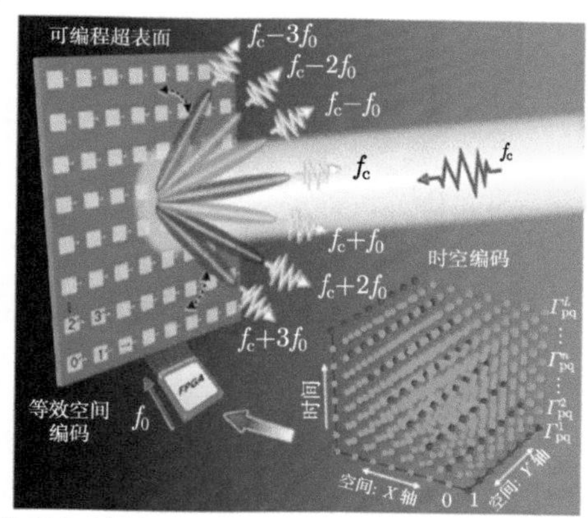

图 1.15 时间编码和时空编码超材料：(a) 时间编码超材料可对电磁频谱进行实时可编程调控 [95]；(b) 时空编码超材料可对电磁波束和波形及电磁频谱同时进行调控 [96]

在可编程超材料的基础上，通过加入传感器、微处理器、反馈算法形成感知与反馈链路，进而实现智能超材料，能够主动监测外界环境变化或自身状态变化，从而自主决策并执行对应的编码调控方案。如图 1.16 所示，加载陀螺仪传感器便可实现对超材料运动姿态的主动感知、散射波束凝视、扫描以及多波束调控等功能 [99]，在未来可进一步集成如光线、温度、高度等传感器来丰富感知维度，提升超材料的智能电磁调控能力。也可以引入感知链路以及检波芯片检测入射强度和极化方向，从而根据特定入射来实现不同的波束功能 [100]。更重要的是，研究者使用多层透射式可编程超材料，结合机器学习和智能算法，构建了可实时调节的全衍射式神经网络，即可编程人工智能机 (programmable artificial intelligence machine, PAIM)，成功实现了微波空间的全衍射式可调神经网络，并展示了图像识别、强化学习和通信多通道编解码等多种应用案例 [101]。智能超材料概念的提出和实现将信息超材料推向了更为广阔的领域，与未来的智能时代相适应。

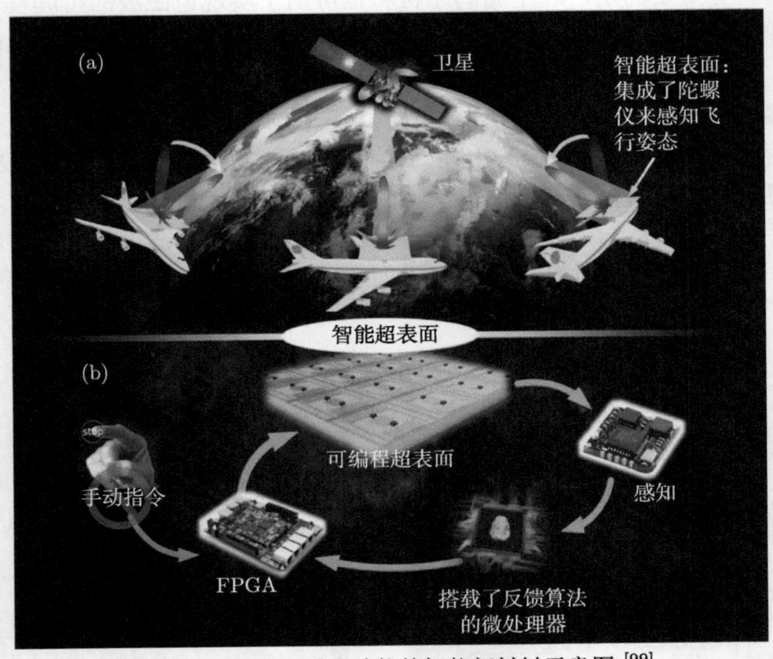

图 1.16　具备自适应功能的智能超材料示意图 [99]

本章对电磁超材料和信息超材料进行了简单的概述，首先回溯了电磁超材料和电磁超表面的发展历程，为信息超材料的诞生奠定了基础。随后展示了信息超材料的各个发展阶段，从数字编码超材料的理论和功能特性，到可编程超材料的实时调控及系统化应用，再到目前最新的智能和可认知信息超材料，梳理了信息超材料的发展脉络，其中涉及的概念、功能和系统将在后续几章中详细介绍。

参 考 文 献

[1] Veselago V G. The electrodynamics of substances with simultaneously negative ε and μ [J]. Usp. Fiz. Nauk, 1967, 92(7): 517.

[2] Pendry J B, Holden A J, Stewart W J, et al. Extremely low frequency plasmons in metallic mesostructures[J]. Physical Review Letters, 1996, 76(25): 4773.

[3] Pendry J B, Holden A J, Robbins D J, et al. Magnetism from conductors and enhanced nonlinear phenomena[J]. IEEE Transactions on Microwave Theory and Techniques, 1999, 47(11): 2075-2084.

[4] Smith D R, Padilla W J, Vier D C, et al. Composite medium with simultaneously negative permeability and permittivity[J]. Physical Review Letters, 2000, 84(18): 4184.

[5] Shelby R A, Smith D R, Schultz S. Experimental verification of a negative index of refraction[J]. Science, 2001, 292(5514): 77-79.

[6] Smith D R, Pendry J B, Wiltshire M C K. Metamaterials and negative refractive index[J]. Science, 2004, 305(5685): 788-792.

[7] Engheta N, Ziolkowski R W. Metamaterials: Physics and Engineering Explorations[M]. Hoboken: John Wiley & Sons, 2006.

[8] Cui T J, Smith D R, Liu R. Metamaterials[M]. Berlin/Heidelberg: Springer, 2010.

[9] Zheludev N I, Kivshar Y S. From metamaterials to metadevices[J]. Nature Materials, 2012, 11(11): 917-924.

[10] Padilla W J, Basov D N, Smith D R. Negative refractive index metamaterials[J]. Materials Today, 2006, 9(7-8): 28-35.

[11] Moitra P, Yang Y, Anderson Z, et al. Realization of an all-dielectric zero-index optical metamaterial[J]. Nature Photonics, 2013, 7(10): 791-795.

[12] Liu R, Cui T J, Huang D, et al. Description and explanation of electromagnetic behaviors in artificial metamaterials based on effective medium theory[J]. Physical Review E, 2007, 76(2): 026606.

[13] Pendry J B, Schurig D, Smith D R. Controlling electromagnetic fields[J]. Science, 2006, 312(5781): 1780-1782.

[14] Schurig D, Mock J J, Justice B J, et al. Metamaterial electromagnetic cloak at microwave frequencies[J]. Science, 2006, 314(5801): 977-980.

[15] Liu R, Ji C, Mock J J, et al. Broadband ground-plane cloak[J]. Science, 2009, 323(5912): 366-369.

[16] Zhu J, Jiang W, Liu Y, et al. Three-dimensional magnetic cloak working from DC to 250 kHz[J]. Nature Communications, 2015, 6(1): 1-8.

[17] Chen H, Wu B I, Zhang B, et al. Electromagnetic wave interactions with a metamaterial cloak[J]. Physical Review Letters, 2007, 99(6): 063903.

[18] Landy N, Smith D R. A full-parameter unidirectional metamaterial cloak for microwaves[J]. Nature Materials, 2013, 12(1): 25-28.

[19] Ma H F, Cui T J. Three-dimensional broadband and broad-angle transformation-optics lens[J]. Nature Communications, 2010, 1(1): 124.

[20] Xi C, Ma H F, Xia Y Z, et al. Three-dimensional broadband and high-directivity lens antenna made of metamaterials[J]. Journal of Applied Physics, 2011, 110(4): 044904.

[21] Lin X Q, Cui T J, Chin J Y, et al. Controlling electromagnetic waves using tunable gradient dielectric metamaterial lens[J]. Applied Physics Letters, 2008, 92(13): 131904.

[22] Kundtz N, Smith D R. Extreme-angle broadband metamaterial lens[J]. Nature Materials, 2010, 9(2): 129-132.

[23] Qi M Q, Tang W X, Xu H X, et al. Tailoring radiation patterns in broadband with controllable aperture field using metamaterials[J]. IEEE Transactions on Antennas and Propagation, 2013, 61(11): 5792-5798.

[24] Jiang W X, Ge S, Han T, et al. Shaping 3D path of electromagnetic waves using gradient-refractive-index metamaterials[J]. Advanced Science, 2016, 3(8): 1600022.

[25] Zhang N, Jiang W X, Ma H F, et al. Compact high-performance lens antenna based on impedance-matching gradient-index metamaterials[J]. IEEE Transactions on Antennas and Propagation, 2018, 67(2): 1323-1328.

[26] Cheng Q, Cui T J, Jiang W X, et al. An omnidirectional electromagnetic absorber made of metamaterials[J]. New Journal of Physics, 2010, 12(6): 063006.

[27] Narimanov E E, Kildishev A V. Optical black hole: broadband omnidirectional light absorber[J]. Applied Physics Letters, 2009, 95(4): 041106.

[28] Sun J, Liu L, Dong G, et al. An extremely broad band metamaterial absorber based on destructive interference[J]. Optics Express, 2011, 19(22): 21155-21162.

[29] Gil M, Bonache J, Martin F. Metamaterial filters: a review[J]. Metamaterials, 2008, 2(4): 186-197.

[30] Grady N K, Heyes J E, Chowdhury D R, et al. Terahertz metamaterials for linear polarization conversion and anomalous refraction[J]. Science, 2013, 340(6138): 1304-1307.

[31] Markovich D L, Andryieuski A, Zalkovskij M, et al. Metamaterial polarization converter analysis: limits of performance[J]. Applied Physics B, 2013, 112: 143-152.

[32] Holloway C L, Kuester E F, Gordon J A, et al. An overview of the theory and applications of metasurfaces: the two-dimensional equivalents of metamaterials[J]. IEEE Antennas and Propagation Magazine, 2012, 54(2): 10-35.

[33] Kuester E F, Mohamed M A, Piket-May M, et al. Averaged transition conditions for electromagnetic fields at a metafilm[J]. IEEE Transactions on Antennas and Propagation, 2003, 51(10): 2641-2651.

[34] Collin R E. Field Theory of Guided Waves[M]. Hoboken: John Wiley & Sons, 1990.

[35] Yu N, Genevet P, Kats M A, et al. Light propagation with phase discontinuities: generalized laws of reflection and refraction[J]. Science, 2011, 334(6054): 333-337.

[36] Zhang L, Mei S, Huang K, et al. Advances in full control of electromagnetic waves with metasurfaces[J]. Advanced Optical Materials, 2016, 4(6): 818-833.

[37] Chen H T, Taylor A J, Yu N. A review of metasurfaces: physics and applications[J]. Reports on Progress in Physics, 2016, 79(7): 076401.

[38] Ding F, Pors A, Bozhevolnyi S I. Gradient metasurfaces: a review of fundamentals and applications[J]. Reports on Progress in Physics, 2017, 81(2): 026401.

[39] Li Y, Liang B, Gu Z, et al. Reflected wavefront manipulation based on ultrathin planar acoustic metasurfaces[J]. Scientific Reports, 2013, 3(1): 2546.

[40] Xu H X, Hu G, Kong X, et al. Super-reflector enabled by non-interleaved spin-momentum-multiplexed metasurface[J]. Light: Science & Applications, 2023, 12(1): 78.

[41] Shalaev M I, Sun J, Tsukernik A, et al. High-efficiency all-dielectric metasurfaces for ultracompact beam manipulation in transmission mode[J]. Nano Letters, 2015, 15(9): 6261-6266.

[42] Wei Z, Cao Y, Su X, et al. Highly efficient beam steering with a transparent metasurface[J]. Optics Express, 2013, 21(9): 10739-10745.

[43] Pfeiffer C, Grbic A. Metamaterial Huygens' surfaces: tailoring wave fronts with reflectionless sheets[J]. Physical Review Letters, 2013, 110(19): 197401.

[44] Chen K, Feng Y, Monticone F, et al. A reconfigurable active Huygens' metalens[J]. Advanced Materials, 2017, 29(17): 1606422.

[45] Wu L W, Ma H F, Gou Y, et al. High-transmission ultrathin Huygens' metasurface with 360° phase control by using double-layer transmitarray elements[J]. Physical Review Applied, 2019, 12(2): 024012.

[46] Xue C, Sun J, Gao X, et al. An ultrathin, low-profile and high-efficiency metalens antenna based on chain Huygens' metasurface[J]. IEEE Transactions on Antennas and Propagation, 2022, 70(12): 11442-11453.

[47] Cai B G, Li Y B, Jiang W X, et al. Generation of spatial Bessel beams using holographic metasurface[J]. Optics Express, 2015, 23(6): 7593-7601.

[48] Wan X, Li Y B, Cai B G, et al. Simultaneous controls of surface waves and propagating waves by metasurfaces[J]. Applied Physics Letters, 2014, 105(12): 121603.

[49] Li Y B, Cai B G, Cheng Q, et al. Isotropic holographic metasurfaces for dual-functional radiations without mutual interferences[J]. Advanced Functional Materials, 2016, 26(1): 29-35.

[50] Liu S, Chen H, Cui T J. A broadband terahertz absorber using multi-layer stacked bars[J]. Applied Physics Letters, 2015, 106(15): 151601.

[51] Zhao J, Cheng Q, Chen J, et al. A tunable metamaterial absorber using varactor diodes[J]. New Journal of Physics, 2013, 15(4): 043049.

[52] Wakatsuchi H, Kim S, Rushton J J, et al. Waveform-dependent absorbing metasurfaces[J]. Physical Review Letters, 2013, 111(24): 245501.

[53] Liu L, Zhang X, Kenney M, et al. Broadband metasurfaces with simultaneous control of phase and amplitude[J]. Advanced Materials, 2014, 26(29): 5031-5036.

[54] Xu H X, Hu G, Han L, et al. Chirality-assisted high-efficiency metasurfaces with independent control of phase, amplitude, and polarization[J]. Advanced Optical Materials, 2019, 7(4): 1801479.

[55] Li H P, Wang G M, Cai T, et al. Phase- and amplitude-control metasurfaces for antenna main-lobe and sidelobe manipulations[J]. IEEE Transactions on Antennas and Propagation, 2018, 66(10): 5121-5129.

[56] Gao X, Han X, Cao W P, et al. Ultrawideband and high-efficiency linear polarization converter based on double V-shaped metasurface[J]. IEEE Transactions on Antennas

and Propagation, 2015, 63(8): 3522-3530.

[57] Wu P C, Zhu W, Shen Z X, et al. Broadband wide-angle multifunctional polarization converter via liquid-metal-based metasurface[J]. Advanced Optical Materials, 2017, 5(7): 1600938.

[58] Li Z, Liu W, Cheng H, et al. Realizing broadband and invertible linear-to-circular polarization converter with ultrathin single-layer metasurface[J]. Scientific Reports, 2015, 5(1): 18106.

[59] Minatti G, Maci S, De Vita P, et al. A circularly-polarized isoflux antenna based on anisotropic metasurface[J]. IEEE Transactions on Antennas and Propagation, 2012, 60(11): 4998-5009.

[60] Wan X, Shen X, Luo Y, et al. Planar bifunctional Luneburg-fisheye lens made of an anisotropic metasurface[J]. Laser & Photonics Reviews, 2014, 8(5): 757-765.

[61] Xu J, Li R, Wang S, et al. Ultra-broadband linear polarization converter based on anisotropic metasurface[J]. Optics Express, 2018, 26(20): 26235-26241.

[62] Li Z, Liu W, Cheng H, et al. Tunable dual-band asymmetric transmission for circularly polarized waves with graphene planar chiral metasurfaces[J]. Optics Letters, 2016, 41(13): 3142-3145.

[63] Li H P, Wang G M, Gao X J, et al. A novel metasurface for dual-mode and dual-band flat high-gain antenna application[J]. IEEE Transactions on Antennas and Propagation, 2018, 66(7): 3706-3711.

[64] Li K, Li L, Cai Y M, et al. A novel design of low-profile dual-band circularly polarized antenna with meta-surface[J]. IEEE Antennas and Wireless Propagation Letters, 2015, 14: 1650-1653.

[65] Ni X, Kildishev A V, Shalaev V M. Metasurface holograms for visible light[J]. Nature Communications, 2013, 4(1): 2807.

[66] Wen D, Yue F, Li G, et al. Helicity multiplexed broadband metasurface holograms[J]. Nature Communications, 2015, 6(1): 8241.

[67] Gollub J N, Yurduseven O, Trofatter K P, et al. Large metasurface aperture for millimeter wave computational imaging at the human-scale[J]. Scientific Reports, 2017, 7(1): 42650.

[68] Silva A, Monticone F, Castaldi G, et al. Performing mathematical operations with metamaterials[J]. Science, 2014, 343(6167): 160-163.

[69] Pors A, Nielsen M G, Bozhevolnyi S I. Analog computing using reflective plasmonic metasurfaces[J]. Nano Letters, 2015, 15(1): 791-797.

[70] Cui T J, Qi M Q, Wan X, et al. Coding metamaterials, digital metamaterials and programmable metamaterials[J]. Light: Science & Applications, 2014, 3(10): e218.

[71] Cui T J, Liu S, Zhang L. Information metamaterials and metasurfaces[J]. Journal of Materials Chemistry C, 2017, 5(15): 3644-3668.

[72] Cui T J. Microwave metamaterials—from passive to digital and programmable controls of electromagnetic waves[J]. Journal of Optics, 2017, 19(8): 084004.

[73] Fu X, Cui T J. Recent progress on metamaterials: from effective medium model to real-time information processing system[J]. Progress in Quantum Electronics, 2019, 67: 100223.

[74] Wu R, Cui T. Microwave metamaterials: from exotic physics to novel information systems[J]. Frontiers of Information Technology & Electronic Engineering, 2020, 21(1): 4-26.

[75] Cui T J, Li L, Liu S, et al. Information metamaterial systems[J]. iScience, 2020, 23(8): 101403.

[76] Gao L H, Cheng Q, Yang J, et al. Broadband diffusion of terahertz waves by multi-bit coding metasurfaces[J]. Light: Science & Applications, 2015, 4(9): e324.

[77] Liu S, Cui T J, Noor A, et al. Negative reflection and negative surface wave conversion from obliquely incident electromagnetic waves[J]. Light: Science & Applications, 2018, 7(5): 18008.

[78] Ma Q, Shi C B, Bai G D, et al. Beam-editing coding metasurfaces based on polarization bit and orbital-angular-momentum-mode bit[J]. Advanced Optical Materials, 2017, 5(23): 1700548.

[79] Liu S, Cui T J, Xu Q, et al. Anisotropic coding metamaterials and their powerful manipulation of differently polarized terahertz waves[J]. Light: Science & Applications, 2016, 5(5): e16076.

[80] Liu S, Zhang L, Yang Q L, et al. Frequency-dependent dual-functional coding metasurfaces at terahertz frequencies[J]. Adv. Opt. Mater., 2016, 4(12): 1965-1973.

[81] Bai G D, Ma Q, Iqbal S, et al. Multitasking shared aperture enabled with multiband digital coding metasurface[J]. Advanced Optical Materials, 2018, 6(21): 1800657.

[82] Bao L, Ma Q, Bai G D, et al. Design of digital coding metasurfaces with independent controls of phase and amplitude responses[J]. Applied Physics Letters, 2018, 113(6): 063502.

[83] Bao L, Wu R Y, Fu X, et al. Multi-beam forming and controls by metasurface with phase and amplitude modulations[J]. IEEE Transactions on Antennas and Propagation, 2019, 67(10): 6680-6685.

[84] Wu R Y, Bao L, Wu L W, et al. Independent control of copolarized amplitude and phase responses via anisotropic metasurfaces[J]. Advanced Optical Materials, 2020, 8(11): 1902126.

[85] Zhang L, Wu R Y, Bai G D, et al. Transmission-reflection-integrated multifunctional coding metasurface for full-space controls of electromagnetic waves[J]. Advanced Functional Materials, 2018, 28(33): 1802205.

[86] Wu R Y, Zhang L, Bao L, et al. Digital metasurface with phase code and reflection-transmission amplitude code for flexible full-space electromagnetic manipulations[J]. Advanced Optical Materials, 2019, 7(8): 1801429.

[87] Wu L W, Xiao Q, Gou Y, et al. Electromagnetic diffusion and encryption holography integration based on reflection-transmission reconfigurable digital coding metasurface[J].

Advanced Optical Materials, 2022, 10(10): 2102657.
[88] Bao L, Ma Q, Wu R Y, et al. Programmable reflection-transmission shared-aperture metasurface for real-time control of electromagnetic waves in full space[J]. Advanced Science, 2021, 8(15): 2100149.
[89] Cui T J, Liu S, Li L L. Information entropy of coding metasurface[J]. Light: Science & Applications, 2016, 5(11): e16172.
[90] Liu S, Cui T J, Zhang L, et al. Convolution operations on coding metasurface to reach flexible and continuous controls of terahertz beams[J]. Advanced Science, 2016, 3(10): 1600156.
[91] Wu R Y, Shi C B, Liu S, et al. Addition theorem for digital coding metamaterials[J]. Advanced Optical Materials, 2018, 6(5): 1701236.
[92] Wan X, Qi M Q, Chen T Y, et al. Field-programmable beam reconfiguring based on digitally-controlled coding metasurface[J]. Scientific Reports, 2016, 6(1): 20663.
[93] Li L, Cui T J, Ji W, et al. Electromagnetic reprogrammable coding-metasurface holograms[J]. Nature Communications, 2017, 8(1): 197.
[94] Cui T J, Liu S, Bai G D, et al. Direct transmission of digital message via programmable coding metasurface[J]. Research, 2019, 2019: 2584509.
[95] Zhao J, Yang X, Dai J Y, et al. Programmable time-domain digital-coding metasurface for non-linear harmonic manipulation and new wireless communication systems[J]. National Science Review, 2019, 6(2): 231-238.
[96] Zhang L, Chen X Q, Liu S, et al. Space-time-coding digital metasurfaces[J]. Nature Communications, 2018, 9(1): 4334.
[97] Zhang L, Chen X Q, Shao R W, et al. Breaking reciprocity with space-time-coding digital metasurfaces[J]. Advanced Materials, 2019, 31(41): 1904069.
[98] Zhang L, Chen M Z, Tang W, et al. A wireless communication scheme based on space- and frequency-division multiplexing using digital metasurfaces[J]. Nature Electronics, 2021, 4(3): 218-227.
[99] Ma Q, Bai G D, Jing H B, et al. Smart metasurface with self-adaptively reprogrammable functions[J]. Light: Science & Applications, 2019, 8(1): 98.
[100] Ma Q, Hong Q R, Gao X X, et al. Smart sensing metasurface with self-defined functions in dual polarizations[J]. Nanophotonics, 2020, 9(10): 3271-3278.
[101] Liu C, Ma Q, Luo Z J, et al. A programmable diffractive deep neural network based on a digital-coding metasurface array[J]. Nature Electronics, 2022, 5(2): 113-122.

第 2 章　数字编码超材料

本章主要介绍数字编码超材料的基本概念和原理，展示微波、太赫兹和声学等领域数字编码超材料的实现方法，并讨论数字编码超材料对极化、频率和幅度等多维电磁参数的调控功能。

2.1　数字编码超材料的基本原理

如第 1 章所述，我们在 2014 年首次提出了数字编码超材料的概念 [1]，由于其多为二维形式的超表面，故也可直接称为数字编码超表面。超表面调控幅度或相位的概念来源于广义斯涅耳定律，因此数字编码超材料中的离散数字状态大多针对反射或透射系数的相位或幅度。例如，对于相位编码，1 比特数字编码超材料的数字状态 “0” 和 “1” 分别代表了两个具有 180° 反射或透射相位差的超材料单元。通过进一步细化相位差，可推广到 2 比特甚至更高比特，实现更灵活、能力更强的电磁调控；2 比特数字编码超材料包含 “00”、“01”、“10” 和 “11” 四个数字状态，相邻两个状态的相位差为 90°；3 比特数字编码超材料包含 “000”、“001”、“010”、“011”、“100”、“101”、“110”、“111” 八个数字状态，相邻两个状态的相位差为 45°；依此类推。当数字编码单元按照不同的编码序列或编码图案构成编码超表面时，便将数字化电磁信息蕴含在其中并同时显现为空间中相应的电磁调控功能。

下面通过数值计算，分析数字编码超材料对电磁波束的调控原理。图 2.1 给出了一个简化的方形 1 比特数字编码超材料，包括 $N \times N$ 个边长为 D 的方格区域，每个区域填充 “0” 或 “1” 单元或子阵列组成的超级子单元，对应相位 $\varphi(m,n)$ 分别为 0° 或 180°。当平面电磁波垂直入射到超表面时，其散射的远场函数可表示为 [1]

$$
\begin{aligned}
f(\theta,\varphi) = & f_{\mathrm{e}}(\theta,\varphi)\sum_{m=1}^{N}\sum_{n=1}^{N}\exp\{-\mathrm{i}\{\varphi(m,n)+kD\sin\theta[(m-1/2)\cos\varphi \\
& +(n-1/2)\sin\varphi]\}\}
\end{aligned}
\tag{2.1}
$$

其中，θ 和 φ 分别为方位角和俯仰角，$f_{\mathrm{e}}(\theta,\varphi)$ 为每个方格的远场函数。将 “0” 单

元的绝对相位直接放入 $f_{\mathrm{e}}(\theta,\varphi)$，得到其方向性函数 $\mathrm{Dir}(\theta,\varphi)$ 为

$$\mathrm{Dir}(\theta,\varphi)=4\pi\left|f(\theta,\varphi)\right|^2\Big/\int_0^{2\pi}\int_0^{\pi/2}\left|f(\theta,\varphi)\right|^2\sin\theta\mathrm{d}\theta\mathrm{d}\varphi \tag{2.2}$$

可以看出，$f_{\mathrm{e}}(\theta,\varphi)$ 被消去。引入图 2.2(a)~(c) 中不同的编码序列，并对其具体的散射特性进行分析，其远场表达式可简化为

$$\left|f_1(\theta,\varphi)\right|=C_1\left|\cos\psi_1+\cos\psi_2\right|=2C_1\left|\cos\frac{\psi_1+\psi_2}{2}\cos\frac{\psi_1-\psi_2}{2}\right| \tag{2.3}$$

$$\left|f_2(\theta,\varphi)\right|=C_2\left|\sin\psi_1+\sin\psi_2\right|=2C_2\left|\sin\frac{\psi_1+\psi_2}{2}\cos\frac{\psi_1-\psi_2}{2}\right| \tag{2.4}$$

$$\left|f_3(\theta,\varphi)\right|=C_3\left|\cos\psi_1-\cos\psi_2\right|=2C_3\left|\sin\frac{\psi_1+\psi_2}{2}\sin\frac{\psi_1-\psi_2}{2}\right| \tag{2.5}$$

式中，

$$\begin{cases}\psi_1=\dfrac{1}{2}kD(\sin\theta\cos\varphi+\sin\theta\sin\varphi)\\[2ex]\psi_2=\dfrac{1}{2}kD(-\sin\theta\cos\varphi+\sin\theta\sin\varphi)\end{cases} \tag{2.6}$$

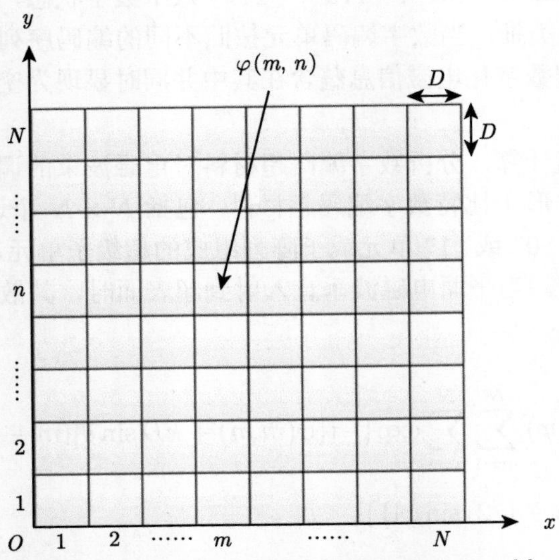

图 2.1　方形 1 比特数字编码超材料示意图 [1]

由于最大散射的绝对值项应等于 1，因此对于图 2.2(a) 显示的编码序列 000000…/000000…，我们有

$$\begin{cases} \left|\cos\dfrac{\psi_1+\psi_2}{2}\right| = 1 \\ \left|\cos\dfrac{\psi_1-\psi_2}{2}\right| = 1 \end{cases} \tag{2.7}$$

联合公式 (2.6) 和 (2.7) 可得 $\theta_1 = 0°$，表明此时主要散射方向与垂直入射波相反，仅有图 2.2(d) 和 (g) 所示 0° 方向上的一个反射波束，与平面波入射到平面理想导体散射的物理现象完全一致。而对于图 2.2(b) 显示的编码序列 010101…/010101…，我们有

$$\begin{cases} \left|\sin\dfrac{\psi_1+\psi_2}{2}\right| = 1 \\ \left|\cos\dfrac{\psi_1-\psi_2}{2}\right| = 1 \end{cases} \tag{2.8}$$

联合公式 (2.6) 和 (2.8) 得到 $\varphi_2 = 90°$ 或 $270°$, $\theta_2 = \arcsin(\lambda/(2D))$，表明该编码序列将在两个方向产生散射波束：$(\theta_2, 90°)$ 和 $(\theta_2, 270°)$，如图 2.2(e) 和 (h) 所示。对于图 2.2(c) 显示的编码序列 010101… /101010…，我们有

$$\begin{cases} \left|\sin\dfrac{\psi_1+\psi_2}{2}\right| = 1 \\ \left|\sin\dfrac{\psi_1-\psi_2}{2}\right| = 1 \end{cases} \tag{2.9}$$

联合公式 (2.6) 和 (2.9) 得到 $\varphi_3 = 45°, 135°, 225°, 315°$, $\theta_3 = \arcsin(\lambda/(\sqrt{2}D))$，表明该编码序列将在四个方向产生散射波束：$(\theta_3, 45°)$、$(\theta_3, 135°)$、$(\theta_3, 225°)$ 和 $(\theta_3, 315°)$，可通过图 2.2(f) 和 (i) 中的仿真结果验证。由此可见，数字编码超材料的远场散射方向图与数字编码序列或图案具有对应关系，可从散射场对数字编码信息进行提取和还原。

如前所述，1 比特数字编码包含两个状态，拓展到高比特后可实现更加灵活精细的电磁调控。以 2 比特为例，其四个状态 “00”、“01”、“10” 和 “11” 也可以表述为十进制的 “0”、“1”、“2” 和 “3”，为编码序列和编码图案的构建、表征和运算提供更多便利。当这四个编码状态依次排布构成图 2.3(b) 和 (c) 所示 01230123… 的梯度周期序列时，在远场将会出现一个偏折的单波束，其偏折角度θ(无论是反射波束还是透射波束) 由超表面单元的工作波长 λ 和编码序列的周期长度 Γ 共

同决定，其具体关系是 [1]

$$\theta = \arcsin\left(\frac{\lambda}{\Gamma}\right) \tag{2.10}$$

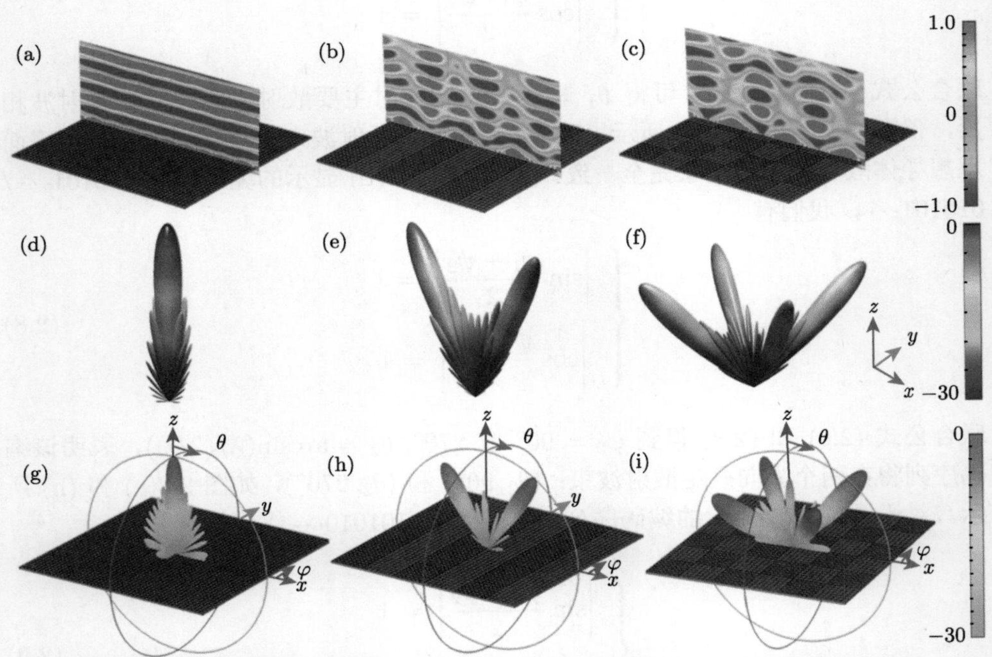

图 2.2 编码图案分别为 000000· · · /000000· · · 、010101· · · /010101· · · 和 010101· · · / 101010· · · 的棋盘格分布时，远场散射方向图依次为单波束、双波束和四波束 [1]：(a)~(c) 三种编码图案及对应的近场分布；(d)~(f) 三种编码图案对应的理想远场方向图；(g)~(i) 三种编码图案对应的全波仿真远场方向图

更高比特数字编码方案的构建遵循类似方法，即 N 比特数字编码单元的相位差值为 $360°/2^N$。尽管编码比特数的上升会在一定程度上提高电磁调控精度，但也将增加数字编码超材料单元和阵列的设计难度，因此要从需求出发平衡二者的关系，选取合适的编码方案。

除了对远场散射波束的调控外，同样可构建数字编码图案来降低金属表面的雷达散射截面 (radar cross sectoin, RCS)。其工作原理既与电磁隐身衣通过引导电磁波绕过目标不同 [2]，也与完美吸波器不同 [3]，是通过设计不同状态的编码单元排布将入射电磁波尽可能均匀地分散到更多方向的散射波束中，实现漫散射，从而降低其单站和双站 RCS。相对于同尺寸的金属平板，由数字编码超材料而实现的 RCS 缩减值由下式决定 [1]：

$$\text{RCS缩减} = \frac{\lambda^2}{4\pi N^2 D^2} \max_{\theta,\varphi}(\text{Dir}(\theta,\varphi)) \tag{2.11}$$

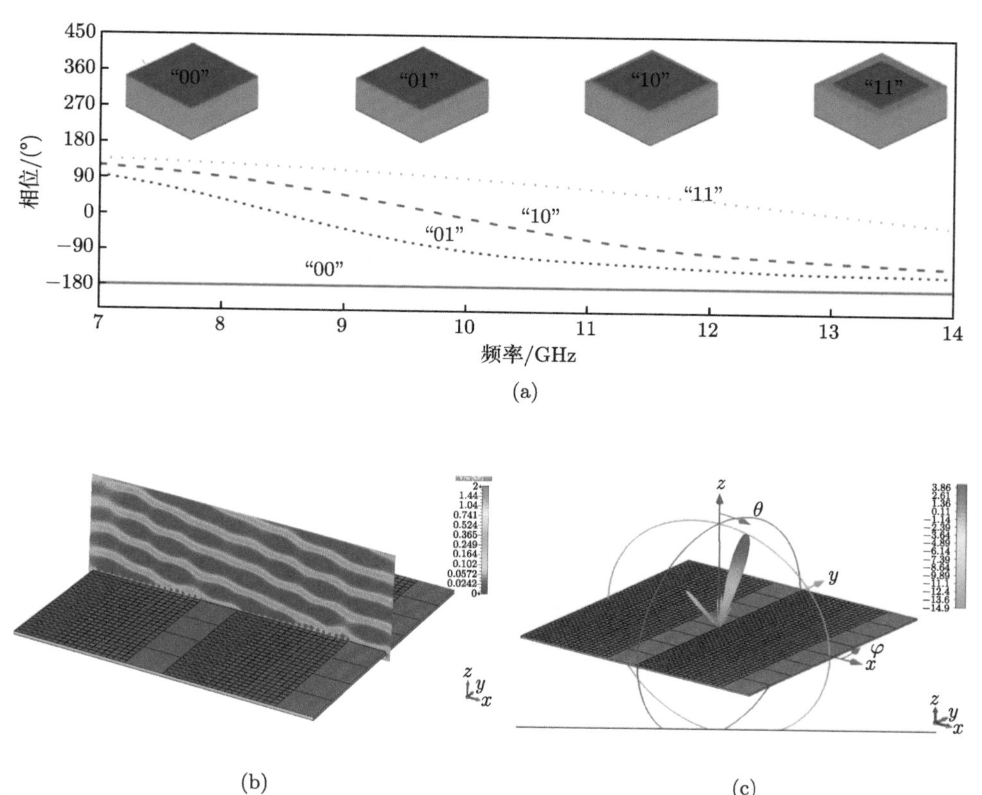

图 2.3 (a) 2 比特编码单元示意图及其相位响应 [1]；(b) 和 (c) 编码图案为 01230123··· 时的电场分布和散射方向图 [1]

为了验证 RCS 的缩减效果，基于优化后得到的编码序列设计并制作了图 2.4(a) 和 (b) 所示的 1 比特数字编码超材料样件。其中，超表面大小为 280mm×280mm，共划分 8×8 个超级子单元，每个子单元包括 7×7 个全“0”或全“1”单元。优化后的编码序列为 00110101 间隔分布，且保证沿超表面两条边的编码相同。通过全波仿真和实际测试获得的垂直入射 RCS 缩减曲线分别如图 2.4(c) 的虚线和图 2.4(d) 中的方向图所示，可以看出散射方向图没有明显主瓣，每个方向上的能量都很小，且 RCS 缩减 10dB 的带宽范围为 7.8～12GHz，其结果与相位差的带宽基本一致。

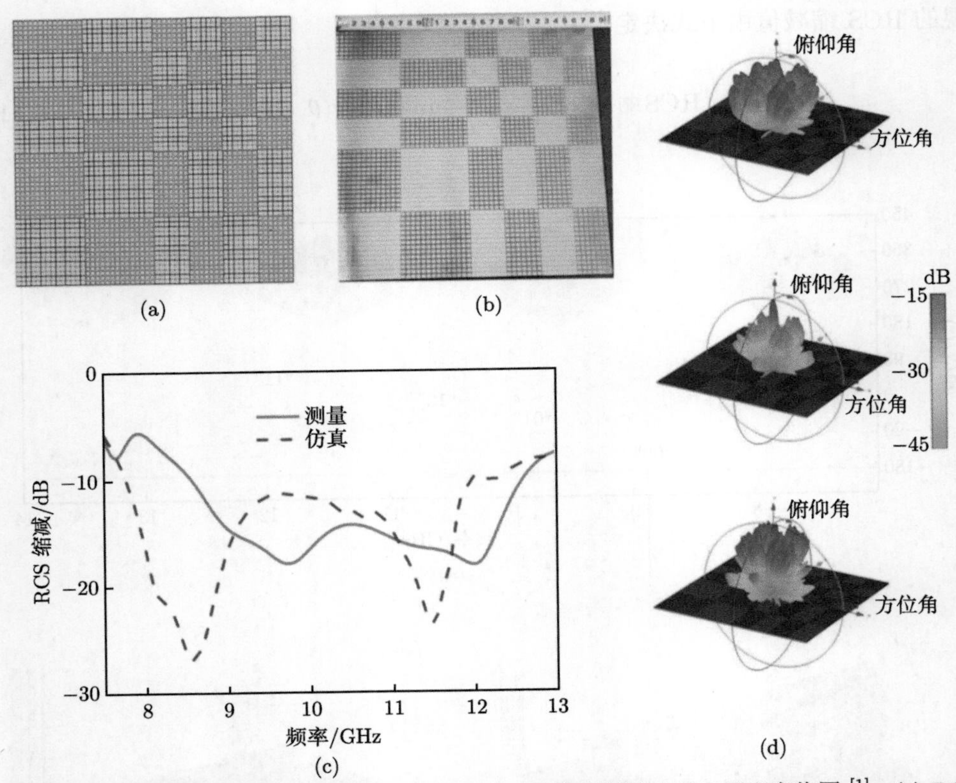

图 2.4　(a) 和 (b) 用于 RCS 缩减的 1 比特数字编码超材料样件示意图和实物图 [1]；(c) RCS 缩减的仿真与实测值 [1]；(d) 编码超材料在 8.0GHz、10.0GHz 和 11.5GHz 三个频点的散射方向图 [1]

2.2　微波、太赫兹及声学数字编码超材料

从数字编码超材料的原理分析可以看出，这一概念对电磁波工作频率或种类不存在限制，因此其工作方式可覆盖整个电磁频谱，甚至被推广到声波和机械波中。目前最为常见的是微波、太赫兹和声学数字编码超材料，本节将介绍其特点和实现方法。

2.2.1　微波数字编码超材料

由于微波频段的电磁器件使用广泛，以及加工流程成熟且实验验证方便，因此涌现出大量数字编码超材料的设计和应用，其中对远场散射特性的调控较多。2017 年，意大利 Sannio 大学的 Vincanzo Galdi 教授将数学中的 Golay-Rudin-Shapiro 多项式引入数字编码超表面的设计中，实现了均匀的随机漫反射，在各方向辐射的电磁能量几乎相同，如图 2.5 所示 [4]。

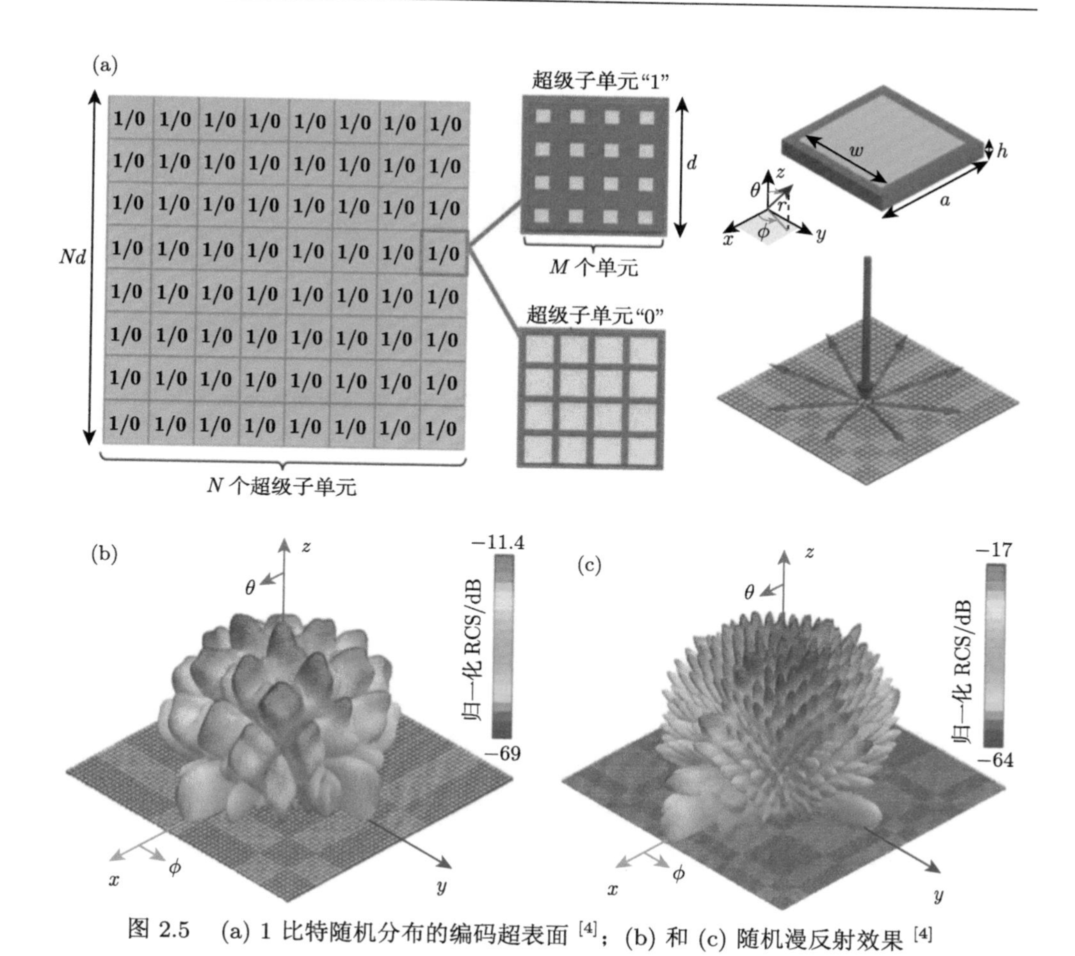

图 2.5 (a) 1 比特随机分布的编码超表面 [4]；(b) 和 (c) 随机漫反射效果 [4]

由超材料的电磁调控原理分析可知，数字编码超材料单元的大小与工作波长相关，因此微波段的单元尺寸通常为毫米级，介质基底一般选择为商用介质板材，并通过印刷电路板 (printed circuit board, PCB) 工艺加工 (图 2.6(a))，因此从材料制备到样件加工均有完备的流程。功能测试包括单元性能测试和样件功能测试。前者主要包括单元的反射或透射系数，一般通过波导法、透镜法或自由空间法进行测试；后者多在图 2.6(b) 所示的微波暗室中开展，主要包括近场测试和远场测试两种。近场测试利用波导探针对数字编码超材料的电场近场分布进行探测，获取其幅度和相位信息；远场测试则通过旋转数字编码超材料样件，以获取其远场散射方向图。因此，微波段数字编码超表面的加工和测试较为便利，准确度高，应用前景广泛，是目前编码超材料发展的主要频段之一。

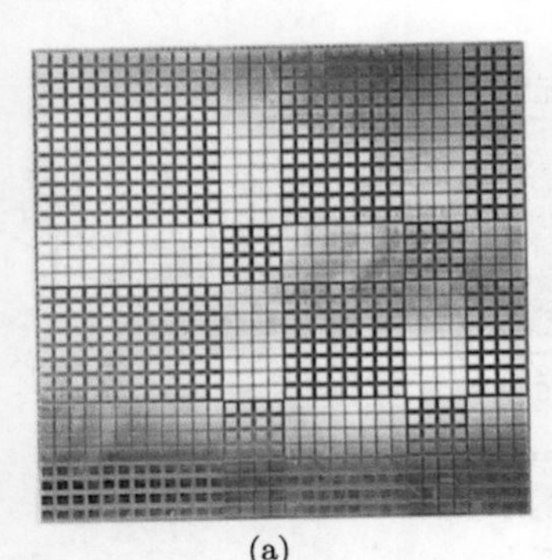
(a)

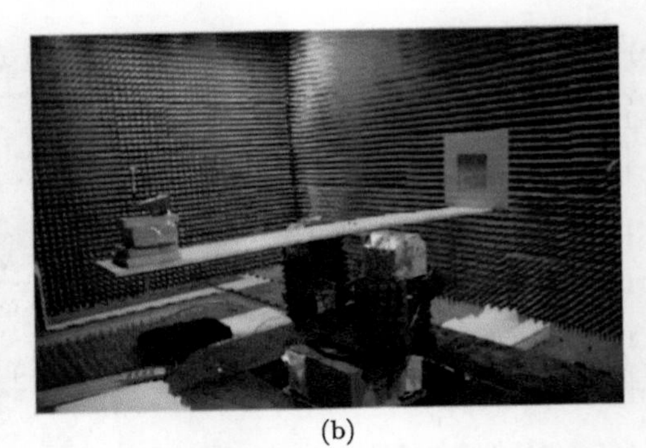
(b)

图 2.6 (a) 微波段的编码超表面样件 [4]；(b) 微波段测试场景 [4]

2.2.2 太赫兹数字编码超材料

太赫兹技术具有重大的科学价值，太赫兹科学的发展需要许多功能性器件，然而自然界中大多数物质对太赫兹辐射不敏感，能操控太赫兹波的材料昂贵且稀少。因此超材料的出现为太赫兹波的调控提供了全新的解决方案，数字编码超材料则使太赫兹波的数字化控制变为现实，有望在太赫兹天线、无线通信等领域获得应用。

2015 年，我们利用分型结构设计了图 2.7(a) 所示的低散射多比特太赫兹数字编码超表面，仅通过变换其编码图案便可实现对太赫兹波散射状态的灵活调控。随着编码比特数的增高和编码图案无序性的提升，其反射图样越发复杂，达到了降低 RCS 的效果 [5]。该设计采用了一阶迭代闵可夫斯基 (Minkowski) 环分形结构作为太赫兹数字编码超表面的基本单元。通过对方环的每一条边都进行一阶迭代，可以得到图 2.7(b) 所示的分形单元，所增加的折线结构提升了谐振数量，同时具备宽频带和尺寸缩减等优点，通过改变其边长便可在 0.8~1.8THz 实现 1~3 比特的编码单元构建，如图 2.7(c) 所示。接下来对编码图案进行随机分布和优化，构建了三种不同编码规模的超表面样件，其随机散射特性如图 2.8 所示，呈现出了良好的后向散射能量缩减效果，且相对带宽很宽，同时具有设计加工简单、结构轻薄、易于共形等优点。

与微波段相比，太赫兹数字编码超表面的加工流程更加复杂。图 2.9 给出了一套反射式太赫兹编码超表面常见的加工流程。首先在硅片基底上蒸镀一层厚金薄膜作为反射层。然后在金薄膜上涂抹聚酰亚胺胶作为介质层，通过在甩胶机中进行旋转涂覆，控制其时间和转速可得到不同厚度，并通过烘烤进一步固化及控制其介电常数。随后，通过相位掩模将剥离光刻胶 (LOR) 和光刻胶 AZ5214 涂在聚酰亚胺层上，并在汞灯产生的紫外线照射下进行暴露；将目标图案所在区域曝光的光刻胶冲洗掉，并在处理后的光刻胶上蒸镀第二层金薄膜层。最后，将残留的光刻胶和金属浸入丙酮中去除，剩余的金属在其上层形成编码超表面的目标图

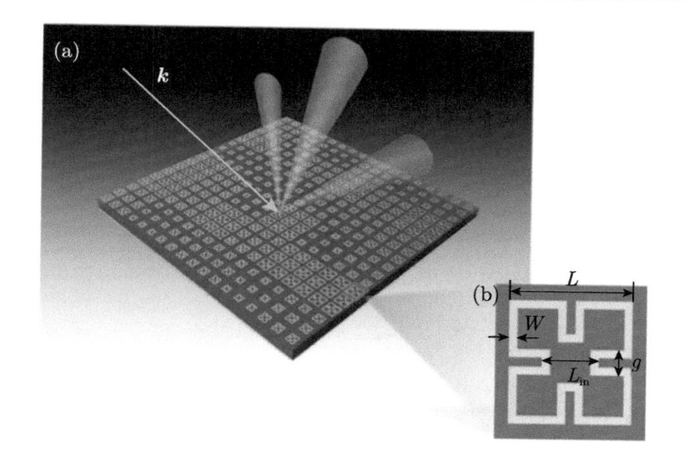

(c)

形状和相位 / 多比特	0	−45	−90	−135	−180	−225	−270	−315
1比特	0				1			
2比特	00		01		10		11	
3比特	000	001	010	011	100	101	110	111

图 2.7 (a) 低散射多比特太赫兹数字编码超表面示意图 [5]；(b) 和 (c) 1∼3 比特分形单元形状 [5]

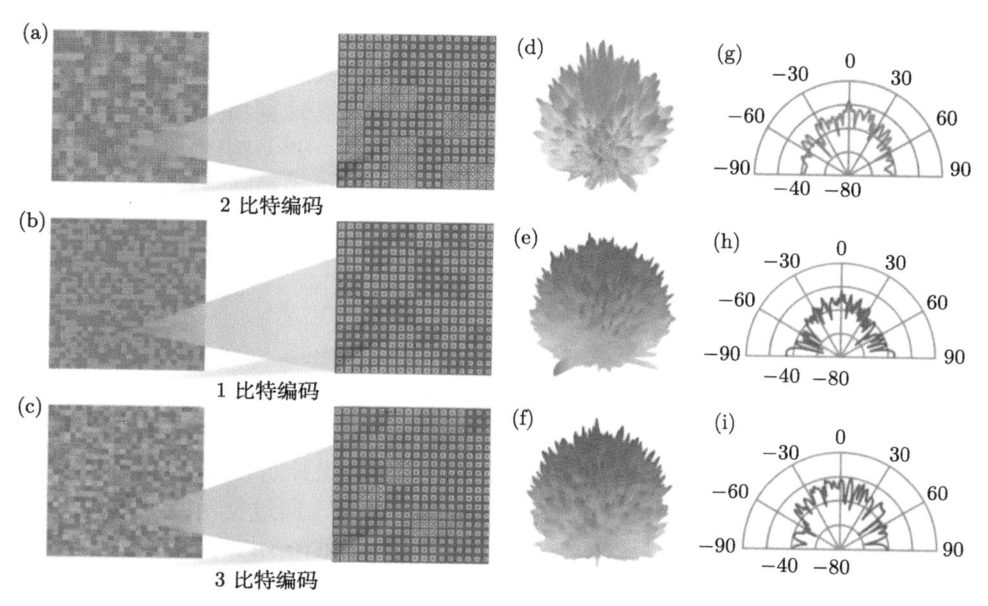

图 2.8 1∼3 比特太赫兹数字编码超表面样件及其散射特性 [5]

案。其他形式的太赫兹数字编码超表面的设计流程在上述过程基础上增加其他步骤，若单元结构为多层，则需多次重复上述过程，并保证上下层位置对准；若单元为透射式，则无需第一反射层，且在完成上述过程后将样品放入氢氟酸中浸泡，将单元与硅基底剥离。

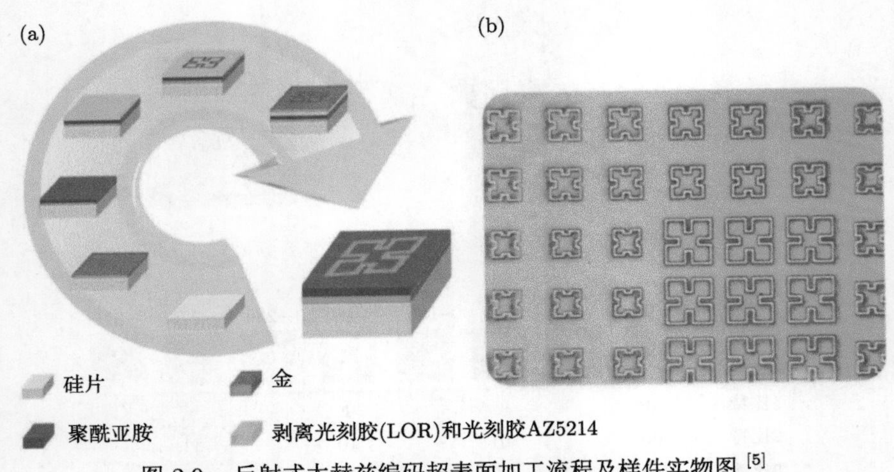

图 2.9　反射式太赫兹编码超表面加工流程及样件实物图 [5]

太赫兹频段数字编码超表面的测试也与微波段不同，一般使用太赫兹时域光谱系统 (THz-TDS) 进行实验测量，如图 2.10 所示。采用离轴抛物面反射镜对太赫兹光束进行收集和准直，将太赫兹波的发射装置与离轴抛物面镜固定，然后整体固定在光学导轨上，太赫兹波的探测装置也与一个离轴抛物面镜整体固定在另一段光学导轨上，再将这两段光学导轨通过螺丝连接，并一同固定在光学滑动底座上，于是分别固定了太赫兹发射和探测装置的两段光学导轨就能转动从而测量太赫兹波不同入射角下的漫反射谱，通过旋转导轨可以很容易地改变入射和反射的角度。

2.2.3　声学数字编码超材料

在声学领域，基于数字编码超材料对声波波前和波束调控的思路与电磁波是完全相同的，不同之处则在于超材料单元和工作模式的全新设计方法。

2017 年，南开大学陈树琪教授和田建国教授团队设计了一种如图 2.11 所示的改进型谐振腔式结构，并基于数字编码超表面的理念，通过使用两种单元结构实现了宽带的声聚焦和波束分裂等现象 [6]。我们则在 2019 年通过调控单元结构的编码序列来实现一种仅由两种单元结构组成且具有一定工作带宽的声扩散体 [7]，如图 2.12 所示。该设计在维持亚波长厚度的同时，可将入射波的能量分散到各个方向上去，从而极大地抑制了反射波在镜像方向上的传输，在建筑声学等领域有重要的应用价值。数字编码超表面理论的引入，简化了传统施罗德扩散体以及基于声学超表面的施罗德扩散体的设计，为噪声抑制以及声学数字编码超表面的应用提供一种新方法和新思路。

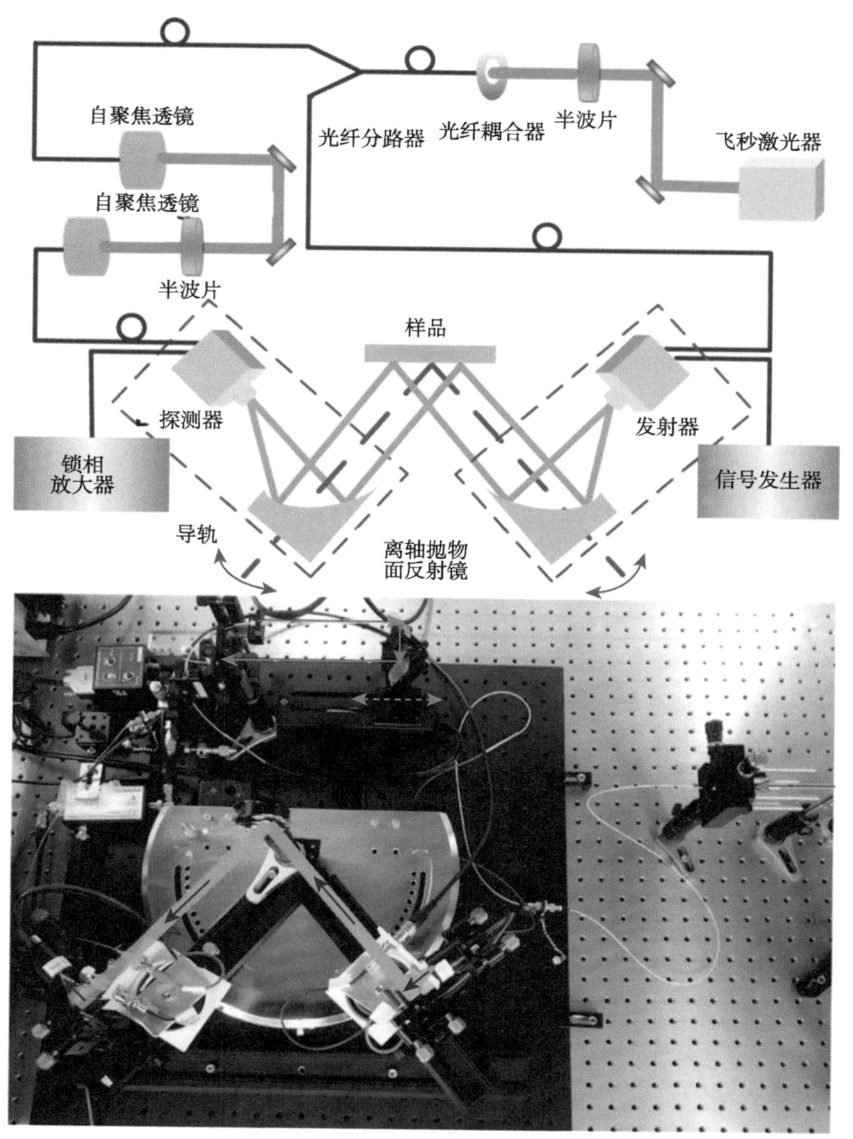

图 2.10 太赫兹数字编码超表面测试流程示意图及测试环境 [5]

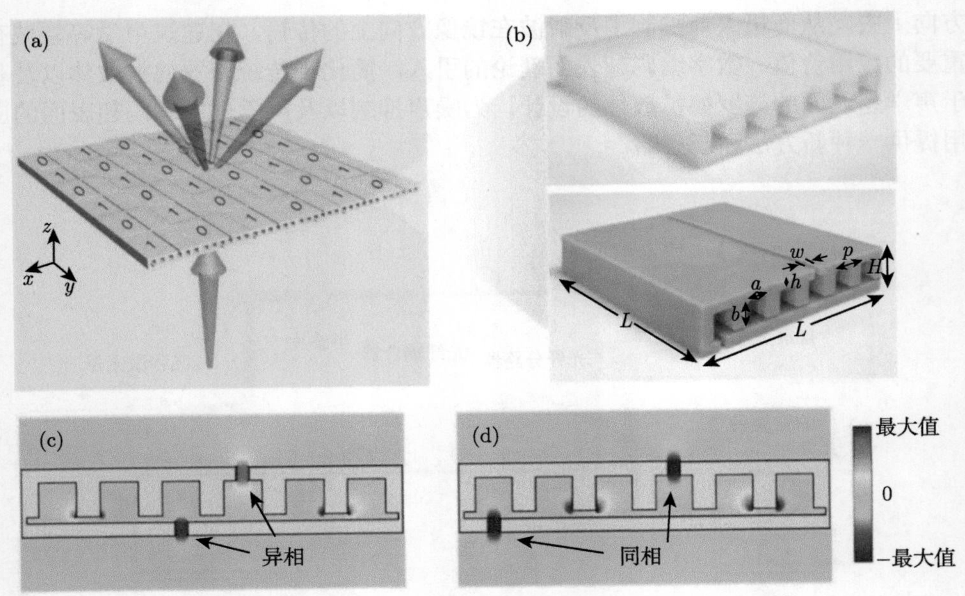

图 2.11　声学数字编码超表面示意图及其声波调控效果 [6]

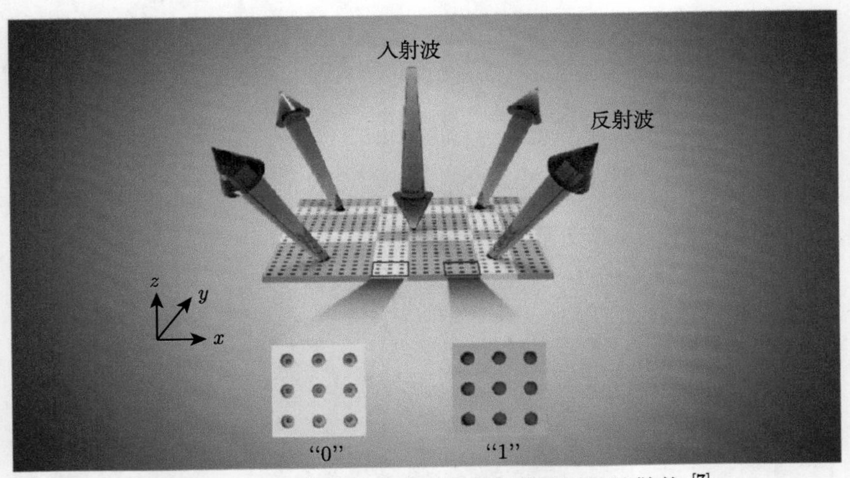

图 2.12　基于声学数字编码超表面的施罗德扩散体 [7]

2.3　多功能数字编码超材料

相位数字编码是数字编码超材料的基础模式，如果引入更多的电磁参量调控、融合更多的奇异电磁特性，便能进一步拓展数字编码超材料的工作模式，在单一相位编码的基础上实现更加丰富的电磁调控功能和物理现象。本节主要介绍几种新颖的多功能数字编码超材料。

2.3.1 各向异性数字编码超材料

在第 1 章超材料概述中曾提到，如果超材料单元分别对两种正交极化波的电磁特性进行独立调控，可称其具有各向异性特质，这一概念也可引入数字编码超材料。由入射波的极化进行区分，各向异性数字编码超材料单元同时具备两种数字态，可构建互不干扰的各向异性编码矩阵。通过为相互正交的线极化或圆极化波设计不同的编码图案，两种极化状态将呈现完全不同的电磁调控效果，拓展了数字编码超表面的功能范围。

图 2.13(c) 和 (d) 展示了该单元对透射系数的调控效果，通过改变竖直方向和水平方向金属贴片长度 v 和 h，可以分别实现 x 极化和 y 极化波的 3 比特相位响应且归一化幅度均大于 0.7，同时保证了两极化间的独立性。由于结构的对称性，两种极化条件的效果相同。最终得到了图 2.14 中的 64 种单元图样，可以用于独立调控 x 极化和 y 极化电磁波，实现不同角度波束控制和不同内容的成像等功能。

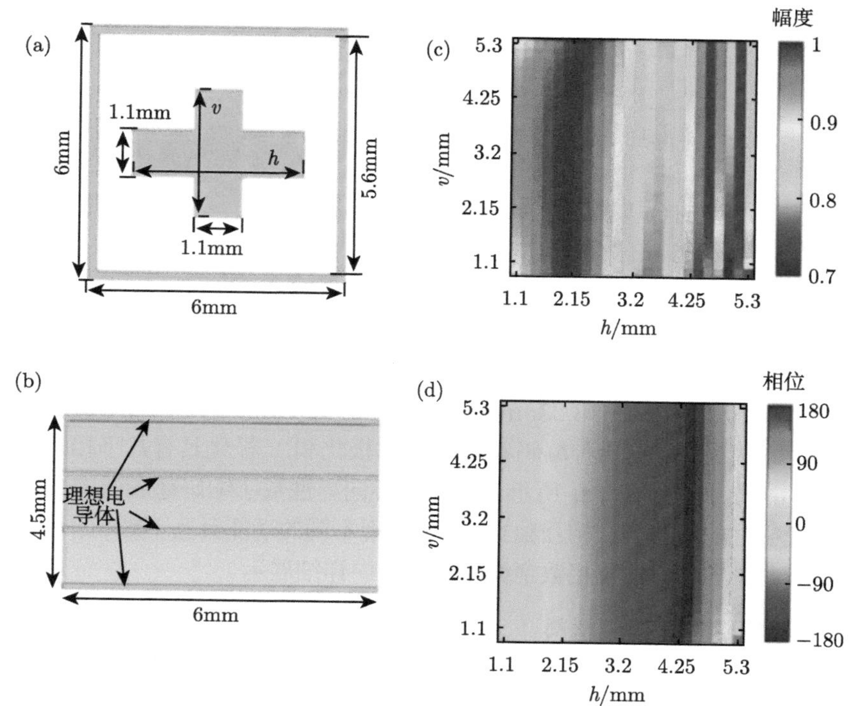

图 2.13 单元分别在 x 极化和 y 极化下的透射系数的幅度和相位图 [8]：(a) 和 (b) 单元结构图；(c) 和 (d) 幅度和相位响应

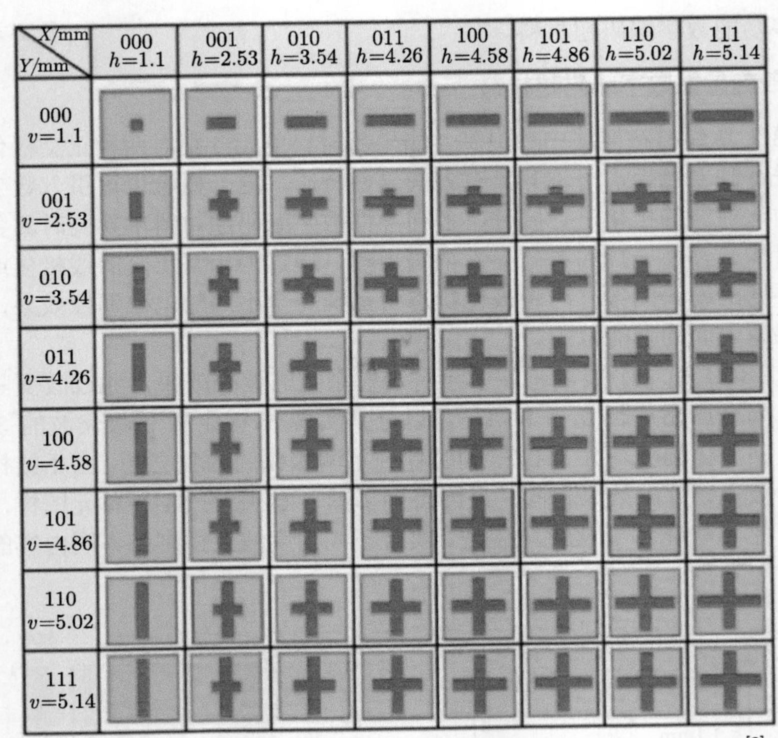

图 2.14　3 比特各向异性编码单元在两种极化条件下的单元尺寸图 [8]

图 2.15(a) 中的金属耶路撒冷十字结构也可被用作构建各向异性数字编码超表面的基本单元 [9]。当 y 极化电磁波入射时，其相位响应随 y 方向的条带长度 l_y 的变化而变化，而 x 方向的条带长度 l_x 几乎不产生影响。同样，在 x 极化入射情况下，通过改变长度 l_x 可获得 360° 的全相移范围，两种极化间隔离度较高。最终选择了四种具有典型编码值的编码单元以满足 2 比特编码，它们分别为 4.18mm/4.22mm、3.6mm/3.44mm、3.22mm/3.23mm 和 1.71mm/2.92mm，其中 “/” 前后的值分别表示 l_x 和 l_y 的长度。这四种编码单元对于 y 极化和 x 极化具有几乎相同的反射相位响应，如图 2.15(b) 和 (c) 所示。因此，各向异性数字编码超表面的主要优势在于两个正交极化的相位调控相互独立，可以实现不同的功能且互不影响。这一特性将在 2.3.4 节中的各向异性幅相数字编码超表面中详细展示。

2.3.2　多频段数字编码超材料

除极化以外，频率也是拓展数字编码超材料功能的重要参数之一，多频段独立工作的机制可在不同频段设计不同的编码图案，从而同时实现完全不同且互不影响的电磁调控功能。

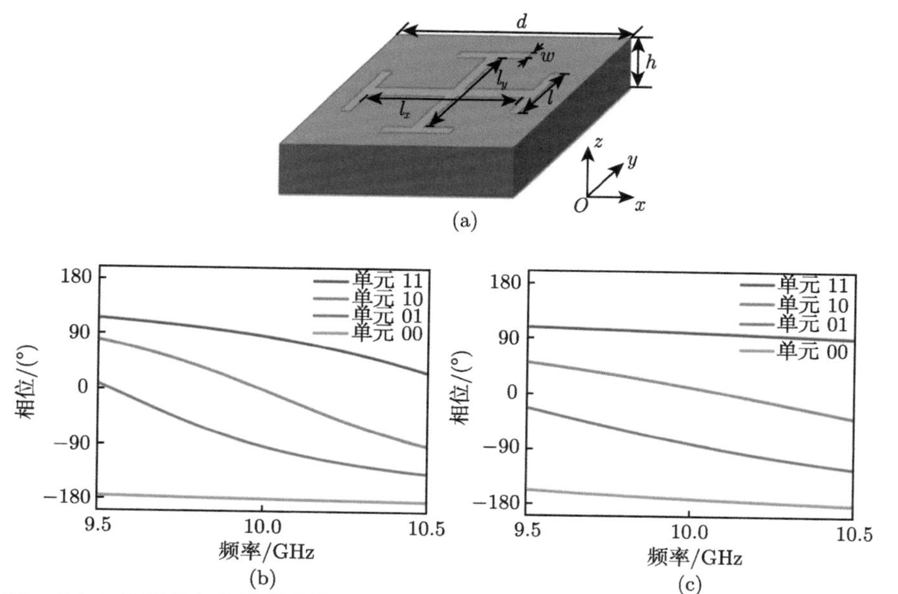

图 2.15 (a) 2 比特各向异性耶路撒冷十字数字编码超表面单元示意图 [9]；(b) 和 (c) 四个单元对 y 极化和 x 极化电磁波的独立相位响应 [9]

本节展示一种三频段的数字编码超表面，其单元如图 2.16(a) 所示 [10]，多种不同的谐振结构被填充在同一平面的各个空间中来实现多个频段的反射相位控制。具体设计如下：谐振在 C 波段的十字结构放置在单元的中心区域，四个角落分别放置了四个谐振在 X 波段的“L”形结构，两种结构之间放置了四个谐振在 Ku 波段的 45° 矩形条带。优化后得到图 2.16(b) 中每个金属结构的几何尺寸，该单元能够在 6.5GHz、9.0GHz 和 13.5GHz 三个频点处，独立呈现 2 比特的编码状态。

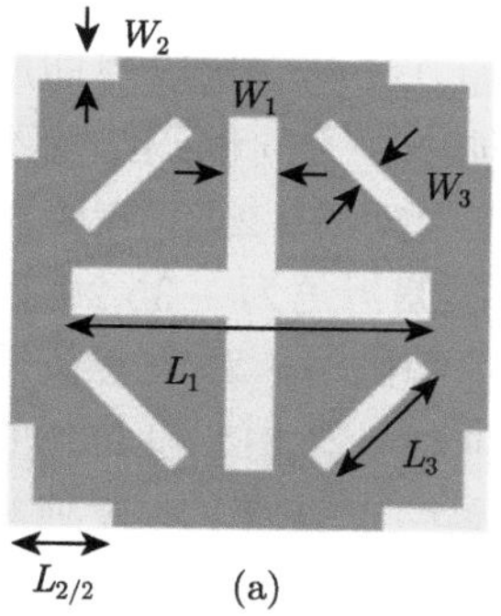

W_2 W_1 W_3 L_1 L_3 $L_{2/2}$

(a)

频率	单元		编码状态和几何参数			
			00	01	10	11
6.5GHz		L_1/mm	6.0	6.5	6.75	7.5
9.0GHz		L_2/mm	4.0	4.35	4.5	5.0
13.5GHz		L_3/mm	2.2	2.5	2.65	3

(b)

图 2.16 (a) 三频段数字编码超表面单元示意图 [10]；(b) 三个频段所对应 2 比特编码单元的不同尺寸 [10]

图 2.17 给出了这 64 个单元的相位和幅度响应，可以明显观察到在所设计的三个工作频点处，相位响应曲线均被明显地分成了四组，每组包含 16 条曲线，不同组之间的相位差均保持在 90° 左右。这一结果表明在三个工作频段内均实现了 2 比特相位编码，且不同频段间的隔离性较好，因此在每个频段内可直接以单频超表面的方法独立完成功能设计。同时，所有单元在工作频带内的反射幅度均高于 0.9，保证了足够的散射能量。

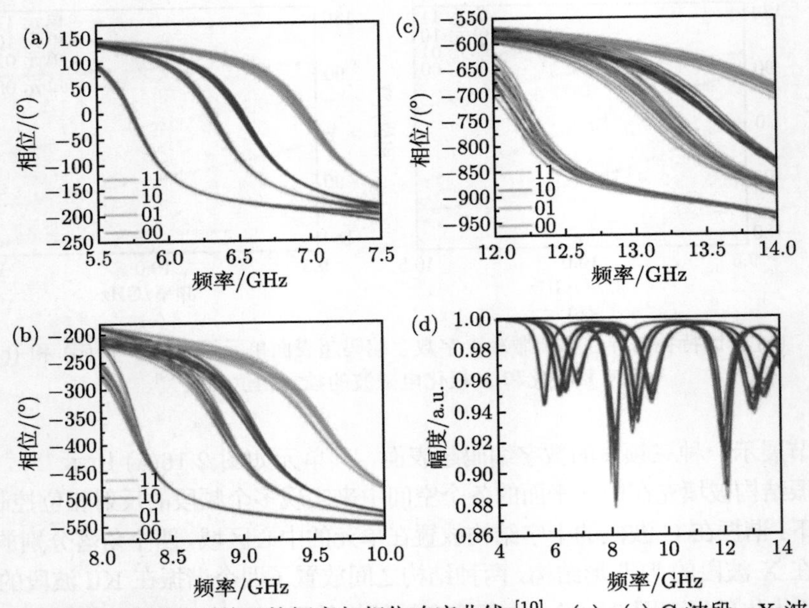

图 2.17 三频段编码超表面单元的幅度与相位响应曲线 [10]：(a)~(c) C 波段、X 波段和 Ku 波段各编码状态的相位响应；(d) 所有编码单元在整个频带内的幅度响应

多频段数字编码超表面所实现的第一个功能为多路径波束控制，即不同频率的反射波将遵循三条角度各异的传播路径。当工作在 6.5GHz 的结构以周期形式的相位梯度序列“00112233⋯ ”沿 x 方向进行编码，同时 y 方向编码维持不变时，根据公式 (2.10) 可得此时偏折波束的出射角度为 −35.27°。图 2.18(a) 给出了经全波仿真得到的三维远场方向图，结果显示反射波束的偏折角为 −35.20°，与理论值基本吻合。当在 9GHz 或者 13.5GHz 构建同样的编码时，波束会被反射到不同的角度，如图 2.18(b) 和 (c) 所示，仿真结果分别为 −24.61° 和 −16.06°，与理论值 −24.61° 以及 −16.13° 一致。此外，基于该编码超表面的多频段独立特性可以同时选择更多的编码方案实现完全不同的路径，例如翻转 C 波段的编码顺序，甚至加载完全不同的编码序列，都会产生其他的散射方向图，如图 2.18(e)~(l) 所示。

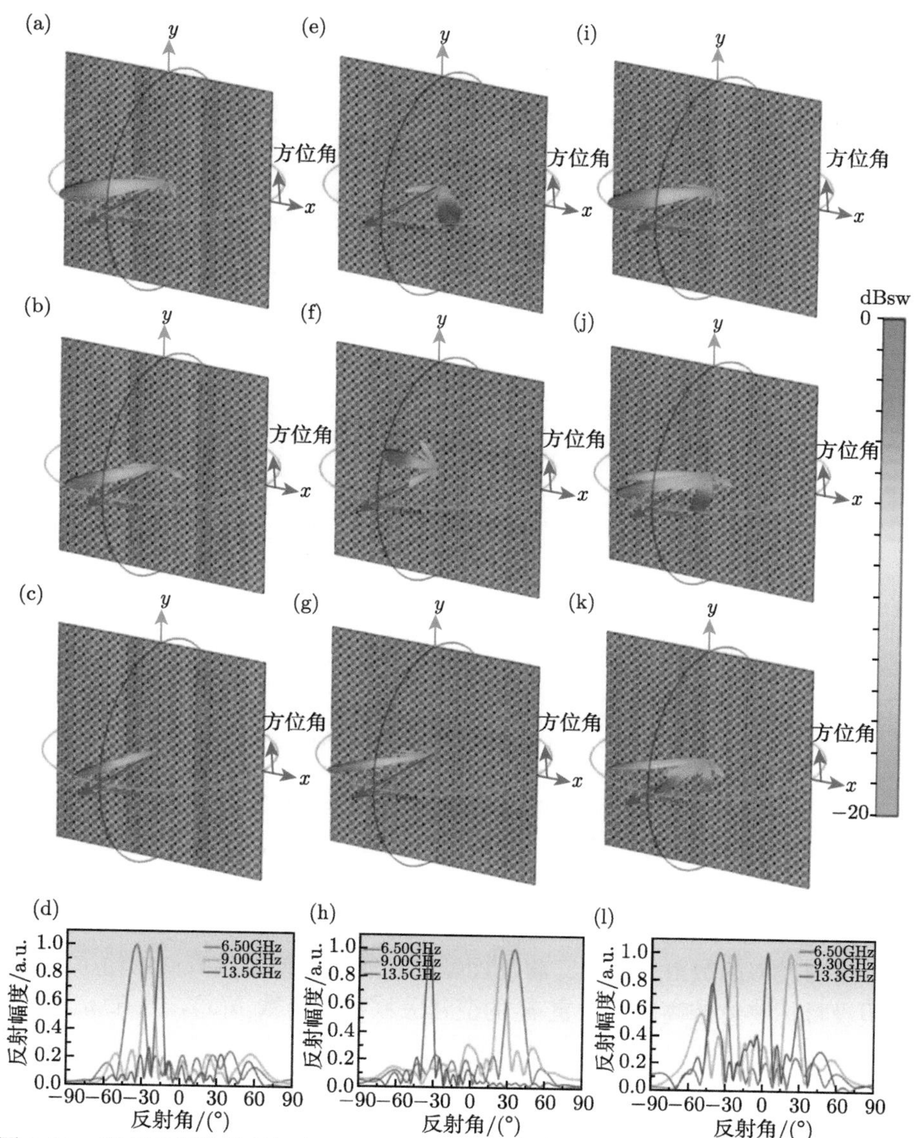

图 2.18 基于多频段编码超表面的波束调控示例 [10]：(a)∼(c) 编码序列为沿 x 方向的 “0011223300⋯”，分别在 C、X 与 Ku 波段产生的远场方向图；(e), (f) 翻转编码序列 “00112233300⋯”或沿 y 方向排布在 C 和 X 波段产生不同的波束路径；(g) 编码序列为沿 x 方向的 “01230⋯” 在 Ku 波段产生的远场方向图；(i) C 波段上保持沿 x 方向编码序列“0011223300⋯”所产生的远场方向图；(j) 编码序列为沿 x 方向的“111333111⋯” 在 X 波段产生的远场方向图；(k) 使用卷积操作对双波束进行搬移；(d)∼(l) 各编码超表面所对应的二维角度示意图

第二个功能是构建图 2.19 中的多任务共享型编码超表面，在 C 波段实现幻觉装置，将平坦平面的散射场变成阶梯型物体的散射场；在 X 波段可以降低样件 RCS，实现隐身功能；在 Ku 波段则可以生成具有螺旋相位分布的涡旋电磁波。

图 2.19　多任务共享型编码超表面示意图 [10]

在电磁波的照射下，幻觉光学装置能够人为操控其反射波形态，用来混淆和迷惑雷达探测器对原有物体大小、形状甚至质地的判断，在军事领域具有良好的应用前景。当超表面被应用于幻觉光学领域中时，更多以消除物体轮廓对电磁波的影响为目的，例如超薄隐形地毯等 [11]。而本节的设计过程与之相反，旨在重建与目标轮廓类似的散射效应，即将平面型的超表面转换成具有一定轮廓的目标物体。假设目标物体的高度随位置 x 的变化关系符合函数 $h(x)$，且在 y 轴上保持高度一致。当电磁波以入射角 θ 照射到目标物体时，每个位置的反射相位为

$$\phi = 180° + 2k_0 h(x)\cos\theta \tag{2.12}$$

其中，k_0 代表自由空间中的波矢量，180° 是由反射引起的相位跳变。因此，当超表面提供的相位突变满足 $\nabla\phi = 2k_0 h(x)\cos\theta$ 时，平面超表面所展现的散射特性就可以等效成轮廓为 $h(x)$ 的物体。

因为编码超表面单元具有一定尺寸且所提供的相位是离散的，所以可设计编码序列来模拟阶梯状物体的反射效果，每个编码状态对应的阶梯高度为

$$h(x) = \frac{90°g}{2k_0\cos\theta}, \quad g = 0, 1, 2, 3 \tag{2.13}$$

最终得到编码序列为沿 x 轴正方向的 “0011223333221100000000”，同时为保证相位在单元中心位置的稳定度，采取超级子单元设计方法，每个编码状态都至少重复了两次。上述编码所对应的目标物体的形状可以用式 (2.13) 求出，即图 2.20(b) 中所展示的阶梯状结构。为了直观地观察到幻觉光学器件的效果，图 2.20(a) 和 (b) 分别给出了编码超表面以及目标物体经全波仿真得到的近场分布结果。可以看出，二者的近场散射效果非常相似。针对实际目标探测中雷达通常位于远场区域的场景，进一步分析了幻觉装置和目标物体的远场散射效果。从图 2.20(e) 中二者的远场散射方向图的对比可以清晰地看到，幻觉装置的远场散射和阶梯状目标物体的远场散射互相之间基本完全符合，达到了将平面超表面伪装成阶梯状结构的效果。

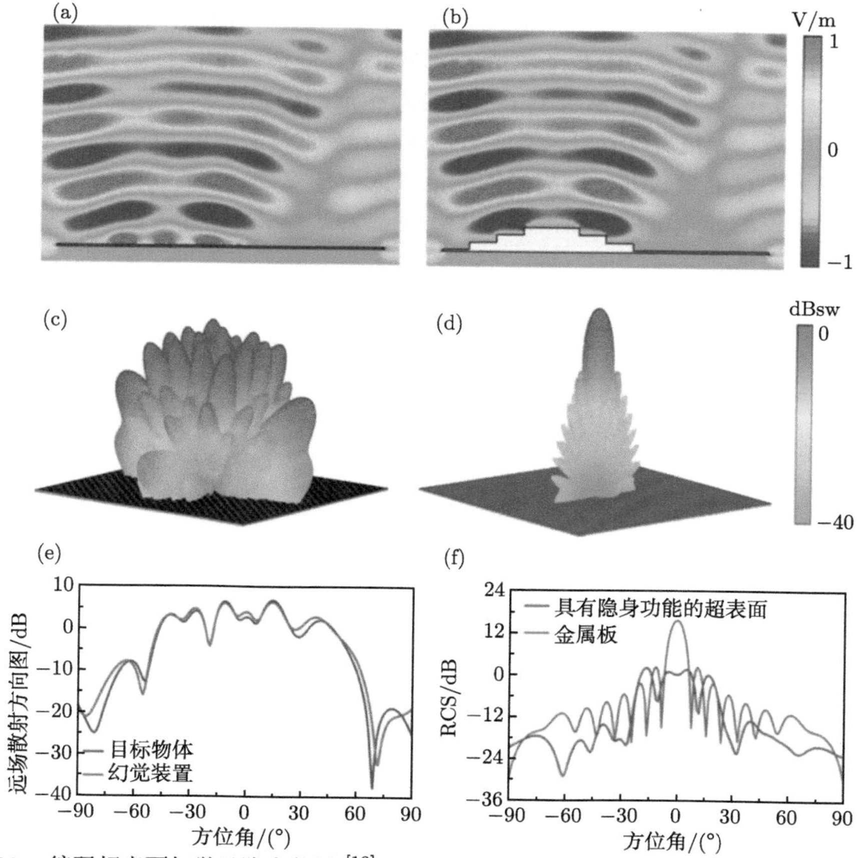

图 2.20 编码超表面幻觉及隐身装置 [10]：(a) 编码超表面幻觉装置的近场散射图；(b) 阶梯状目标物体的近场散射图；(c) 超表面隐身装置的远场散射图；(d) 金属板的远场散射方向图；(e) 幻觉装置与目标物体的远场散射方向图对比；(f) 具有隐身功能的超表面与金属板二维 RCS 对比

在 X 波段则设计了 RCS 缩减的隐身功能。从单元中进一步选取 1 比特编码状态，采用了与图 2.4(a) 相同的编码方案 [1]，每个编码均由相同的 0 或 1 状态组成 3×3 的超级子单元。图 2.20(c) 给出了 9GHz 处的三维远场散射方向图，可以观察到入射的电磁波被分散反射到了上半空间的不同方向。经过与图 2.20(d) 中相同大小金属板的远场散射方向图的比较，所设计的编码超表面可实现大于 10dB 的 RCS 缩减隐身效果。

在 Ku 波段将利用相应的结构生成涡旋波的辐射，主要根据涡旋波的相位分布呈螺旋状的 $e^{iL\varphi}$ 这一特点，其中 L 为涡旋波所携带的拓扑电荷，也称其为轨道角动量 (orbital angular momentum, OAM) 模式的阶数，相位每增加 2π，拓扑电荷就会添加一个整数单位。因此只要将编码单元按照螺旋形的相位依次排布，就能将入射的平面电磁波转化为涡旋波并反射。图 2.21(a) 中给出了携带 2 阶 OAM 涡旋波对应的编码图案，由八个三角形区域组成，分别由 2 比特编码状态 0~3 逆时针依次填充重复 2 次，形成了一个中心对称形的编码图案。图 2.21(b) 给出了全波仿真的近场幅度分布，可以看到近场呈现出一个“甜甜圈”的形状，作为相位奇点的阵列中央能量较弱，而周围的能量较大。图 2.21(c) 是近场螺旋相位分布，从螺旋状相位的分布可以判断出其 OAM 阶数为 $L=2$，验证了该设计的正确性。

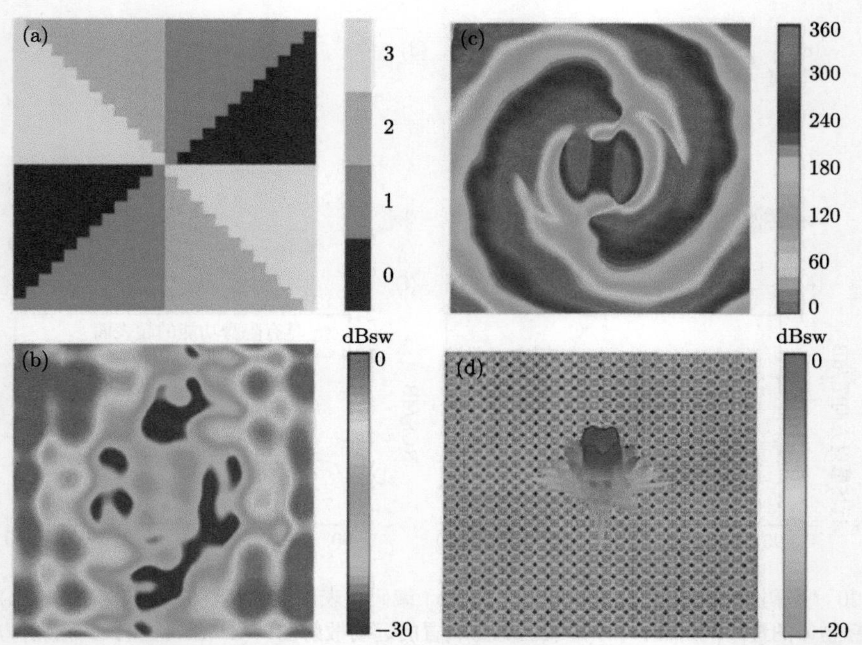

图 2.21 基于编码超表面的涡旋波束生成器 [10]：(a) 产生携带 2 阶 OAM 涡旋波的编码图案；(b) 近场幅度分布；(c) 近场螺旋相位分布；(d) 远场散射方向图

需要说明的是，仿真结果中心位置出现的扰动是由于馈源的遮挡效应。图 2.21(d) 给出了三维的远场散射方向图，可以清晰地观察到，波束的中心出现凹陷，符合 OAM 涡旋波束的特点。至此，本节所提出的三频段数字编码超表面将幻觉光学、隐身以及涡旋波产生的三种功能集成到了同一个口径面上，展现了多频段编码超表面强大的功能集成能力。

2.3.3 透射式数字编码超材料

在数字编码超材料设计中，反射式更为常见，金属底板的存在使其几乎无需考虑幅度约束。而由于反射系数 S_{11} 和透射系数 S_{21} 可以类比，因此直接将数字编码和梯度序列的概念搬移到透射系数上，便可以实现透射式的数字编码超材料，其理论分析与反射式完全相同。不同之处在于所需的超表面单元为透射模式，因此在设计过程中除了相位编码外，还需要提供足够高的透射率以保证超材料样品的性能。此外，在实际的仿真和测试中，需要慎重选取恰当的平面波源作为激励。

在微波段的反射式设计中，将馈源喇叭放置在距离超表面样件较远的区域，使其基本满足远场的距离条件，实现准平面波入射 [10]。在透射式数字编码超表面测试中，必须要考虑图 2.22 中的实际问题。当馈源喇叭放置在距样件较远的位置时，尽管以接近于平面波入射的状态到达样件，但由于电磁波的扩散性质，会有大量的漏波从样件以外的部分绕射过去，导致在远场 0° 方向上产生一个巨大副瓣，影响整体的辐射性能。而反射式数字编码超表面的散射波束与漏波分居阵列两侧，不受此现象影响。

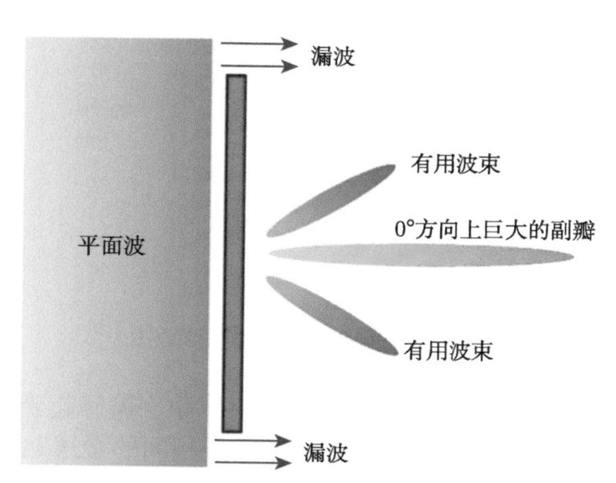

图 2.22 平面波入射导致透射式数字编码超表面受到漏波影响的示意图 [12]

为了解决上述问题，一般可采取两种方案。第一种是继续使用准平面波入射，在测试样件四周放置一些吸波材料，将多余的漏波吸收。第二种方法则是本节首先要介绍的平面波相位补偿法，以减小馈源到样件距离的同时在超表面设计环节解决漏波带来的影响 [12]。

透射阵天线 (transmitarray) 是一种相位补偿式的空馈阵列天线，其核心过程在于合理构建阵列上的相位分布，补偿馈源喇叭发射的球面波到达平面阵列的相位差，从而将透射波转化为平面波，并在远场获得高增益的散射波束 [13]。因此，可将此方法应用在透射式数字编码超表面的设计中，利用普通馈源即可解决平面波入射时漏波的问题。具体流程如图 2.23 所示，将基于透射阵天线原理得到的平面波补偿相位分布用离散的数字单元进行拟合，得到的编码图案称为补偿图样，对应辐射效果为 $\theta_1 = 0°$ 的单波束。根据数字编码超表面的卷积定理 [14](将在第 4 章详述)，将其与任意功能的编码图案 (例如出射角度为 θ_2 的梯度编码图案) 进行卷积后，可得

$$\theta = \arcsin(\sin 0° \pm \sin\theta_2) = \theta_2 \tag{2.14}$$

因此最终偏折的角度和功能编码图案所对应的角度完全相同，证明了平面波补偿法不会影响数字编码功能的正常实现。这一过程也与卷积定理的物理意义相同，表示一个出射角度为 0° 的波束被搬移到了功能编码图案预设的角度上。因此，最终构建超表面的编码图案同时包含了将球面波转换为平面波的补偿图样和数字编码功能图样，无需平面波入射，将普通的馈源喇叭放置在焦点处即可，既解决了漏波的影响，也降低了整个数字编码超表面器件的体积。

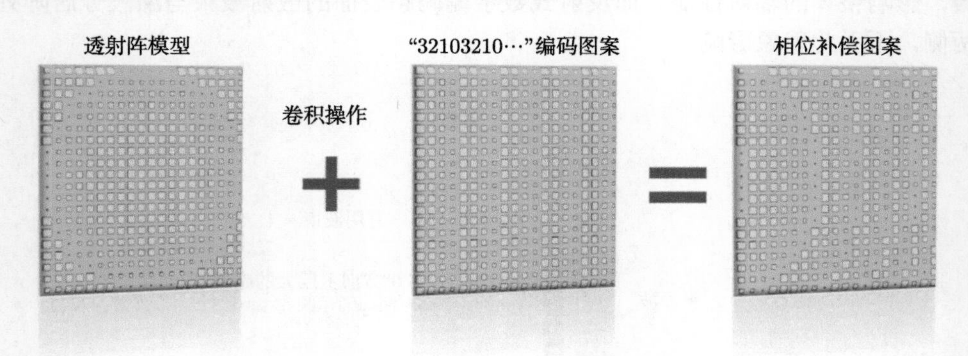

图 2.23 平面波相位补偿法原理图 [12]

接下来将介绍一种新型的 1 比特宽带透射式数字编码超表面单元设计，其结构如图 2.24(a) 所示，主要由三部分构成：四层相同的金属贴片层、刻蚀十字槽隙的金属层及介质基板。金属贴片的边长是单元的变量参数，通过调节其长度实现不同的相位编码。位于中间金属层上的十字槽隙的尺寸保持不变，每个臂的长度 $L_s = 7.6$mm，宽度 $W_s = 1.425$mm。单元周期大小为 $P = 8$mm，约为工作频段上下边界频率 8.1GHz 和 12.5GHz 对应工作波长的 0.22 倍和 0.33 倍。每两

层金属间的介质基板是厚度为 1.5mm 的 F4B 材料 (介电常数为 3.0，损耗角正切为 0.009)。经过优化后，“0” 和 “1” 数字编码单元最终选定的贴片尺寸分别为 5.4mm 和 1mm。整个单元结构中心对称，具备各向同性性质，在 x 极化和 y 极化状态下均可工作并且响应相同，本节示例仅讨论 y 极化的功能和性能。

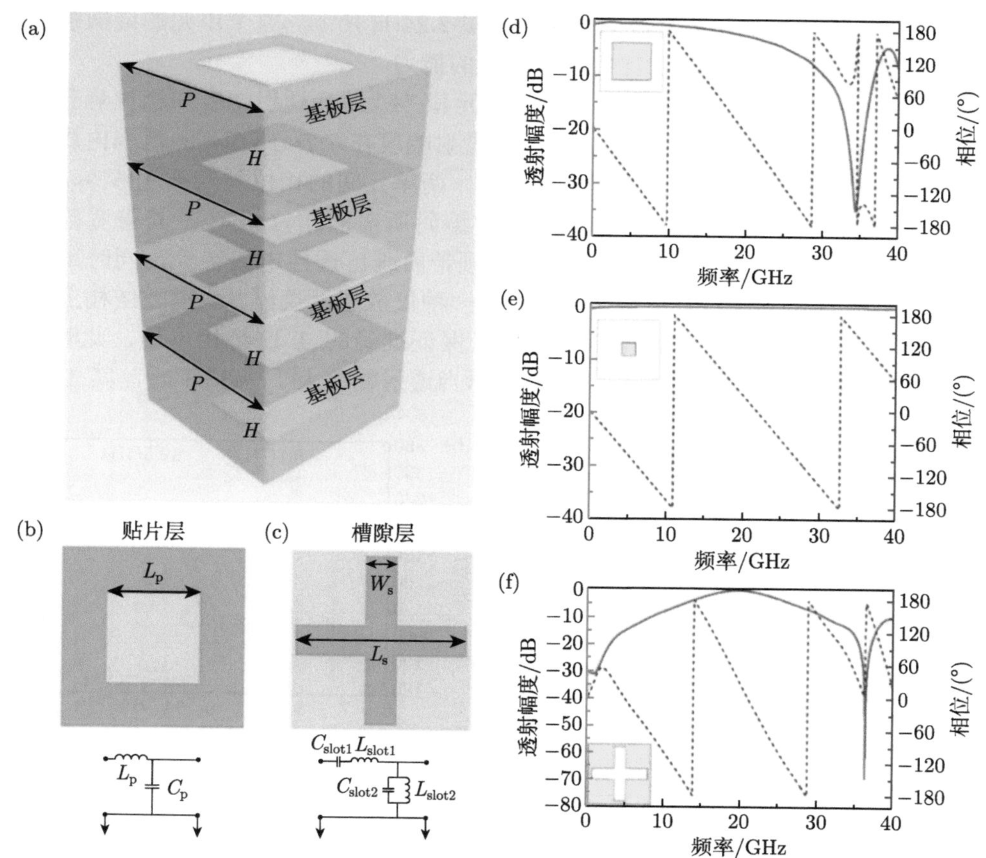

图 2.24 (a) 1 比特宽带透射式数字编码超表面单元结构示意图 [12]；(b) 和 (c) 贴片层和十字槽隙层的正视图及等效电路 [12]；(d)∼(f)“0” 单元和 “1” 单元的贴片结构、槽隙结构在频域上的透射幅度和相位响应趋势 [12]

从图 2.24(b) 和 (c) 可以看出，贴片结构和槽隙结构分别对应两种等效 LC 电路，其工作模式也完全不同。贴片结构可被看作经典的 LC 串联谐振电路，具有低通滤波的效果，如图 2.24(d) 和 (e) 所示，谐振频率取决于电感 $L_{\rm p}$ 和电容 $C_{\rm p}$ 的数值，而它们本质上是由贴片单元的尺寸所决定的。因此，可通过改变贴片结构的尺寸改变其谐振频率，从而在某一频点处实现数字编码所需的相位范围。事实上，仅通过堆叠多层贴片单元同样能实现 180° 甚至 360° 的相位覆盖，但其透射幅度会受到一定影响，且带宽较窄。在 2016 年，南开大学陈树琪教授等分析了一种名为“ABA”形超表面单元的工作机制 [15]，即多层单元的形状不同，类似于三明治的结构，这种方法的好处在于中间异形层的引入可为整个单元带来全新的磁谐振响应和更强的耦合。因此，当单元中间插入了一种与贴片结构互补的槽隙结构时，可以提供带通滤波的效果，如图 2.24(f) 所示，整个单元的谐振强度提升，达到宽带范围内实现 1 比特相位响应的能力。

图 2.25(a) 和 (b) 分别给出了“0”单元和“1”单元透射幅度和相位响应随频率变化的趋势。可以观察到，两个单元的透射幅度在 7.7~13.6GHz 范围内均优于 −2dB，特别是在 8.1~12.5GHz 的频带内，两单元间的相位差介于 135° ~ 200°，接近于 180°，可被视作符合 1 比特数字编码所需的相位差 [1]，其带宽范围接近 40%，且透射率较高，确保了在此宽频带内既可调控电磁特性，同时不损害其辐射效率。作为比较，图 2.25(c) 中是一种仅放置两层贴片 (槽隙结构上下各一层) 单元的透射幅度和相位响应，为了保证准确的 1 比特相位差，此时“0”单元的贴片尺寸设置为 6.7mm。结果显示当透射幅度大于 −3dB 时，其 1 比特

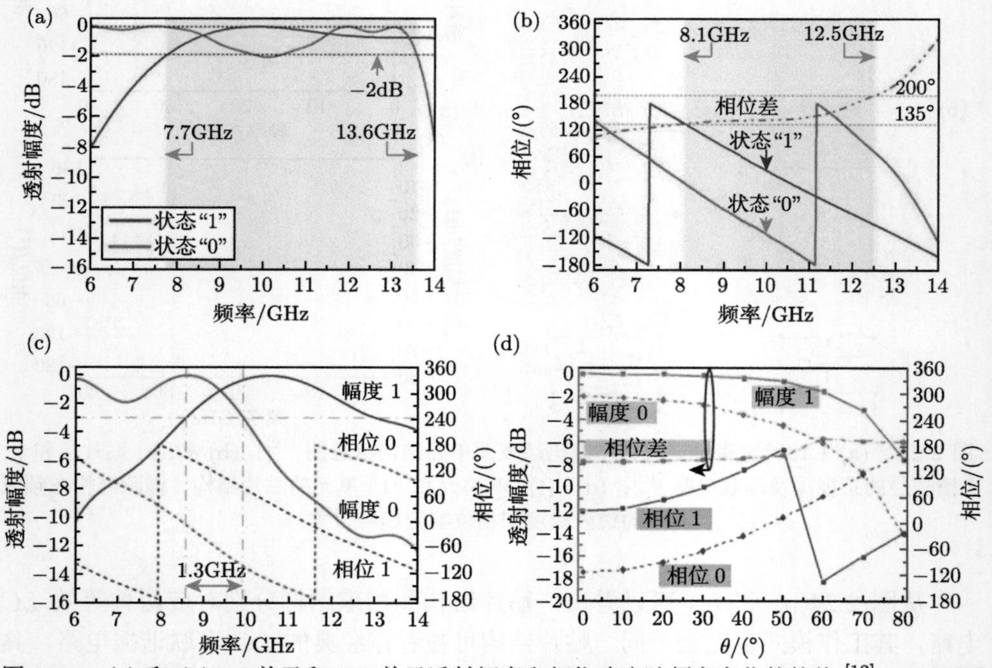

图 2.25 (a) 和 (b)“0”单元和“1”单元透射幅度和相位响应随频率变化的趋势 [12]；(c) 两层贴片单元的透射幅度和相位响应情况，为了保证准确的 1 比特相位差，此时“0”单元的贴片尺寸为 6.7mm[12]；(d)“0”和“1”单元的透射幅度和相位响应随入射角度的变化趋势 [12]

相位带宽仅为 1.3GHz，证明了四层贴片结构单元的效果远远优于两层贴片结构单元。

由于平面波相位补偿法的引入，入射波到达超表面不同位置上的单元会存在一定夹角，因此也需要简单讨论“0”和“1”单元在斜入射状态下的影响。图 2.25(d) 展示了该单元在 10GHz 处“0”和“1”单元的透射幅度和相位响应随入射角从 $0^\circ \sim 80^\circ$ 的变化趋势。可以观察到，当入射角度小于 32° 时，透射幅度的下降不超过 1dB，相位差基本保持稳定，由此可认为该单元对斜入射的容忍能力较强，只需选取恰当的焦直比即可保证合适的斜入射角度极值。

首先验证所提出的 1 比特数字编码超表面的波束成形能力，仅使用“0”和“1”这两个具有 180° 相位差的数字编码单元来实现宽带的高增益单波束成形功能。主要的设计步骤和平面波补偿法类似，如图 2.26 所示，在根据公式 (2.4) 得到其准确的相位分布后，要进一步对其进行离散化拟合，以满足数字化调控的需求，具体方法如下：

$$\varphi_{mn}^{\mathrm{a}} = \begin{cases} 0^\circ \quad (\text{“0”单元}), & 270^\circ < \varphi_{mn} \leqslant 360^\circ, 0^\circ \leqslant \varphi_{mn} < 90^\circ \\ 180^\circ \quad (\text{“1”单元}), & 90^\circ \leqslant \varphi_{mn} \leqslant 270^\circ \end{cases} \tag{2.15}$$

其中，φ_{mn} 是第 mn 个单元准确的相位值；$\varphi_{mn}^{\mathrm{a}}$ 是拟合后的相位值，对应了 1 比特相应的数值状态。此时最大的拟合误差为 90°，而平均的拟合误差不超过 45°。

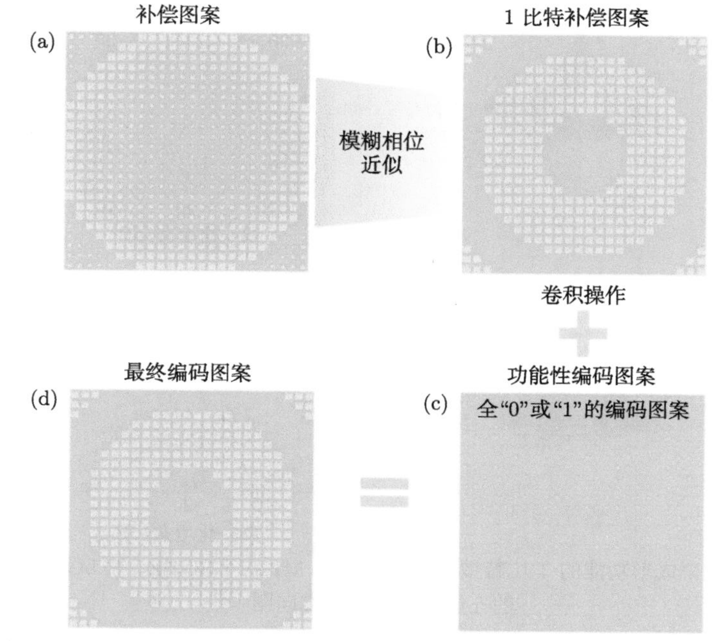

图 2.26 波束成形功能的 1 比特数字编码超表面的设计过程示意图 [12]

平面波补偿设计完成后，功能编码图案选择为 000000···，即 0° 方向出射的铅直波束，最终在超表面上构建的编码图案如图 2.26(d) 所示。该样件记为 M1，由 24×24 个单元组成，尺寸为 192mm×192mm，焦直比 F/D 的选择为经典值 0.8。

对该样件进行全波仿真验证其辐射功能，仿真中选择 X 波段的标准波导 WR-90 作为馈源并将其放置在预设的焦点处。图 2.27 分别展示了该波束成形功能的 1 比特数字编码超表面 M1 在 8.5GHz、10.5GHz 和 12.5GHz 处的三维和二维远场方向图。该结果表明，仅使用“0”和“1”编码单元所实现的波束成形效果，同样具有高指向性和低副瓣等特点，且工作频带可覆盖整个 X 波段。

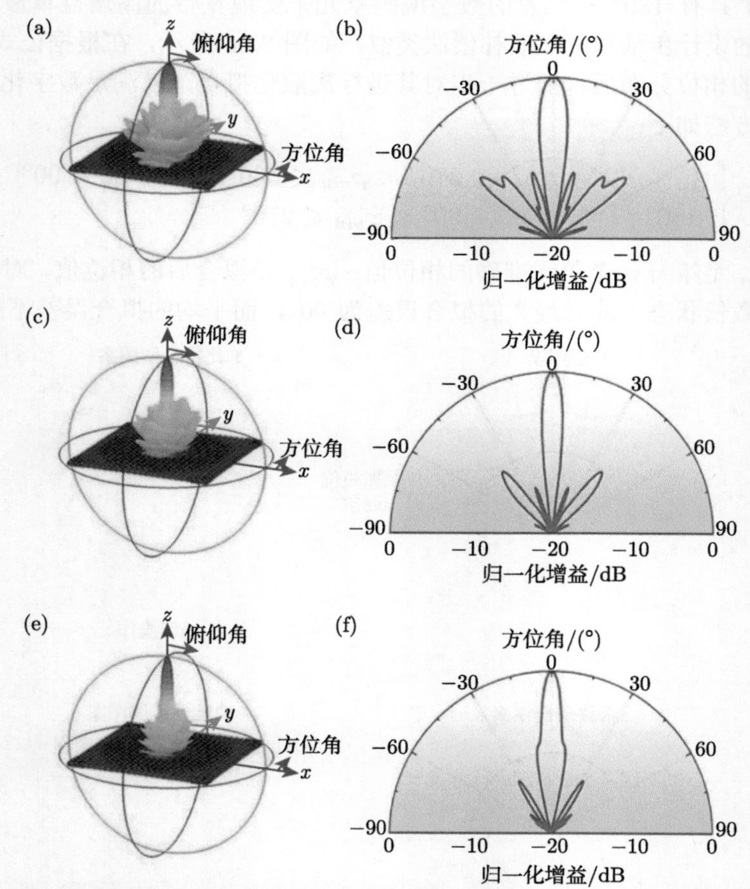

图 2.27 该波束成形功能的 1 比特数字编码超表面 M1 在 8.5GHz、10.5GHz 和 12.5GHz 处的三维和二维远场方向图 [12]

对散射波束进行扫描是近来超材料和超表面研究的热点之一，主要的调控方式包括移动馈源位置、利用有源器件电调等。事实上，利用频率调控波束的辐射方向也非常切实有效。目前基于频率变化进行波束扫描的调控方式主要有两种：第一种基于漏波式超表面进行波束频扫设计，其主要原理在于将表面波转化为空间波并进行辐射。由于等效阻抗随频率变化是其固有特性，因此可实现散射波束指向随频率的连续变化。但漏波式超表面工作时存在表面波与空间波的转换过程，其辐射效率往往受限。第二种方法则是基于宽带超表面实现对偏折波束的角度直接调控，但难点在于宽带特性的实现。

因此，本节所提出的 1 比特宽带透射式编码单元为双波束指向角的大范围频扫提供了可能。从数字编码超表面的双波束设计原理出发，当编码序列为 010101··· 或 101010··· 时，将在远场辐射两个完全相同且对称分布的波束，倾斜角度可以由公式 (2.10) 计算，也可以进一步演化为

$$\theta = \arcsin\left(\frac{\lambda}{\Gamma}\right) = \arcsin\left(\frac{1}{fc \cdot \Gamma}\right) \tag{2.16}$$

其中，θ 为出射波束的偏折角度；f 为工作频率；λ 为该频率下自由空间中的波长；c 为真空光速；Γ 为编码序列的周期长度，即一个编码序列周期中所有单元的尺寸之和。由公式 (2.16) 可得，当单元大小和编码序列均固定时，偏折角度与工作频率的变化成反比。

从公式 (2.16) 也可以分析出，实现正常的空间波辐射需保证编码序列的周期大于工作波长，所以在本节采取超级子单元的设计方法，每个超级子单元包括 3×3 个相同的数字单元，此时编码序列周期长度为 6 个单元之和，即 $\Gamma = 48\text{mm}$。最终同样构建了由一个 24×24 个单元构成的双波束频扫样件 M2，设计过程如图 2.28 所示，编码图案选择为沿 x 方向的 010101···，在设计过程中也同样使用了平面波相位补偿法。

最终的编码图案如图 2.28(d) 所示。首先基于 Matlab 软件，利用快速傅里叶变换 (fast fourier transform，FFT) 对此散射方向图进行快速预估。全波仿真的三维和二维远场方向图则在图 2.29 中给出，可清楚地看出双波束的偏折角随频率的升高而减小，实现了波束扫描效果，角度调控范围达 30° ~ 50.5°。

为了进一步验证所设计的两种宽带 1 比特透射式数字编码超表面的性能，在微波暗室中测试了样件 M1 和 M2 的远场散射方向图。图 2.30(d)~(f) 分别展示了波束成形功能在 8.5GHz、10.5GHz 和 12.5GHz 处的归一化二维远场方向图，能够很清楚地在 0° 方向观察到一个高指向性的散射波束，副瓣保持在 −10dB 左右。图 2.30(g)~(i) 则展示了波束扫描功能在 8.5GHz、10.5GHz 和 12.5GHz 的归一化二维远场方向图。所辐射双波束的偏折角分别为 46.5°、35.8° 和 29.7°，与仿真结果都基本吻合，有效验证了所设计的 1 比特超宽带透射式数字编码超表面在

其工作带宽中对电磁波优异的调控能力。

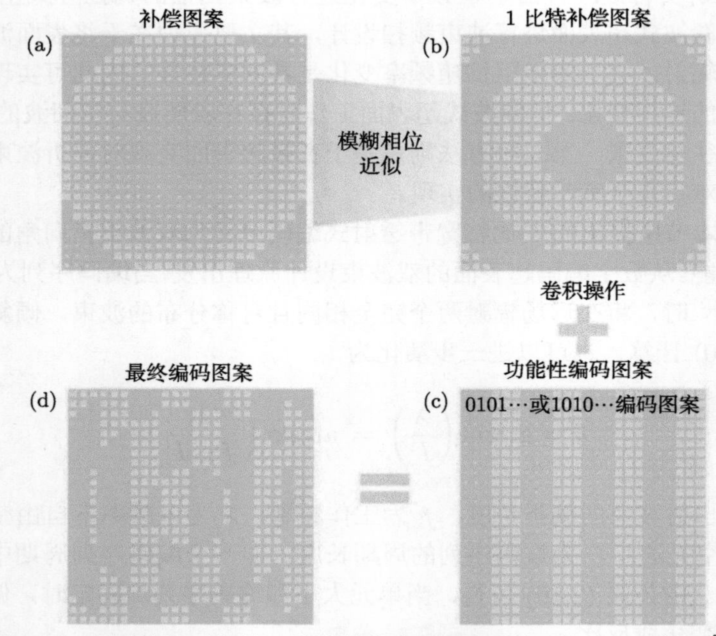

图 2.28　波束频扫功能的 1 比特数字编码超表面的设计过程示意图 [12]

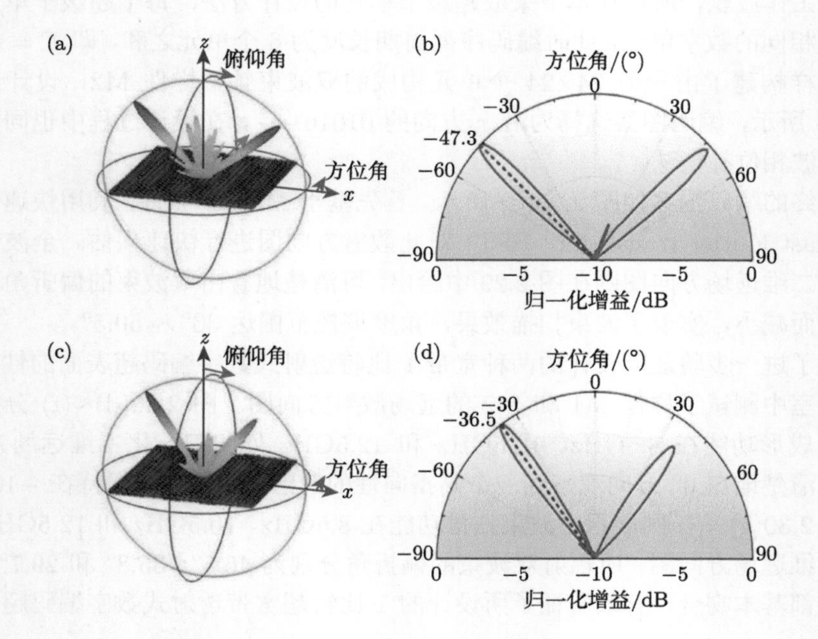

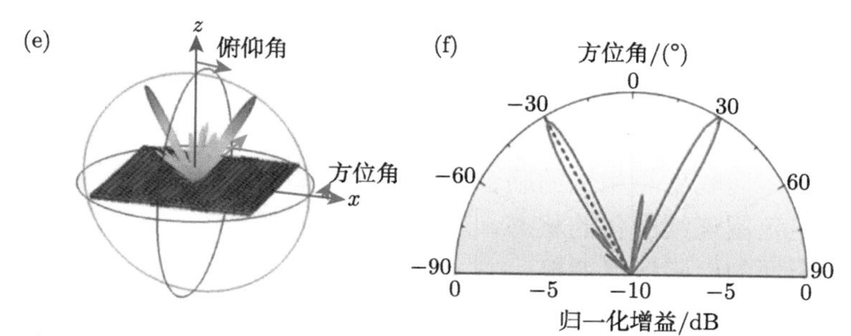

图 2.29 双波束频扫超表面样件 M2 在 8.5GHz、10.5GHz 和 12.5GHz 处的三维和二维远场方向图 [12]

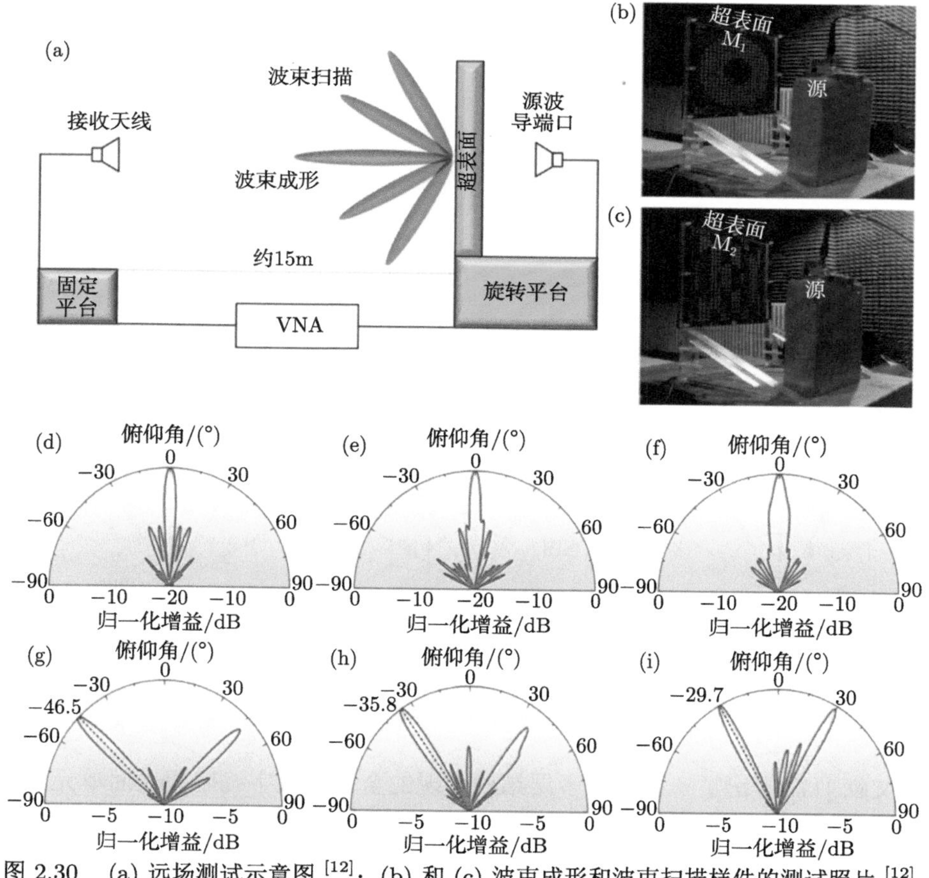

图 2.30 (a) 远场测试示意图 [12]；(b) 和 (c) 波束成形和波束扫描样件的测试照片 [12]；(d)~(i) 波束成形样件和波束扫描样件分别在 8.5GHz、10.5GHz 和 12.5GHz 处的归一化二维远场方向图 [12]

VNA: 矢量网络分析仪

2.3.4　幅相联合数字编码超材料

对于空间辐射的电磁波而言，其主要的可控参数有四个，分别是幅度、相位、频率和极化。前几节分别介绍了极化和频率与相位联合调控为数字编码超表面带来的新颖功能，而幅度与相位的联合调控不同于离散的极化和频率，因为幅度是一个具有固定范围连续变化的状态，若能实现更为复杂的幅度连续控制，则一定意味着更加全面的电磁信息调控。

如图 2.31 所示，本节将介绍一种对主极化电磁波实现幅度和相位同时独立控制的超表面单元，并具备各向异性特性，即 x 极化和 y 极化电磁波的幅度和相位可被同时且独立地进行调控 [16]。这一性质意味着单元具有同时控制两种极化分量的散射波束功率和传播方向的能力，甚至能够实现更多复杂的功能。

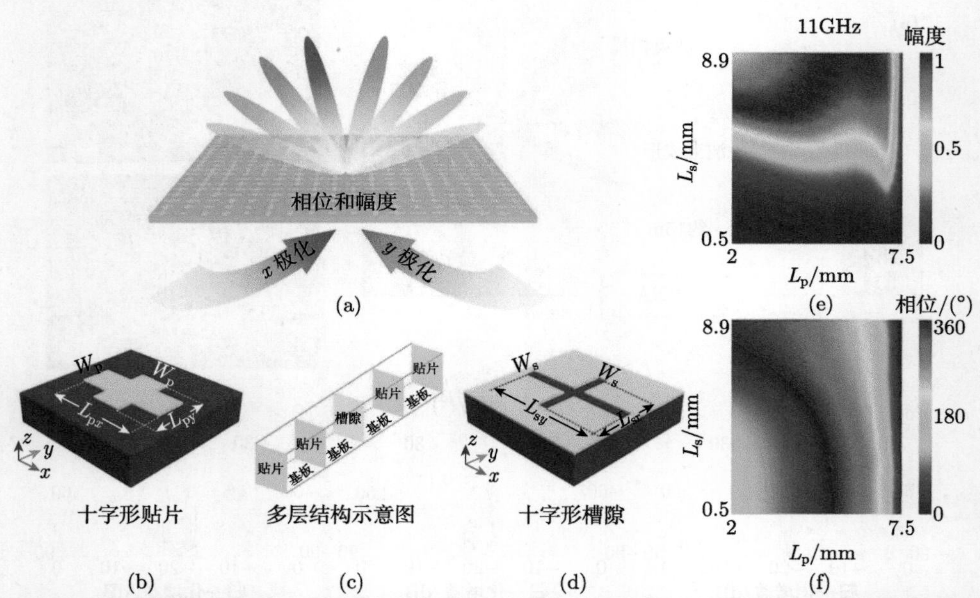

图 2.31　(a) 各向异性幅相调控超表面的功能示意图；(c) 各向异性幅相调控超表面单元的多层结构示意图；(b) 和 (d) 非对称十字形贴片和槽隙结构的示意图；(e) 和 (f) 11GHz x 极化透射系数的幅度和相位响应 [16]

文献 [17] 提出了一种基于多层结构实现的全空间数字编码超表面单元，贴片结构主要调控反射或透射的相位编码，而用槽隙结构确定幅度编码，即工作模式为全反射或是全透射。在极化调控的设计中，y 极化的电磁波可与 x 方向的槽隙结构发生耦合谐振从而透射过去；在 y 方向上没有设置槽隙，便得到了全反射的效果。因此，本节首先提出一个构想，如果槽隙结构的长度从 0 逐渐变大，透射幅度也会随之逐渐变化。

这一想法可在文献 [13] 中获得证明，当仅存在一个槽隙结构时，其工作原理与文献中的透射阵天线完全相同。槽隙长度的变化改变了其谐振频率，当工作频率位于其谐振频点附近时，该单元呈现高透射状态，而当工作频率远离谐振频率后，其透射率显著降低，其表现与频率域的带通滤波器相似。因此，从理论上说，槽隙单元可以实现透射幅度的调控。

然而，利用槽隙结构的谐振调控幅度时，势必会对相位造成难以解耦的影响。而贴片单元主要调控相位，对幅度的影响和损害较小。因此，可通过改变贴片尺寸补偿槽隙调控幅度时带来的相位影响。由此可知，同时调控这两种尺寸便可独立调控透射波的幅度和相位。此外，若要引入各向异性特性，则需保证两个极化的隔离度较高，因此对贴片单元的形状进行了优化。

最终所选取多层单元如图 2.31(c) 所示，单元大小 $P = 9\text{mm}$，介质基板厚度为 1.5mm，相对介电常数 ε_r 选择为 3.5。四层十字形贴片单元如图 2.31(b) 所示，每一根臂的宽度 W_p 固定为 2mm，分别改变两根臂的长度 $L_{\text{p}x}$ 和 $L_{\text{p}y}$ 可对相应极化的相位进行调控，实现极化隔离度更高的各向异性效果。图 2.31(d) 所示的十字形槽隙结构中两根臂的长度 $L_{\text{s}x}$ 和 $L_{\text{s}y}$ 同样可以独立变化，宽度 W_s 设置为 0.5mm。因此，通过调节 $x(y)$ 方向的贴片尺寸和 $y(x)$ 方向的槽隙长度可以调控 $x(y)$ 极化电磁波的幅相响应。由于十字形结构的旋转对称性，本节仅介绍 x 极化效果，y 极化的表现遵循与 x 极化相同的规则。

和单极化单元的分析方法类似，分别改变金属贴片和槽隙的长度 $L_{\text{p}x}$ 和 $L_{\text{s}x}$，便可得到图 2.31(e) 和 (f) 所示的 x 极化透射幅度和相位响应，其结果同样并不单一地随着某个参数线性变化，而是由这两个参数共同决定。当 L_p 的范围为 2~7.5mm，L_s 取其变化的极限范围 0.5~8.9mm(由于 x 极化和 y 极化的幅相调控规律相同，在此处省略相应下标)，且幅度的变化范围限定为 0~0.9，相位变化范围覆盖 360° 时，其中任何一个幅相响应组合 (A,P) 均可找到对应的尺寸组合 (L_p, L_s)，证明对这两个参数同时调控便可实现透射幅度和相位的独立控制。

在通信系统中，涡旋波束所携带的 OAM 模式可用来提升信道容量，若一个器件能同时辐射多个携带有不同 OAM 模式的涡旋波束，则将进一步提升所蕴含的信息量。但目前的设计存在以下几个缺点：①所产生的多涡旋波束的极化状态不同；②涡旋波束的功率不受控制，可能会出现很大的差别；③目前罕有能同时辐射三个或三个以上独立涡旋波束的设计。究其原因，主要是仅利用相位调控还存在一些固有缺陷，难以实现多功能的完美叠加，需使用极其繁琐的优化算法辅助设计，导致巨大的工作量。而引入幅度调控便可轻松解决上述问题，甚至实现更复杂的功能。因此，本节利用所提出的各向异性幅相可控单元实现了等幅多涡旋波束的辐射，两种极化状态还可以重构不同的功能，无论所辐射涡旋波束的阶数及传播方向是否相同，均可通过合理设置幅度分布使其功率均一化。

理论推导过程如下：假设一个边长为 D，包含 $N \times N$ 个单元的方形超表面样件，当平面波入射到该超表面时，其远场函数可用公式 (2.17) 进行推算：

$$
\begin{aligned}
f(\theta,\phi) = & f_{\mathrm{e}}(\theta,\phi) \times \sum_{m=1}^{N}\sum_{n=1}^{N}\Bigg\{ a(m,n)\exp\left[-\mathrm{j}\varphi(m,n)\right] \\
& + \exp\left\{-\mathrm{j}kD\sin\theta\left[\left(m-\frac{1}{2}\right)\cos\phi + \left(n-\frac{1}{2}\right)\sin\phi\right]\right\}\Bigg\}
\end{aligned}
\tag{2.17}
$$

其中，θ 和 ϕ 分别是任意方向的俯仰角和方位角，$f_{\mathrm{e}}(\theta,\phi)$ 是单元的远场函数。不同于公式 (2.1)，此时阵面上每个单元的幅度因子 $a(m,n)$ 均被纳入考虑范围，结合其相位因子 $\varphi(m,n)$，一起构成了可调控的电磁特性参数，决定了整个超表面的辐射性能。

因此通过调控每个单元的幅度和相位便可对远场方向图做任意的赋形。因此，每种幅相分布可在远场实现其相对应的辐射功能。将两个或多个幅相分布进行叠加后，理论上可产生所有功能叠加后同时出现的散射方向图，可用下面的公式说明在超表面上每一个单元幅相叠加的过程：

$$
E_f(m,n) = a_f(m,n)\exp\left[\mathrm{j}\varphi_f(m,n)\right] = \sum_{b=1}^{T} E_b(m,n) = \sum_{b=1}^{T} a_b(m,n)\exp\left[\mathrm{j}\varphi_b(m,n)\right]
\tag{2.18}
$$

其中，$E(m,n) = a(m,n)\cdot \mathrm{e}^{\mathrm{j}\varphi(m,n)}$ 为超表面上每个单元的透射幅度和相位，下标 f 和 b 分别代表最终叠加后总场的参数和单一功能的基本参数，T 代表总叠加场的数目。可以看出，幅相叠加的过程其实是复数参量的叠加，遵循复数叠加的相应规则。因此，同时且独立的幅相调控是实现这一功能的最佳手段。

理论可行性分析完成后，可根据公式 (2.18) 实现多个等功率且传播方向不同的波束叠加。每个单波束的辐射功率取决于超表面单元的透射幅度 $a_f(m,n)$，因此一般将其设为均一的值。根据透射系数幅度与辐射功率的关系，引入功率控制因子 p：

$$
a_f(m,n) = \sqrt{p}
\tag{2.19}
$$

对于具有偏折角度的波束而言，其辐射功率较垂直出射的波束略低，并与其偏折角度大小有关，文献 [18] 给出了具体的定量计算关系式：

$$
\frac{P_i(\theta_i,\phi_i)}{P_j(\theta_j,\phi_j)} = \frac{p_i}{p_j}\frac{\cos^2\theta_i}{\cos^2\theta_j}
\tag{2.20}
$$

其中，$P(\theta,\phi)$ 是波束实际的辐射功率，偏折角度为 (θ,ϕ)，下标 i 和 j 表示任意两种具有不同偏折角度的波束。因此，确定偏折角后，便可通过调整其功率控制

因子 p(即透射系数的幅度值 $a_f(m,n)$)，调控波束的辐射功率。若波束的辐射功率无法人为调控 (即仅相位调控的超表面)，或默认所有单元都以最大辐射功率工作，则散射波束实际的功率与其偏折角度余弦值的平方 $\cos^2\theta$ 成反比，即偏折角越大，其辐射功率越小。换个思路，本章的设计目标是使不同角度偏折波束的功率相同，即 $P_i(\theta_i,\phi_i)=P_j(\theta_j,\phi_j)$，可得功率控制因子 p 和偏折角之间的关系为

$$\frac{\cos^2\theta_j}{\cos^2\theta_i}=\frac{p_i}{p_j} \tag{2.21}$$

因此，在超表面设计中，根据偏折角的大小控制其功率控制因子，即控制每个单元的幅度分布，以满足公式 (2.21) 的条件，便可实现等幅且偏折角度不同的波束辐射。

由于本节提出的单元具备各向异性的优势，因此可同时实现两种不同的多波束辐射效果。在设计偏折角度和 OAM 模式的相位分布时，继续采用了数字编码超表面的设计方法。为了降低馈源漏波带来的影响，使用了平面波补偿法将球面波源作为激励。入射波为 x 极化时，设计流程如图 2.32 所示，最终的幅相分布被

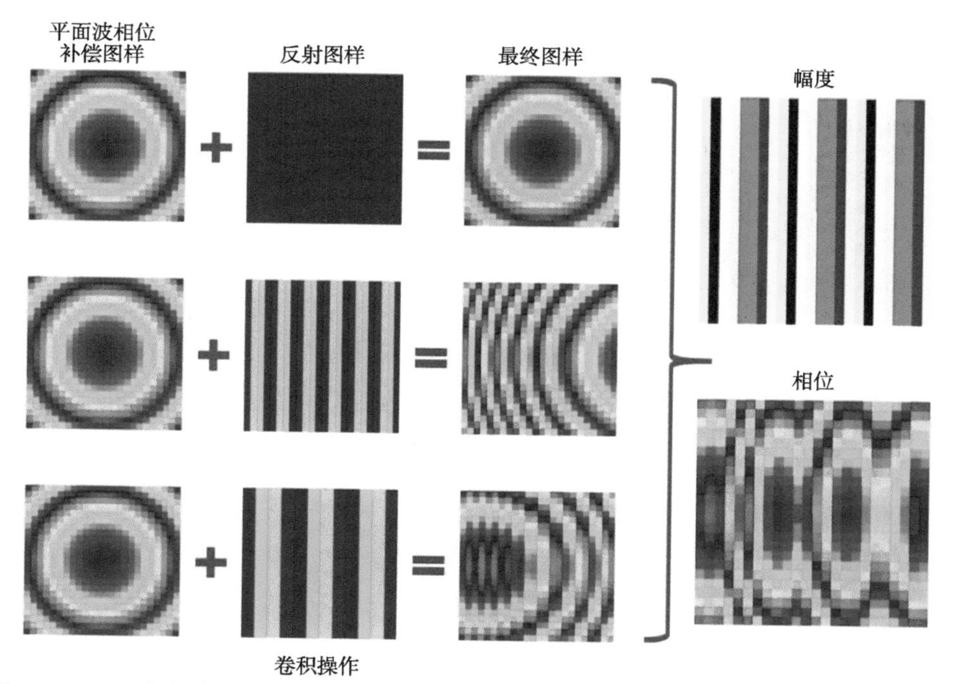

图 2.32　x 极化电磁波入射时，不同传播方向等幅多涡旋波束的设计流程，三个涡旋波束分别为 -1 阶、0 阶和 $+1$ 阶 [16]

分解为相位补偿和功能部分。相位补偿无需幅度调制，仅补偿球面波的相位差并将幅度设置为最高即可。功能图样包含了三个不同方向的 0 阶 OAM 波束，偏折编码序列分别为沿 x 轴方向的 S1(00000000···)、S2(33221100···) 和 S3(01230123···)。其偏折角度由公式 (2.10) 得出，分别为 $\theta_1 = 0°$, $\theta_2 = -22.3°$ 和 $\theta_3 = +49.2°$，对应的幅度值由公式 (2.21) 计算得出，分别为 0.5868、0.6345 和 0.9。叠加后便可得到如图 2.32 所示的最终幅相分布。

y 极化入射将实现更加复杂的多波束功能。事实上，0 阶的涡旋波束本质上是普通的单波束，因此其幅度值可直接利用公式 (2.21) 求得。而图 2.33 给出了实现同时辐射不同偏折角度且等功率的 -1 阶、0 阶和 $+1$ 阶涡旋波束的设计流程。为了设计和测试的简单化，选用与 x 极化相同的偏折序列，并将其梯度方向改为 y 方向。此设计中的功能部分既包含梯度偏折编码图案，同时也包括 OAM 图样。由于非 0 阶的涡旋波束已经产生螺旋相位效果，在传播方向上是旋转出射的，所以其聚束性要略逊于平面波，并在波束的正中心存在非常大的零深。因此，公式 (2.21) 所计算的功率控制因子便不再直接适用于此设计。为了解决此问题，在计算时同时考虑公式 (2.21) 的结果和涡旋波束带来的辐射功率下降，优化出了全新的幅度值，即 0.36、0.639 和 0.9，最终叠加得到的幅相分布展示在图 2.33 右侧的两幅图中。表 2.1 总结了所提出的等幅多涡旋波束设计的具体参数值。

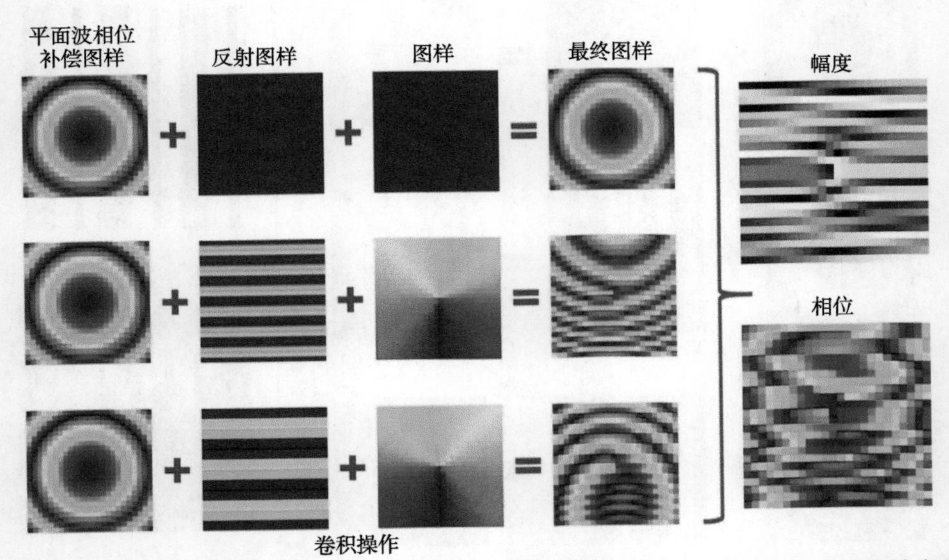

图 2.33　y 极化电磁波入射时，不同传播方向等幅多涡旋波束的设计流程，三个涡旋波束分别为 -1 阶、0 阶和 $+1$ 阶 [16]

表 2.1 等幅多涡旋波束设计的具体参数值

工作极化	OAM 阶数	编码序列	偏折角度/(°)	幅度值
x 极化	0	00000000@x	0	0.5868
	0	33221100@x	−22.3	0.6345
	0	01230123@x	+49.2	0.9
y 极化	0	00000000@y	0	0.36
	+1	33221100@y	−22.3	0.639
	-1	01230123@y	+49.2	0.9

最终利用各向异性幅相调控单元按照上述幅相分布构建了相应的超表面样件，大小为 216mm×216mm，包含 24×24 个单元，并完成了全波仿真，同时也在微波暗室对其远场和近场的涡旋波束效果进行了实测验证。图 2.34(c) 和 (d) 给出了 x 极化和 y 极化的远场仿真和实测效果，无论其 OAM 阶数是 0、+1 还是 −1，归一化后的辐射功率都基本相同。图 2.34(e) 和 (f) 为 +1 阶和 −1 阶涡旋波束的近场幅度分布和相位分布，在左侧四幅幅度分布图中可观测到明显的零深效果，而在右侧四幅相位分布图中则可看出逆时针和顺时针的螺旋相位分布，证明在叠加和调控功率的过程中并未损坏其 OAM 特性，实现了等幅多涡旋波束的同时辐射。

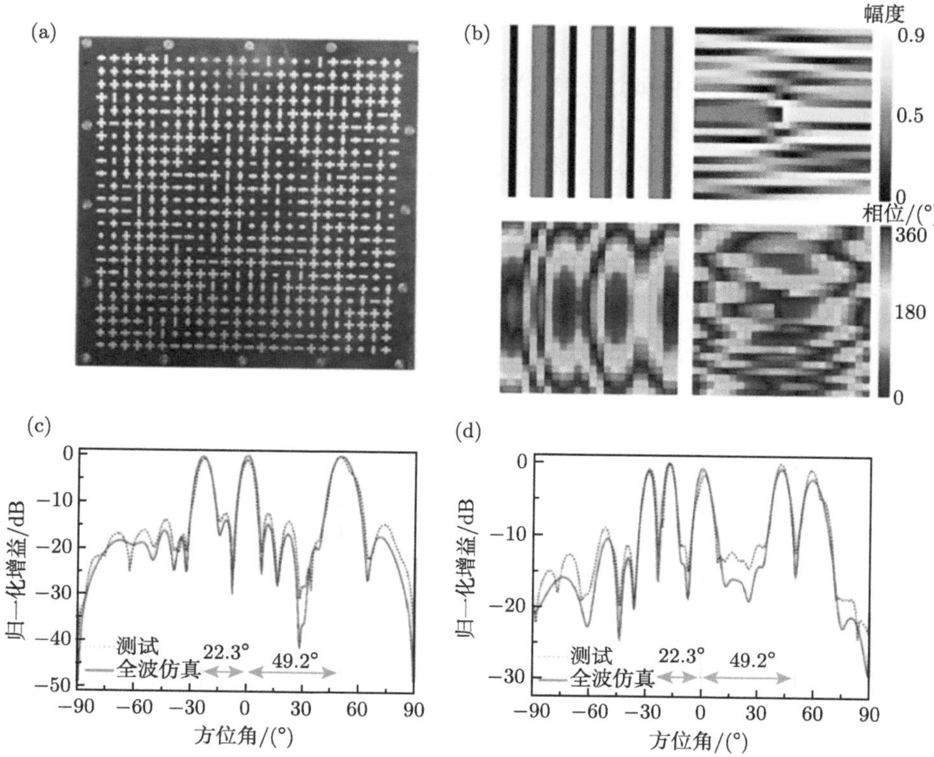

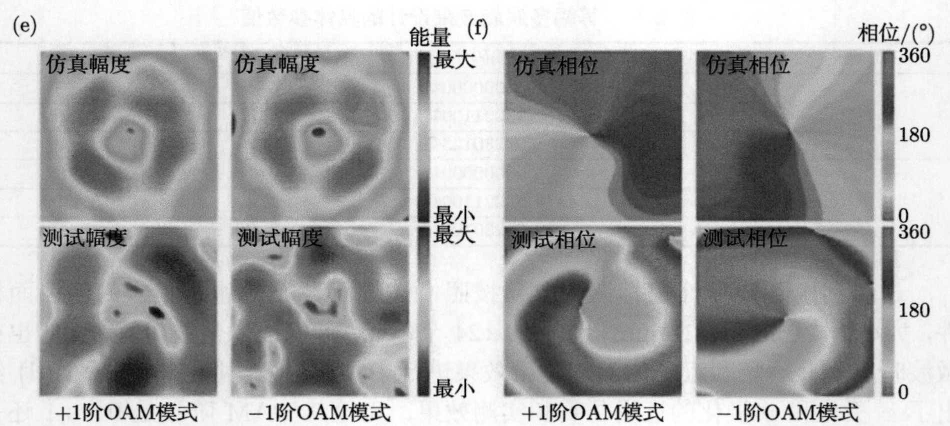

图 2.34　(a) 等幅多涡旋波束超表面实物样件 [16]；(b) x 极化和 y 极化等幅多涡旋波束设计的幅度和相位分布；(c) 和 (d) x 极化和 y 极化的仿真和实测远场散射方向图 [16]；(e) 和 (f) +1 阶和 −1 阶涡旋波束的近场幅度分布和相位分布，上方四幅图为仿真结果，下方为实测结果 [16]

2.4　小　　结

不同于传统超材料依赖连续电磁参数的控制，数字编码超材料利用若干离散的数字状态便可以实现灵活丰富的电磁调控功能，既能将超材料设计与数字信息融合，还能够降低设计难度。本章系统性地介绍了数字编码超材料对相位、幅度、极化和频率等多个电磁参量的调控，实现了波束成形、波束调控、RCS 缩减等诸多功能，未来也可以在微波、光波甚至声学领域构建更多维度的数字化电磁参量控制，实现更多复杂的功能。

参 考 文 献

[1] Cui T J, Qi M Q, Wan X, et al. Coding metamaterials, digital metamaterials and programmable metamaterials[J]. Light: Science & Applications, 2014, 3(10): e218.

[2] Schurig D, Mock J J, Justice B J, et al. Metamaterial electromagnetic cloak at microwave frequencies[J]. Science, 2006, 314(5801): 977-980.

[3] Landy N I, Sajuyigbe S, Mock J J, et al. Perfect metamaterial absorber[J]. Physical Review Letters, 2008, 100(20): 207402.

[4] Moccia M, Liu S, Wu R Y, et al. Coding metasurfaces for diffuse scattering: scaling laws, bounds, and suboptimal design[J]. Advanced Optical Materials, 2017, 5(19): 1700455.

[5] Gao L H, Cheng Q, Yang J, et al. Broadband diffusion of terahertz waves by multi-bit coding metasurfaces[J]. Light: Science & Applications, 2015, 4(9): e324.

[6] Xie B, Tang K, Cheng H, et al. Coding acoustic metasurfaces[J]. Advanced Materials, 2017, 29(6): 1603507.

[7] Cao W K, Wu L T, Zhang C, et al. A reflective acoustic meta-diffuser based on the coding meta-surface[J]. Journal of Applied Physics, 2019, 126(19): 194503.

[8] Yan T, Ma Q, Sun S, et al. Polarization multiplexing hologram realized by anisotropic digital metasurface[J]. Advanced Theory and Simulations, 2021, 4(6): 2100046.

[9] Shen J L, Li Y B, Li H, et al. Arbitrarily polarized retro-reflections by anisotropic digital coding metasurface[J]. Journal of Physics D: Applied Physics, 2019, 52(50): 505401.

[10] Bai G D, Ma Q, Iqbal S, et al. Multitasking shared aperture enabled with multiband digital coding metasurface[J]. Advanced Optical Materials, 2018, 6(21): 1800657.

[11] Zhang J, Mei Z L, Zhang W R, et al. An ultrathin directional carpet cloak based on generalized Snell's law[J]. Applied Physics Letters, 2013, 103(15): 151115.

[12] Wu R Y, Bao L, Wu L W, et al. Broadband transmission-type 1-bit coding metasurface for electromagnetic beam forming and scanning[J]. Science China Physics, Mechanics & Astronomy, 2020, 63(8): 284211.

[13] Wu R Y, Li Y B, Wu W, et al. High-gain dual-band transmitarray[J]. IEEE Transactions on Antennas and Propagation, 2017, 65(7): 3481-3488.

[14] Liu S, Cui T J, Zhang L, et al. Convolution operations on coding metasurface to reach flexible and continuous controls of terahertz beams[J]. Advanced Science, 2016, 3(10): 1600156.

[15] Cheng H, Liu Z, Chen S, et al. Emergent functionality and controllability in few-layer metasurfaces[J]. Advanced Materials, 2015, 27(36): 5410-5421.

[16] Wu R Y, Bao L, Wu L W, et al. Independent control of copolarized amplitude and phase responses via anisotropic metasurfaces[J]. Advanced Optical Materials, 2020, 8(11): 1902126.

[17] Wu R Y, Zhang L, Bao L, et al. Digital metasurface with phase code and reflection-transmission amplitude code for flexible full-space electromagnetic manipulations[J]. Advanced Optical Materials, 2019, 7(8): 1801429.

[18] Rajabalipanah H, Abdolali A, Shabanpour J, et al. Asymmetric spatial power dividers using phase-amplitude metasurfaces driven by Huygens principle[J]. ACS Omega, 2019, 4(10): 14340-14352.

第 3 章　现场可编程超材料

第 2 章介绍了工作在不同频段、具备不同功能的数字编码超材料，但其数字编码单元的设计还是基于无源结构，因此无法切换其数字状态。为了实现对电磁波的实时动态调控，数字编码超材料需进一步演进为现场可编程超材料。为此，我们在数字编码单元上集成可调器件，在 FPGA 等硬件模块的控制下调控其数字状态和编码序列，以实现对电磁波的实时可编程操控 [1]。目前，可编程超材料常用的调控手段包括电控、机械控、温控和光控等不同方式，不同物理场和应用场景适用不同的调控方式。本章先介绍现场可编程超材料的基本概念和工作原理，以及有源数字编码单元的设计方法，然后重点探讨可编程超材料在微波段的应用，最后介绍几个太赫兹及光波段可编程超材料的代表性工作。

3.1　基本概念和工作原理

数字编码超材料单元的反射或透射系数采用二进制数字表征，因此可先集成开关二极管等可调元件来实时切换其数字状态；然后在超表面上设计不同的数字编码序列 (或图案) 以实现不同的电磁功能，并由 FPGA 实时控制，形成现场可编程超材料。现场可编程超材料根据实际应用需求实时切换数字编码序列，从而实时调控超材料。

受限于工艺和材料性能，现场可编程超材料早期的工作主要是在微波及毫米波频段开展的 [1−6]。2014 年，我们首次提出数字编码和现场可编程超材料的概念，并实现了一款微波段的 1 比特现场可编程超材料 [1]，由二维周期排列的亚波长可编程单元和对应的控制模块组成，如图 3.1 所示。可编程数字单元的具体结构如图 3.2(a) 所示，其介质基板上层主要由两片对称的金属镂空图案组成，两片金属图案通过开关二极管连接，并分别由金属过孔连接至介质基板背面的直流馈电网络层。控制模块由 FPGA 及外围驱动电路构成，为可编程单元提供了不同的电压控制信号，动态地改变每个可编程单元上开关二极管的导通状态。开关二极管在导通和截止状态下可被等效为不同的电路模型，结合可编程单元的电磁特性，切换开关二极管状态就可以改变可编程单元的反射相位。图 3.2(b) 展示了 8.6GHz 频率附近，可编程单元在二极管关和开状态下的反射相位差达到 180°，对应 0 和 1 数字状态。控制模块能够独立控制每个单元的状态，图 3.2(c) 分别展示了可编程超材料在 4 种不同编码序列 (000000，111111，010101，001011) 控制下所产生的远场方向图。通过 FPGA 控制模块输出不同的编码序列，可编程超材料的远场方向图能够实现实时动态变化，设计更多数字编码序列可以使可编程超材料实现更复杂的功能。

图 3.1 和图 3.2 中所展示的可编程超材料属于电控式，具有调控速度快、稳定性高、集成度高等优势，但其 1 比特相位的调控精度仍然有限。通过在单元结构中集成更多的开关二极管，可实现 2 比特或更高比特的相位覆盖 [2−4]。图 3.3(a) 展示了一种 2 比特可编程单元设计 [2]，介质基板上层的金属贴片之间集成 2 个开关二极管，可得到 4 种开关组合状态，优化结构参数可实现 4 种反射相位，分别对应 00，01，10 和 11 四种编码状态，相邻编码状态之间的相位差约为 90°。图 3.3(b) 展示了另一种 2 比特可编程单元设计 [3]，介质基板上层主要由 4 个金属小贴片构成，由 3 个开关二极管连接，并通过金属过孔连接到单元背面的直流馈线。由于介质基板上层金属贴片的电场较强，因此为了防止射频信号进入直流馈线，4 个电感加载在金属过孔与金属贴片连接处用作射频隔离，同时也降低了直流馈线对单元性能的影响。该设计同样可以获得 2 比特编码状态，在 3.2GHz 频率处相邻编码状态之间的相位差可保持在 $90^\circ \pm 15^\circ$ 范围内。

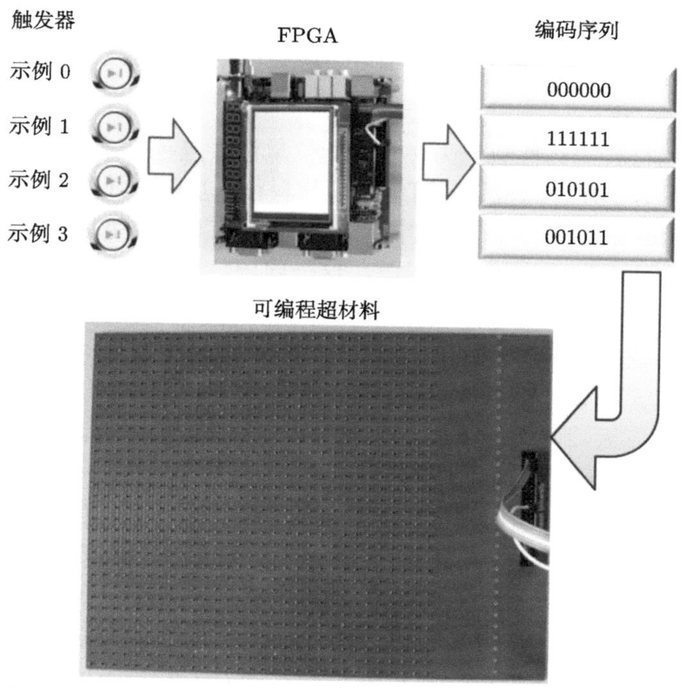

图 3.1 微波段 1 比特现场可编程超材料及 FPGA 控制模块 [1]

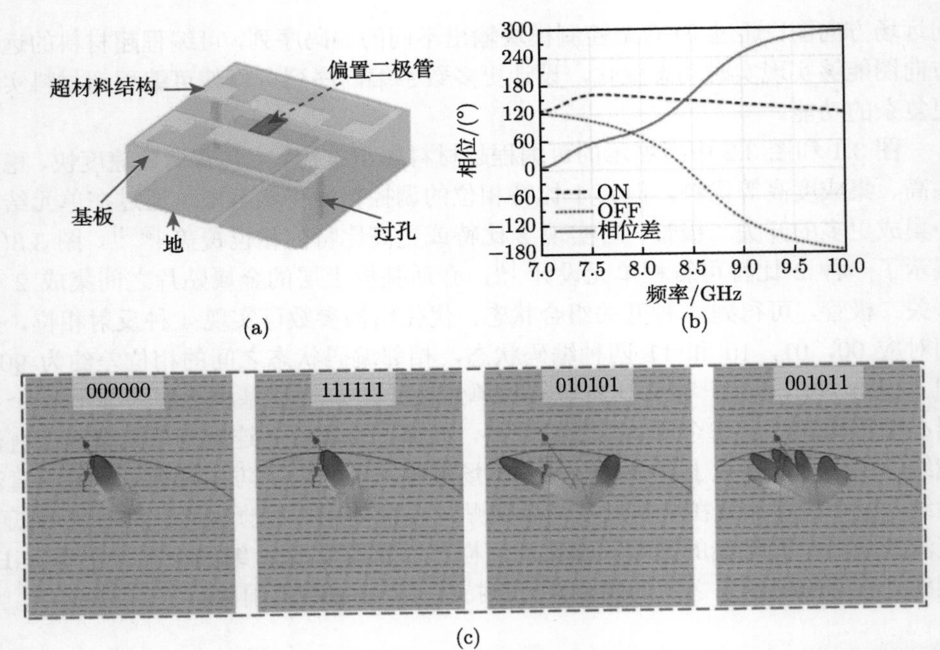

图 3.2　(a) 和 (b) 1 比特可编程超材料的单元结构及其相位响应曲线；(c) 4 种不同编码序列所对应远场方向图的全波仿真结果 [1]

可编程超材料的比特数越高，对应相位量化误差越小，调控电磁波的能力也就越强。然而基于开关二极管的可编程超材料往往局限于 1 比特和 2 比特相位设计，3 比特或更高比特的设计通常需要在一个单元上集成更多数量的开关二极管，设计复杂度和成本显著增加。为了解决这个问题，变容二极管也被引入到可编程超材料的设计之中 [4]，通过给变容二极管施加不同大小的反向偏置电压以获得不同的等效电容值，从而改变超材料单元的反射/透射相位。图 3.3(c) 展示了一种基于变容二极管的 3 比特可编程超材料单元设计。介质基板上层的金属贴片之间加载一个变容二极管，通过施加不同的偏置电压可在 3.15GHz 附近获得 8 种反射相位值，相邻编码状态之间的相位差为 45° 左右。

上述介绍的几种可编程超材料单元都属于反射式设计，其介质基板下层都覆盖有金属背板以获得较高的反射率。通过设计透射式可编程超材料，可控制透射波的幅度和相位，其设计的关键在于优化单元透射相位覆盖的同时保持较高的透射率。目前大多数可编程超材料都是二维平面或曲面结构，其纵向尺寸远小于工作波长，因此也可被称作可编程超表面。另外，对于大规模的可编程超材料阵列，若每个单元都能够被独立控制，则直流馈线网络将十分庞大，控制电路的复杂度也将随着阵列规模的扩大而增加，设计和加工具备一定挑战。因此，如何优化设计和工程实现超大规模阵列是可编程超材料走向应用需要考虑的问题。

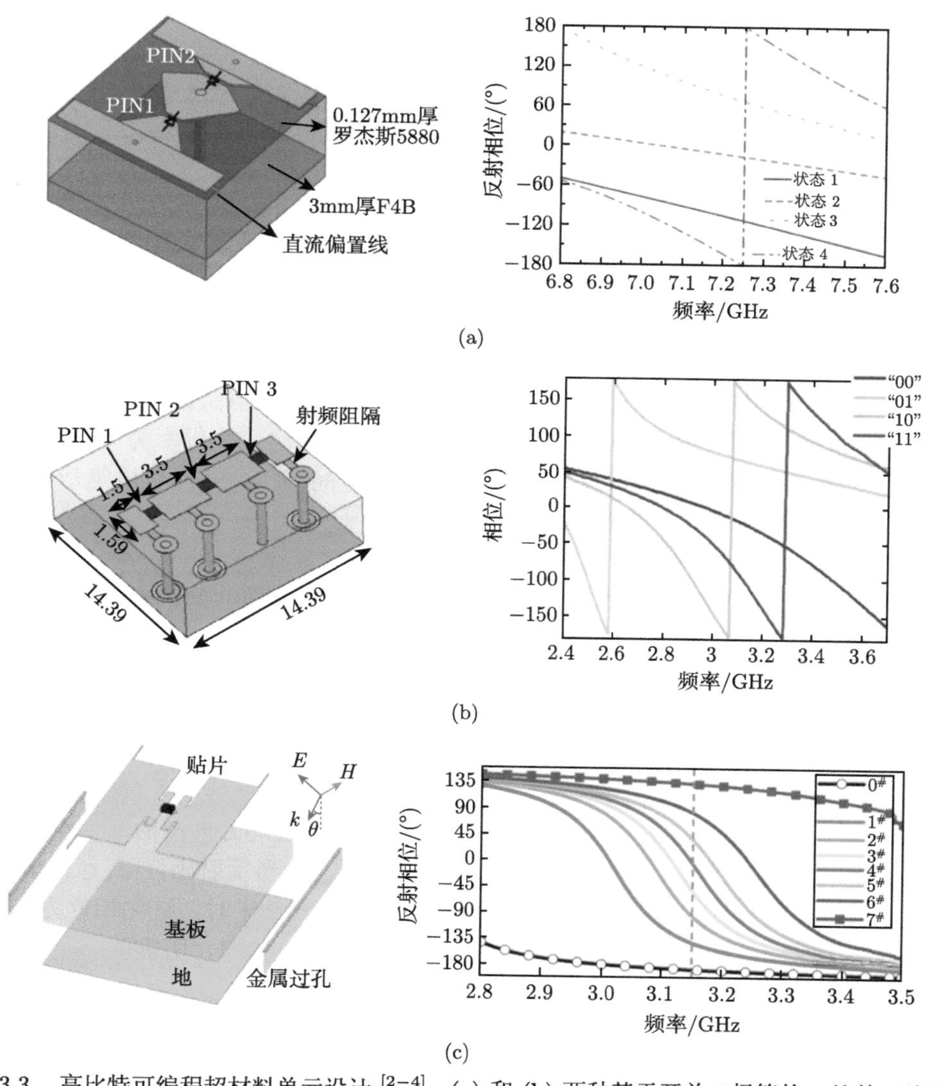

图 3.3 高比特可编程超材料单元设计 [2−4]：(a) 和 (b) 两种基于开关二极管的 2 比特可编程单元结构及对应的相位曲线；(c) 一种基于变容二极管的 3 比特可编程超材料单元结构及对应的相位曲线

3.2　微波段可编程超材料

早期可编程超材料的研究大多集中于微波段，微波段可编程超材料可以借助 PCB 等加工工艺以及二极管等可调电子器元件实现丰富的应用，包括散射能量缩减、波束调控、相控天线设计、复杂波束生成、极化调控、全息成像、计算成像、无线通信等方面。本节将介绍微波段可编程超材料的几种典型应用。

3.2.1　可编程相控阵天线

相控阵天线作为雷达系统的关键部件用于波束扫描，在军民领域得到了广泛的应用。但传统相控阵天线系统复杂且昂贵，可编程超材料凭借结构简单和成本低廉的优势，提供了一种实现波束扫描、构建可编程相控天线的新思路。

3.1 节介绍的可编程超材料都是工作于平面波激励的，但在一些应用中需要采用固定位置的馈源天线提供点源激励。图 3.4(a) 展示了点源激励下的可编程超表面工作示意图 [5]，超表面由 20×20 个单元构成，中心工作频率为 8.9GHz，一个小尺寸喇叭天线提供激励。当可编程超表面在空间 (θ,ϕ) 方向生成笔形单波束时，其第 i 个单元所需要的相位分布可以表示为

$$\varphi_i\left(\theta,\phi\right)=k_0\left(S_i-S_0-x_i\sin\theta\cos\phi-y_i\sin\theta\sin\phi\right)+\varphi_0 \tag{3.1}$$

其中，k_0 是自由空间波矢，S_0 是点源到可编程超表面的最短距离，S_i 是点源到可编程超表面的第 i 个单元的距离，φ_0 是可编程超表面阵列的初始相位值，θ 和 ϕ 分别表示所生成单波束的俯仰角和方位角，x_i 和 y_i 分别是第 i 个单元的 x 轴与 y 轴的坐标。

图 3.4(b) 给出了可编程相控天线的实物样件以及远场方向图的测试结果。该可编程相控天线所需的相位分布被离散为 1 比特编码，当反射相位 $\varphi_i\in(0,\pi]$ 时，量化相位为 0°，对应编码状态 0；当反射相位 $\varphi_i\in(\pi,2\pi]$ 时，量化相位为 180°，对应编码状态 1。当单波束在俯仰角 $0^\circ\sim70^\circ$ 范围内扫描时，所需的反射相位分布如图 3.4(c) 所示，其中两种颜色的方块分别表示编码状态 0 和 1。基于可编程超表面的相控天线依次切换这 8 组编码图案，即可实现 $0^\circ\sim70^\circ$ 的波束扫描效果，对应的远场方向图测试结果如图 3.4(b) 所示。

更大规模的可编程超表面阵列可获得更好的波束扫描性能，清华大学杨帆教授团队在 2016 年提出了一种由 40×40 个单元构成的 1 比特可编程相控天线 [6]，如图 3.5(a) 所示。该天线由 5 块相同的 8×40 子阵拼接而成，每个单元可独立控制，控制模块与计算机实时通信，采用宽带圆锥波纹喇叭作为馈源。图 3.5(b) 给出了可编程相控天线在 xOz 平面和 yOz 平面内的波束扫描方向图，工作频点

为 11.1GHz，波束扫描间隔设置为 10°。可以看出该天线在两个平面内都实现了出色的波束扫描效果，其波束主瓣指向精确且副瓣电平均低于 −16dB。借助数值优化算法，可编程相控天线还可以综合出更多复杂波束，例如多波束、和差波束、余割波束、平顶波束等。

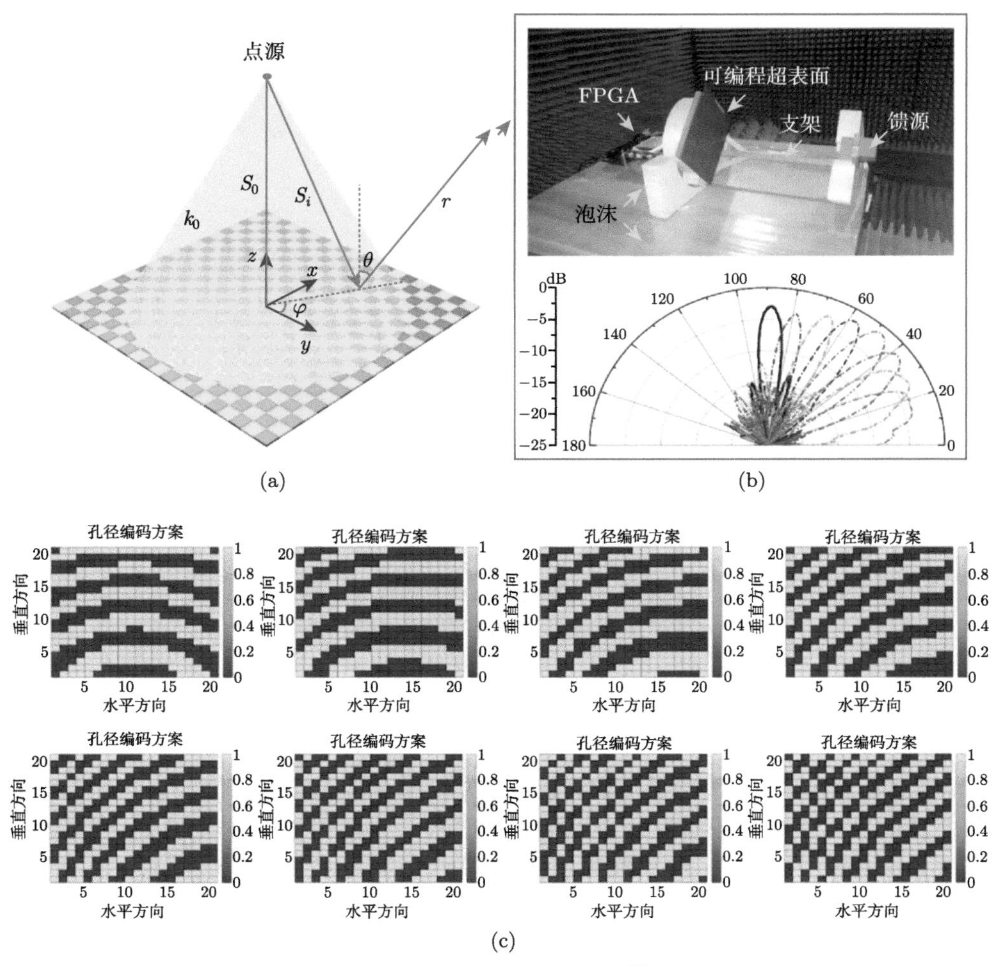

图 3.4　一种包含 20×20 个单元的 1 比特可编程相控天线 [5]：(a) 模型示意图；(b) 实物样件及远场方向图的测试结果；(c) 实现不同角度波束扫描对应的编码方案

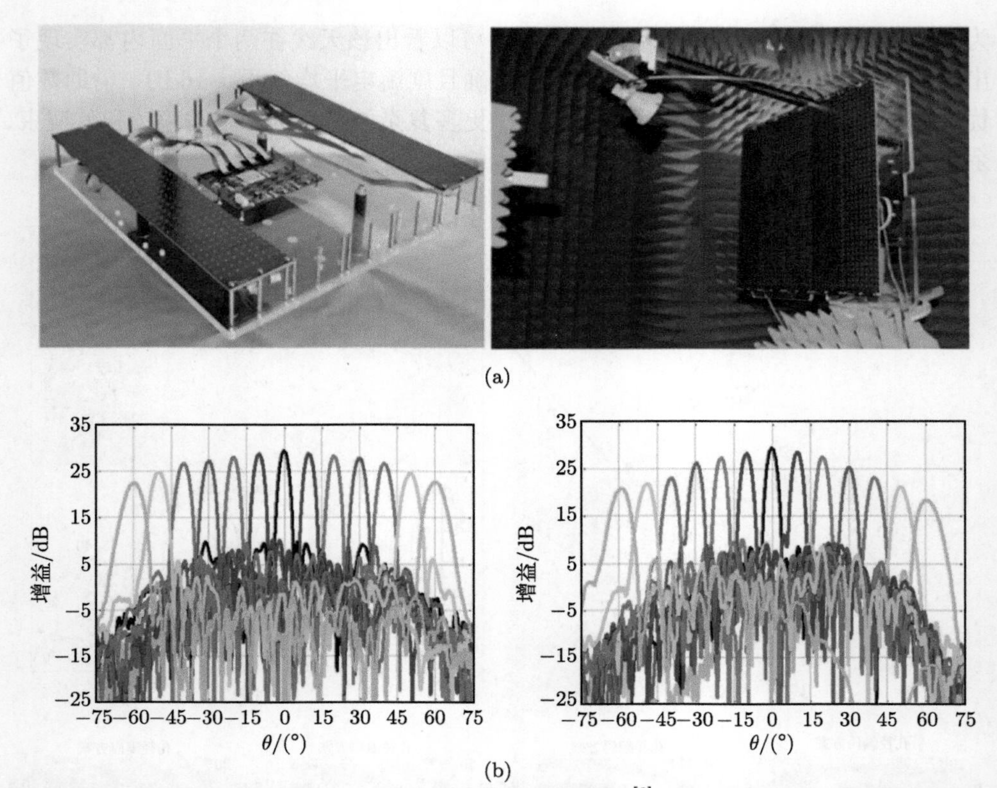

图 3.5 一种包含 40×40 个单元的 1 比特可编程相控天线 [6]：(a) 实物样件；(b) 相控天线在 xOz 平面和 yOz 平面内的波束扫描方向图

3.2.2 可编程涡旋波发生器

自 20 世纪 90 年代发现光学涡旋波后 [7]，携带 OAM 的涡旋波束也在微波段被广泛研究。涡旋波束拥有螺旋状的相位波前，为调控电磁波增加了一个 OAM 维度。与电磁波的极化、频率维度一样，不同 OAM 模式的涡旋波具有正交性，非常适用于模式复用，在无线通信领域被研究用于提升通信容量 [8]，也用于实现高分辨率探测成像 [9]。

透射螺旋相位板、螺旋反射面和环形阵列天线等方法被提出用于生成涡旋波束，超材料和超表面凭借低损耗、高效率和加工简单的优势，也成为了涡旋波产生的重要手段之一，在声波段、无线电、微波、毫米波、太赫兹以及光波段都能够生成不同 OAM 模式的涡旋波。但如何实时动态地改变涡旋波的 OAM 模式仍是一个难题，可编程超材料的出现为实现可重构涡旋波提供了一种简单、高效的解决方案。2020 年，北京大学李廉林教授和东南大学崔铁军院士合作提出了一种可编程涡旋波发生器 [10]。如图 3.6 所示，一款可编程超表面由固定的喇叭天线作为馈源，通过控制模块改变编码图案，可实现不同 OAM 模式、数量和指向的涡旋波束。

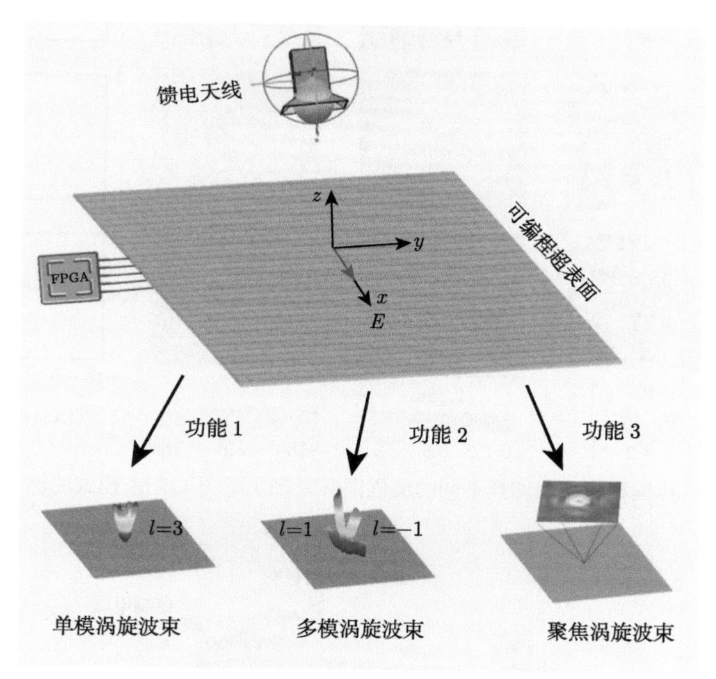

图 3.6 可编程涡旋波发生器的示意图 [10]

该可编程超表面可以产生 $-6 \sim +6$ 阶 OAM 模式的涡旋波束。图 3.7 给出了涡旋波的近场扫描结果 (OAM 模式 $l = 2, 4, 6$)，其中第一列为 3 种模式所需的编码图案，第二列为涡旋波的近场幅度分布，第三列为涡旋波的近场相位分布，第四列是对应涡旋波的 OAM 模式纯度分析。可以看出，涡旋波的幅度分布呈现中心凹陷的状态，相位分布符合特定模式的螺旋变化，模式纯度分析结果也表明可编程超表面可高效地产生特定 OAM 模式的涡旋波束，且可通过切换编码来实时产生不同模式的涡旋波束。一般来说，涡旋波的 OAM 模式越高，其波束越发散，在自由空间中的传播距离将会受限。而贝塞尔波束具有非衍射特性，可编程超表面可生成高阶 OAM 模式的贝塞尔涡旋波，从而解决涡旋波的波束发散问题。

由于不同 OAM 模式的正交性，涡旋波束在光学和微波段常被用于多通道高速信息传输，而该可编程涡旋波发生器也可用于构建直接调制无线通信系统。图 3.8 给出了这种通信机制的原理示意图：在发射端利用可编程涡旋波发生器产生 13 种 OAM 模式 ($-6 \sim +6$ 阶)，对基带信号进行 13 阶量化和编码；接收端也

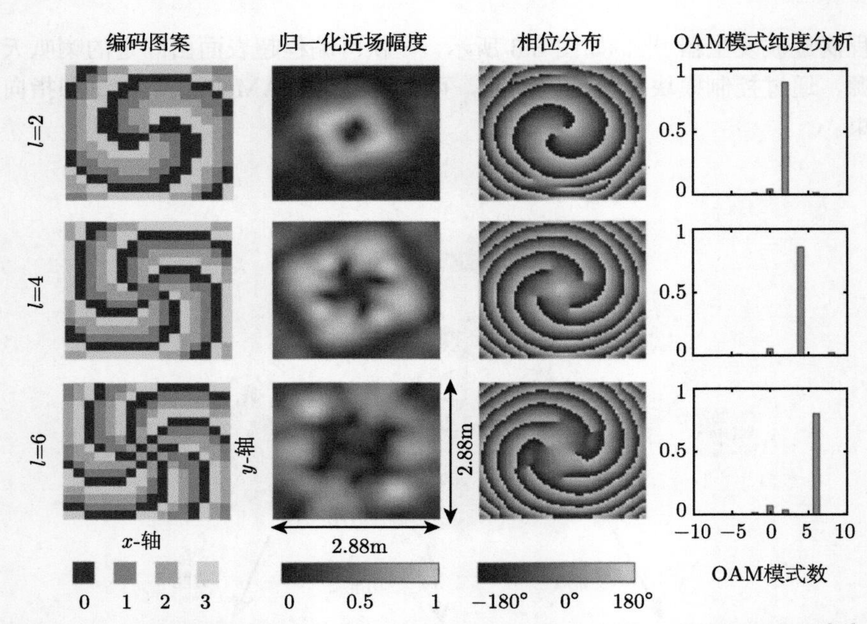

图 3.7　可编程超表面切换不同的编码图案来产生不同 OAM 模式的涡旋波 [10]

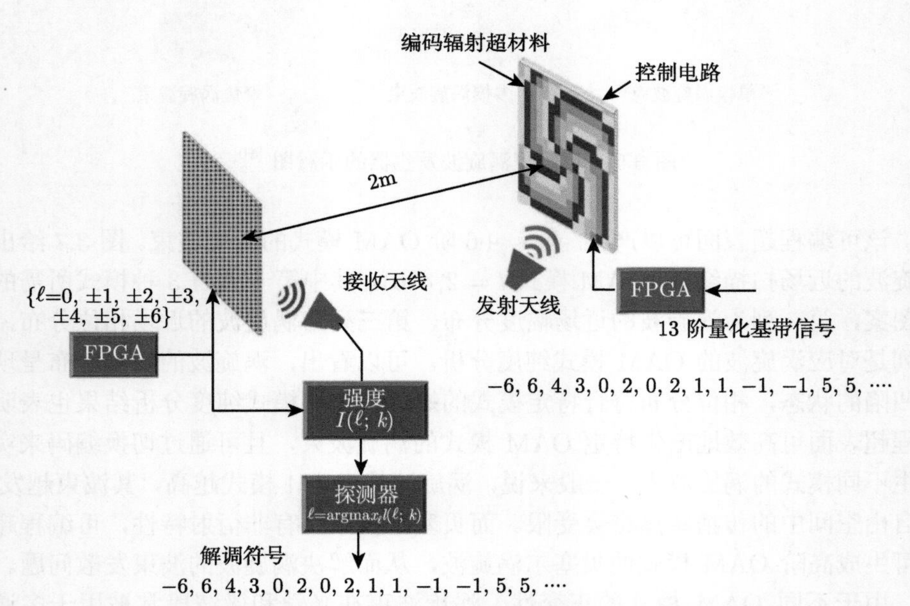

图 3.8　基于可编程涡旋波发生器的直接调制无线通信示意图 [10]

采用相应的可编程涡旋波发生器来识别对应的 OAM 模式，直接解调出对应编码。实验证明这种基于可编程涡旋波发生器的直接调制无线通信系统可在室内 2m 的视距环境下实现 Gbps 速率的数据传输，无需混频器和放大器，具有低成本、低功耗和低复杂度的优势。

3.2.3 极化可编程超表面

极化作为电磁波的一个重要参数，在电磁成像和通信领域获得了广泛应用。近年来，基于超材料和超表面的极化调控也得到了大量研究，多数研究工作集中在极化转换，如正交线极化、左右圆极化之间的相互转换等 [11]。基于超表面的极化转换器可分为透射式和反射式，设计频段也从微波段扩展至毫米波、太赫兹及光波段。目前大多数极化调控超表面的研究都是采用固定单元结构来实现高效的极化转化，而少数动态可调的极化转换结构也局限于超表面的整体可调。下面介绍一种基于可编程超表面的任意线极化波束生成方法，具备了编码灵活和实时可重构的特性 [12]。

图 3.9 给出了极化可编程超表面的工作示意图，该超表面由 $N \times N$ 个单元构成，每个单元可将 x 极化或 y 极化入射波转化为对应正交极化态的反射波。单元编码状态为 0 时，表示同极化反射幅度为 0，即入射波完全转换为交叉极化波；编码状态为 1 时，表示同极化反射幅度为 1，即入射波完全转换为同极化反射波。将第 (m,n) 个单元的反射幅度设为 $\boldsymbol{A}_{mn}$，单元在不同极化编码状态下的反射相位保持一致，超表面垂直方向 $(\theta = 0°, \varphi = 0°)$ 的反射波可表示为

$$\boldsymbol{E}(\theta = 0°, \varphi = 0°) = \sum_{n=1}^{N}\sum_{m=1}^{N} \boldsymbol{A}_{mn} \tag{3.2}$$

对于一个双极化可编程超表面来说，其垂直方向的散射场可表示为 [12]

$$\bar{E}(\theta = 0°, \varphi = 0°) = \sum_{n=1}^{N}\sum_{m=1}^{N} A_{mn\_x}\bar{e}_x + \sum_{n=1}^{N}\sum_{m=1}^{N} A_{mn\_y}\bar{e}_y = \bar{E}_x + \bar{E}_y \tag{3.3}$$

其中，A_{mn_x} 和 A_{mn_y} 分别表示单元反射波中 x 极化分量和 y 极化分量，所有单元的反射波叠加构成了两个正交极化的散射场，即 $\bar{E}_x$ 和 $\bar{E}_y$。由此可知，反射波的极化方向主要由超表面极化编码排布中 0 和 1 的数量决定，改变编码排布即可实时调控反射波的极化方向。

为了实现上述任意方向的极化转换功能，需要首先设计相应的极化转换可编程单元。斜 45° 摆放的金属棒是一种经典的极化转换单元，其极化转换频点主要由金属棒的长度决定，金属棒越长，极化转换频点越低。通过在该无源单元上加

载可调器件，可改变其极化转换频点，从而在特定频点上获得不同的极化转换响应，如图 3.10(a) 所示。这种极化转换结构的工作带宽通常较窄，因此当两个工作频点之间跨度较大时，对于其中一个频点而言，其极化转换率可实现从 0 变为 1。

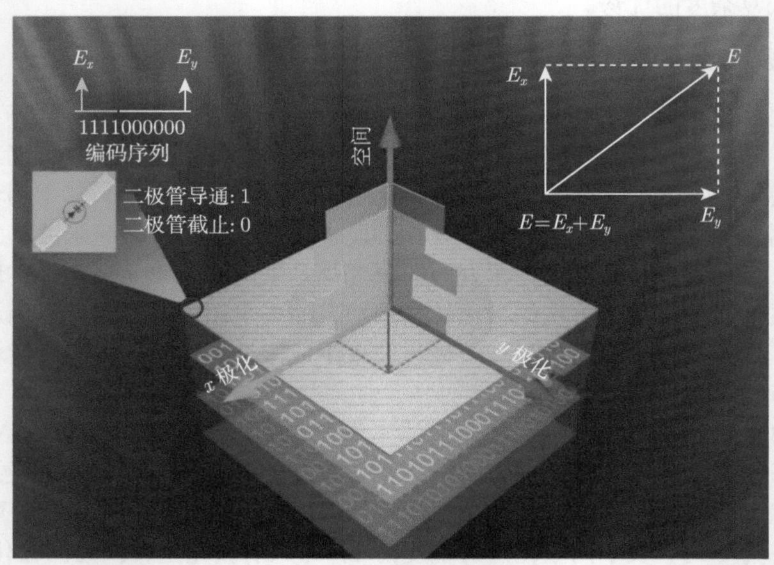

图 3.9　极化可编程超表面的工作示意图：通过数字化的阵列电压调控，反射波束可实现任意角度的极化方向 [12]

在上述思路的基础上，图 3.10(b) 给出了一种极化转换可编程超表面的单元设计。一个开关二极管加载于斜 45° 摆放的金属棒中间，金属棒两端加载了两个射频隔离电感，通过两个金属化过孔连接至介质基板背面的馈电网络。通过控制开关二极管的通断状态，即可改变金属棒的等效长度，从而改变极化转换频点。图 3.10(c) 和 (d) 分别给出了可编程单元在二极管导通和截止状态下对应的同极化和交叉极化反射系数仿真结果。当二极管导通时，同极化反射系数在 9.8GHz 上有一个明显的谐振点，即同极化反射能量很小，而交叉极化反射系数幅度较大，实现了较高的极化转换效率；当二极管截止时，金属棒等效长度变小，极化转换频点偏移至 12.1GHz 处。因此，通过改变开关二极管的状态可以在 9.8GHz 和 12.1GHz 两个频点上获得较高的极化转换率。单元设计时尽可能将两个谐振峰分离，从而在工作频点上实现极化转换效率差异明显的两种状态。此外，当该单元工作在 9.8GHz 频点处时，两种工作状态的反射相位几乎保持不变，因此选择 9.8GHz 作为可编程极化调控的工作频点。

下面设计 6 组极化合成方案来验证超表面的极化可编程性能。可编程超表面由 30× 30 个单元构成，沿 x 方向每 6 列为一组，平均分为 5 组，每组采用相同的极化编码。这里给出 6 组编码序列，分别为 00000、10000、11000、11100、11110 和 11111，对应的线极化角度理论值分别为 0°、14.03°、33.69°、56.31°、75.96° 和 90°。这 6 组编码极化方向合成的仿真结果如图 3.11 所示：对于编码 00000，其同极化和交叉极化幅度分别为 0.83 和 0.07，合成后的极化分量角度偏离 x 轴 4.8°，非常接近理想的 x 极化；对于编码 11111，其同极化和交叉极化幅度分别为 0.02 和 0.91，合成极化方向偏离 y 轴 1.3°，非常接近理想的 y 极化。随着编码序列中编码 1 数量的增加，x 极化分量逐渐降低，而 y 极化分量逐步升高，对于 10000、11000、11100、11110，这 4 组编码合成的极化角度 (与 x 轴夹角) 分别为 15.6°、34.4°、57.4° 和 79.5°。开关二极管和介质基板带来的损耗以及超表面的物理尺寸有限，导致同极化反射和交叉极化转换均不是理想的 100%效率，这些因素导致仿真结果与理论分析之间存在微小误差。无论如何，当编码从 00000 逐渐变化到 11111 时，反射波的极化方向从同极化方向逐渐偏转到交叉极化方向，实现了可编程极化调控。

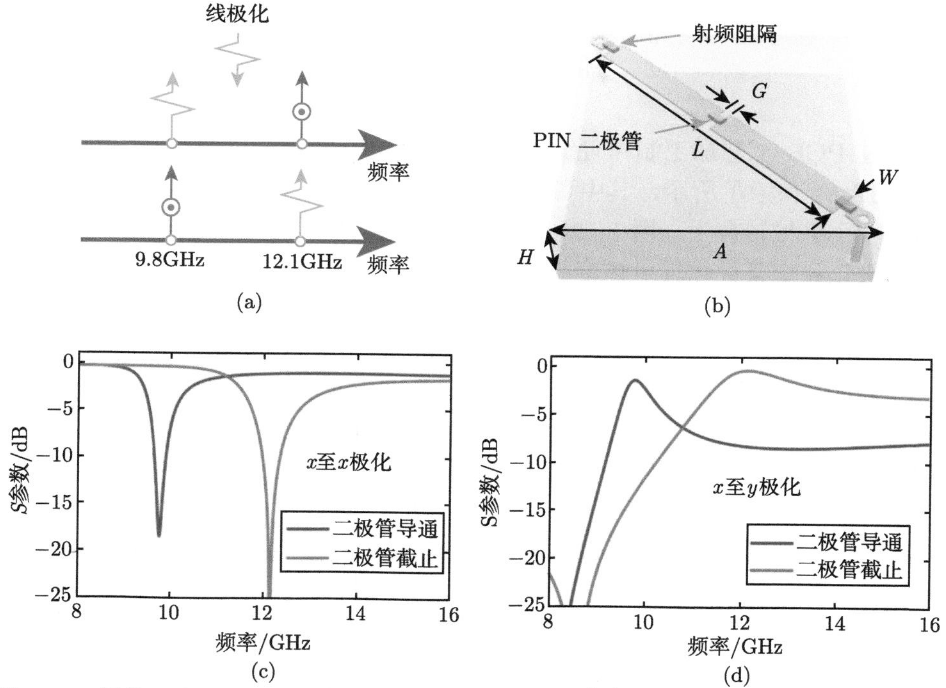

图 3.10 极化可编程超表面的单元结构及对应仿真结果 [12]：(a) 极化转换频点变化示意图；(b) 单元结构示意图；(c) 单元在不同开关状态下的同极化反射系数仿真结果；(d) 单元在不同开关状态下的交叉极化反射系数仿真结果

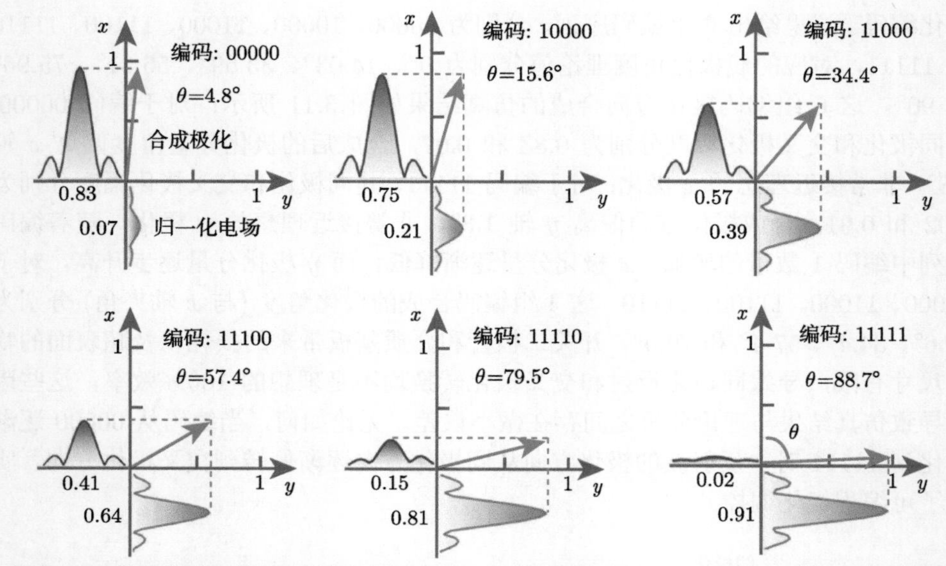

图 3.11　可编程超表面在 6 组编码序列 00000、10000、11000、11100、11110 和 11111 的极化方向合成示意图 [12]

通过 PCB 工艺加工制作可编程超表面样件进行测试，实物样件和测试环境如图 3.12(a) 和 (b) 所示，其中可编程超表面、控制模块和线极化馈源喇叭均被固定于一个机械转台上。图 3.12(c) 和 (d) 分别给出可编程超表面在 6 组编码序列下同极化和交叉极化反射幅度的测试结果，其幅度均采用同尺寸的金属板进行归一化处理。可以看出编码 00000 的同极化反射幅度最大，而编码 11111 的同极化反射幅度最小，其他编码序列对应的同极化反射幅度随着 0 数量减少而逐渐降低。相对应地，交叉极化反射幅度随着编码序列中 1 数量增加而逐渐增大。在超表面的垂直反射方向上，反射幅度的变化规律与理论和仿真结果吻合较好，在实验层面验证了极化可编程超表面的可行性。

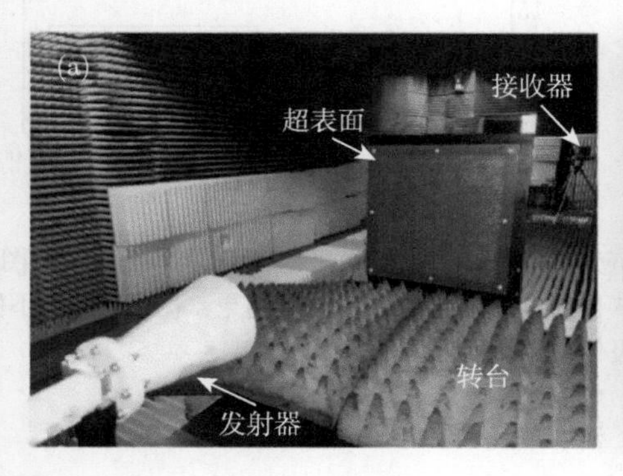

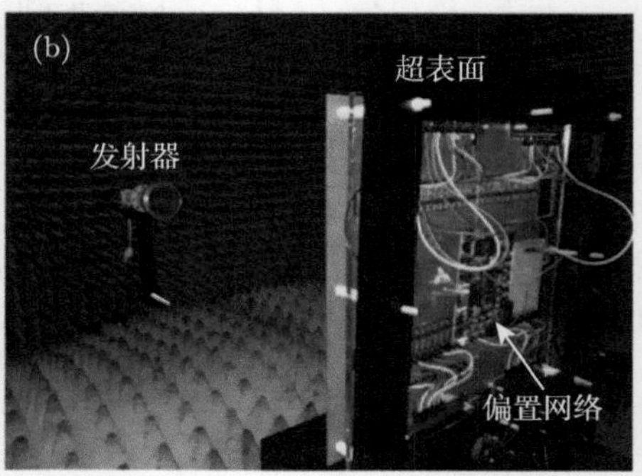

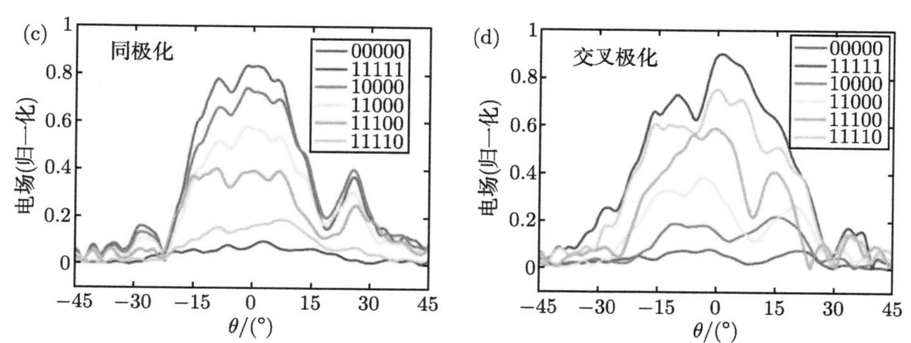

图 3.12 极化可编程超表面示意图以及测试场景和测试结果 [12]：(a) 和 (b) 实物样件和测试场景图；(c) 和 (d) 6 组编码序列调制下同极化和交叉极化的远场归一化幅度值

3.2.4 非互易可编程超表面

非互易效应在电磁和通信领域具有重要意义，传统利用铁氧体等磁性材料实现的非互易设备通常体积较大且难以集成。为克服这个难题，本节介绍一种集成功率放大器 (power amplifier, PA) 芯片的透射式可编程超表面，可在互易性和非互易性之间切换 [11,13]。下面将依次介绍非互易可编程超表面的设计原理、集成 PA 的可编程非互易单元结构设计和仿真、非互易可编程超表面的仿真以及测试结果。

图 3.13(a) 给出了非互易可编程超表面的工作示意图，其中超表面由超级子单元组成，该超级子单元由两个可编程基本单元构成，每个基本单元的正反面结构上均集成一个 PA，两个基本单元的 PA 传输方向相反，通过数字电源控制 PA 的放大和传输特性，从而实现可编程的非互易传输特性。为了便于控制，同一列中的可编程基本单元采用相同的控制电压。

当 PA 两端的加载电压达到其工作阈值时，PA 的传输呈现明显的非互易特性，即正向能量放大，反向传输截止；当 PA 两端的加载电压很低或为 0 时，PA 放大器不工作，即双向传输均截止。如图 3.13(b) 所示，将超级子单元中两个基本单元的 PA 关闭和开启状态分别定义为编码 0 和编码 1，当 PA 编码状态分别为 10 和 01 时，超表面可实现正向非互易传输和后向非互易传输；当两个 PA 编码状态均为 11 时，超表面能够双向互易传输；当两个 PA 编码状态均为 00 时，超表面的双向传输截止。

图 3.14(a) 展示了非互易可编程超表面的基本单元设计：该单元结构由 3 层介质基板和 4 层金属构成；单元在顶层和底层的金属结构呈镜像对称，分别集成了两个 PA 芯片 (Qorvo TQP369180) 以及相应的外围驱动电路；该单元设计包含两个理想电导体 (PEC) 层，分别用于射频接地和直流馈电。顶层的矩形金属贴

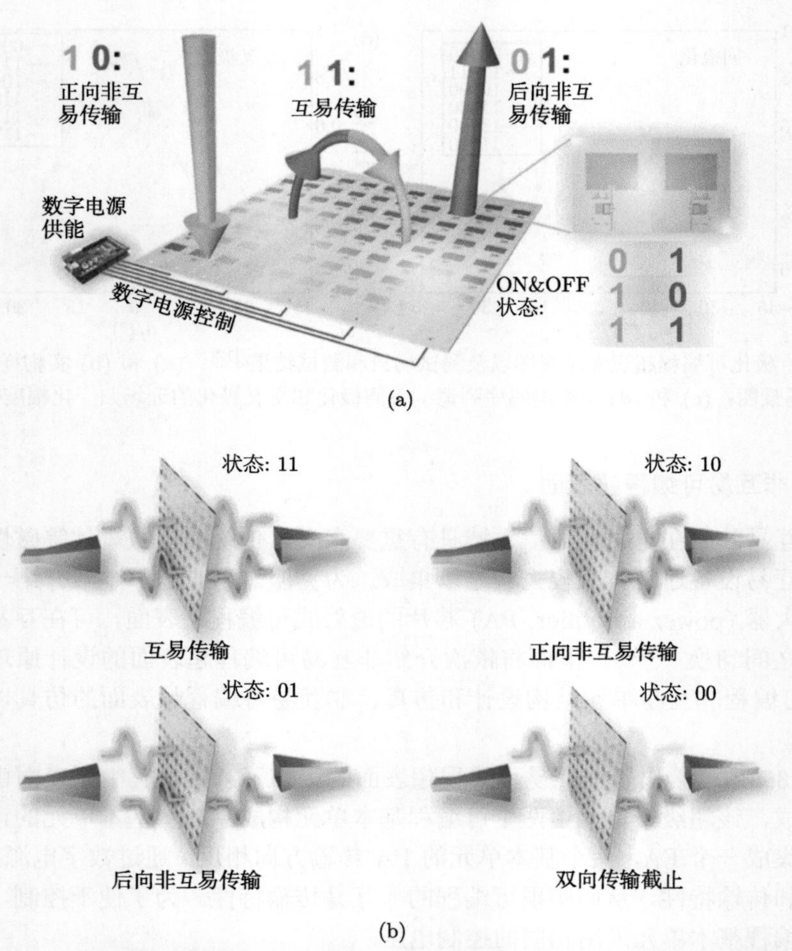

图 3.13 (a) 非互易可编程超表面的工作原理图。(b) 超表面的 4 种可编程状态示意图，分别为：PA 状态为 11 的互易传输；PA 状态为 10 的正向非互易传输；PA 状态为 01 的后向非互易传输；PA 状态为 00 的双向传输截止 [13]

片天线用来接收空间电磁波，并将能量耦合至微带传输线中，然后经过两个 PA，能量被传输至背面的矩形金属贴片天线，并接着辐射到空间中，这种能量耦合和传输过程如图 3.14(c) 所示。图 3.14(b) 给出了这种非互易可编程单元的 S 参数仿真结果：在工作频率 5.5GHz 附近，单元实现了正向传输增益，单个 PA 在 5.5GHz 附近的放大增益约为 14dB，而集成两个 PA 芯片的基本单元可以获得近 20dB 的传输增益；同时该单元具有良好的反向传输截止特性 (隔离度约 20dB)。图 3.14(d) 展示了超级子单元的构造，由两个基本单元组成，其中一个作为正向传输单元，另一个则为反向传输单元，两者在结构上呈左右镜像对称。可编程超表面的非互易性由 PA 本身的单向传输特性决定，即使单元损耗导致传输效率有所下降，也不影响其非互易调控能力。

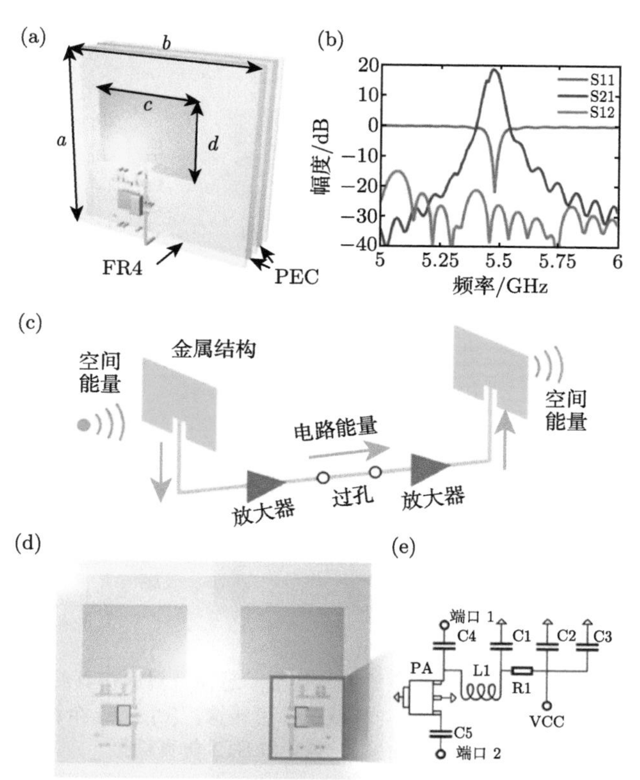

图 3.14 非互易可编程单元的工作原理 [13]：(a) 可编程基本单元的结构；(b) 单元非互易传输的 S 参数仿真结果；(c) 单元中能量耦合与传输的原理示意图；(d) 超级子单元的正视图；(e)PA 芯片及其外围电路原理图

下面对不同 PA 状态下的超级子单元进行全波仿真，图 3.15(a)~(d) 展示了超级子单元在不同编码状态下的传输状态，其中传输和非传输状态分别采用实线和虚线表示，“A” 和 “B” 分别代表该传输系统的两个测试端口；图 3.15(e)~(h) 给出了相应的全波仿真近场分布图，可清楚地观察到互易和非互易的传输效果；图 3.15(i)~(l) 展示了超级子单元在不同编码状态下的 S 参数仿真结果。可以看出，当所有 PA 都开启时 (编码 11)，能量可在两个方向上实现互易传输；当所有 PA 都关闭时 (编码 00)，能量从两侧均不能传输，S21 和 S12 都保持在 −20dB 以下。由于超级子单元的对称性，01 和 10 两种编码下的传输系数也是对称的，从图 3.15(j) 和 (k) 中可明显观察到单向传输的非互易特性。

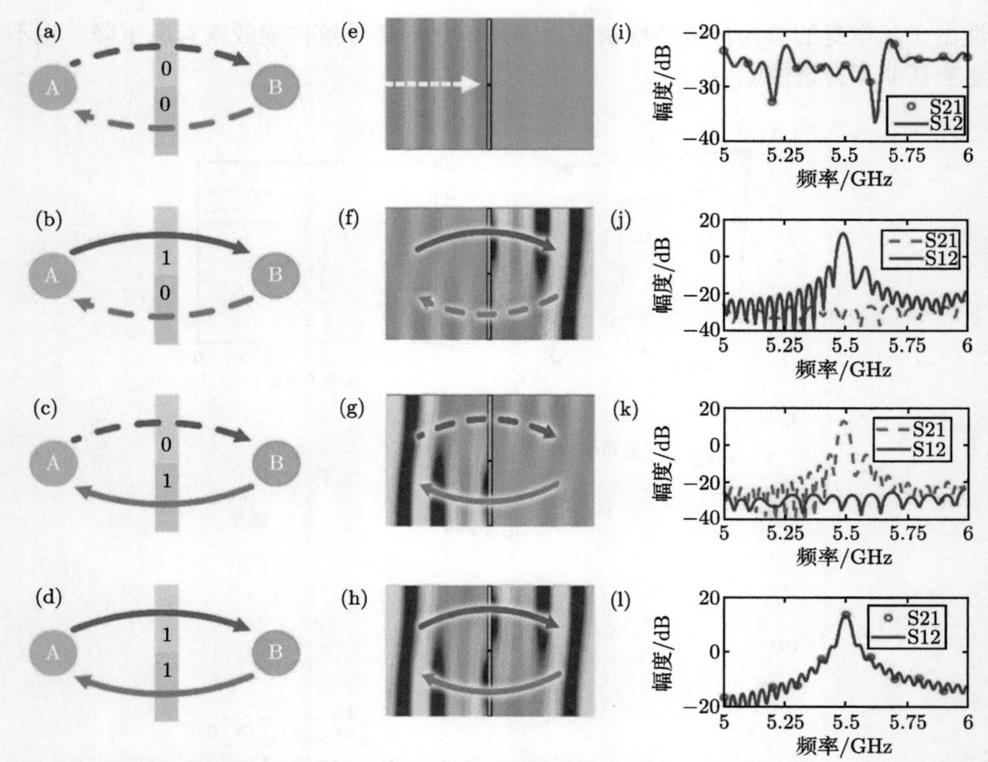

图 3.15 超级子单元在不同编码状态下的能量传输示意图及对应仿真结果 [13]：(a)~(d) 传输状态示意图，其中虚线表示传输截止，实线表示可传输；(e)~(h) 全波仿真的近场分布图；(i)~(l) 传输系数 S21 和 S12 仿真结果

图 3.16(a) 给出了非互易可编程超表面的 S 参数实验测试场景，其中两个平面波透镜天线与矢量网络分析仪的两个端口相连，用于测量传输系数 S21 和 S12。图 3.16(b) 展示了该超表面的实物样件，由 10×8 个基本单元组成，共加载了 160 个 PA 芯片。编码状态 0 和 1 对应的 PA 控制电压分别为 0 和 5.3V，每个基本单元的工作电流约为 100mA。在 5.5GHz 频点，矢量网络分析仪的端口发射功率被设置为 −10dBm，图 3.16(c)~(f) 给出了可编程超表面在不同编码状态下测得的归一化 S 参数结果，与全波仿真结果基本吻合。图 3.16(c) 展示了在编码状态 11 下测得的 S 参数，表现出良好的互易传输性能；图 3.16(d) 和 (e) 展示了当编码状态分别为 10 和 01 时所测得的 S 参数，在 5.55GHz 测得的传输增益和隔离度分别约为 13dB 和 19dB；图 3.16(f) 给出了编码状态为 00 时所测得的 S 参数，两端口之间的隔离度约为 20dB。

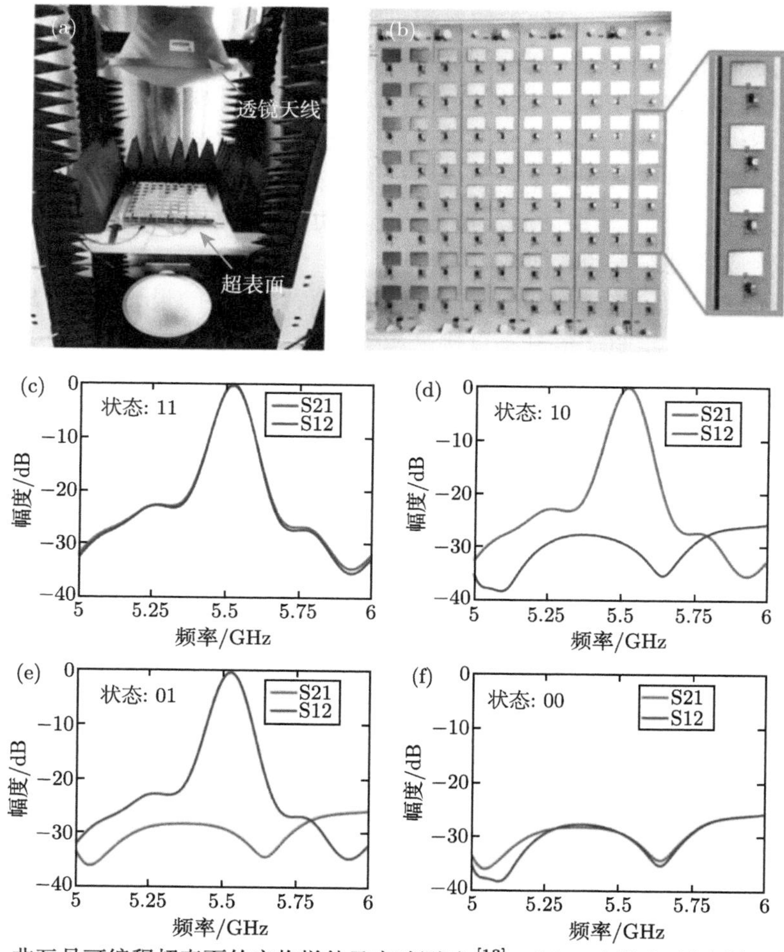

图 3.16 非互易可编程超表面的实物样件及实验测试 [13]：(a) S 参数实验测试场景；(b) 非互易可编程超表面样件；(c)~(f) 编码 11、10、01 和 00 对应的 S21 和 S12 测试结果

3.2.5 光控可编程超表面

常见的可编程超材料都是基于电控式可编程单元来实现编码状态的切换，例如将开关二极管、变容二极管、微机电系统 (micro-electro-mechanical system, MEMS) 等器件集成到单元中，这些设计需要直流馈线网络提供驱动信号来切换编码状态。这种有线电控的方式直接用导线将超表面连接至外部电源或硬件控制模块上，会带来信号串扰的问题，需要使用额外的隔离电路或器件来分离直流与微波信号，以免影响超表面的工作性能 [14]。

本节将介绍几种光控可编程超表面 [14−17]，包括反射式和透射式光控可编程超表面，以及分区光驱动可编程超表面。光控是一种非接触式无线遥控方法，在太赫兹和可见光频段通常采用泵浦光远程照射超表面的光敏衬底 (如半导体硅和相变材料等) 来实现调谐，但这些光敏材料在微波段很难直接应用，且大面积的光敏材料制作成本昂贵。有研究提出了基于硅的光控微波开关，并将其集成到微波天线金属缝隙中，但这类光控微波开关的隔离度较低，电磁响应和寄生参数也存在不确定性。此外，光控微波器件虽然已有初步研究，但由于缺乏标准封装，很难大规模集成到可编程超表面中。

针对上述问题，光电二极管被运用于可编程超材料的设计 [15]。开关二极管和变容二极管的电压驱动信号不直接来源于外部直流电源，而是来自光电二极管提供电压信号。光电二极管具有光生伏特效应，能够将不同强度的光信号转换成相应的电压信号。在基于变容二极管的可编程超表面中集成光电二极管，调节光照强度可控制光电二极管产生不同的偏置电压，驱动变容二极管获得不同的电容值，从而远程调控可编程超表面的电磁响应。该方法可用于构建光调控电磁特征的多物理场超表面，同时有效避免电控方式中物理连线引起的信号串扰问题。

以反射式光控可编程超表面为例，图 3.17(a) 展示了其工作原理示意图，图 3.17(b) 给出了其单元结构。超表面单元中加载的变容二极管由光电二极管串联阵列产生的偏置电压控制，在不同的光照强度下，超表面能够产生不同的反射波束。当外部光源关闭时，变容管两端无偏置电压，光控超表面不工作，反射波束为单波束；当光源打开时，变容管两端产生相应偏置电压，光控超表面产生特定的相位分布，反射波束变为对称的双波束，实现了利用可见光远程调控超表面反射波束的功能。

同样的光控方案也可用于设计频率依赖的透射式光控数字编码超表面，即通过改变外部光照强度来动态调控超表面的透射频率 [16]。图 3.17(c) 展示了该透射式光控可编程超表面样件，其单元设计如图 3.17(d) 所示。该超表面单元的顶层金属铜片上蚀刻了圆环缝隙，可透射特定频率的电磁波，缝隙两端加载了一个变容二极管，根据不同的电容值控制允许通过的电磁波频率，圆形铜片通过金属化通孔与介质底部的直流偏压线相连。与之串联的硅光电二极管可根据外部光强变化为变容二极管提供不同的反向偏置电压，从而控制超表面单元的透射频率，实现了一个双频段频率选择型超表面。

在上述光控方案的基础上，可进一步实现分区可控的光驱动可编程超表面 [17]，图 3.18 展示了该光驱动可编程超表面的原理示意图，该超表面包含多个相同的子阵，其正面是超表面单元阵列，背面为光传感网络，其中每个子阵可进行独立控制。当可见光投射到子阵背面时，光传感网络将不同强度的可见光转换为不同的偏置电压，用于驱动正面的变容二极管，从而实现无接触远程调控超表面的响应。

由于每个子阵可被独立控制，因此通过接收不同的光照图案，该光驱动可编程超表面上能形成不同的相位分布，从而实现多种不同的电磁功能，例如图中展示的微波隐身、电磁幻觉和涡旋波束生成。

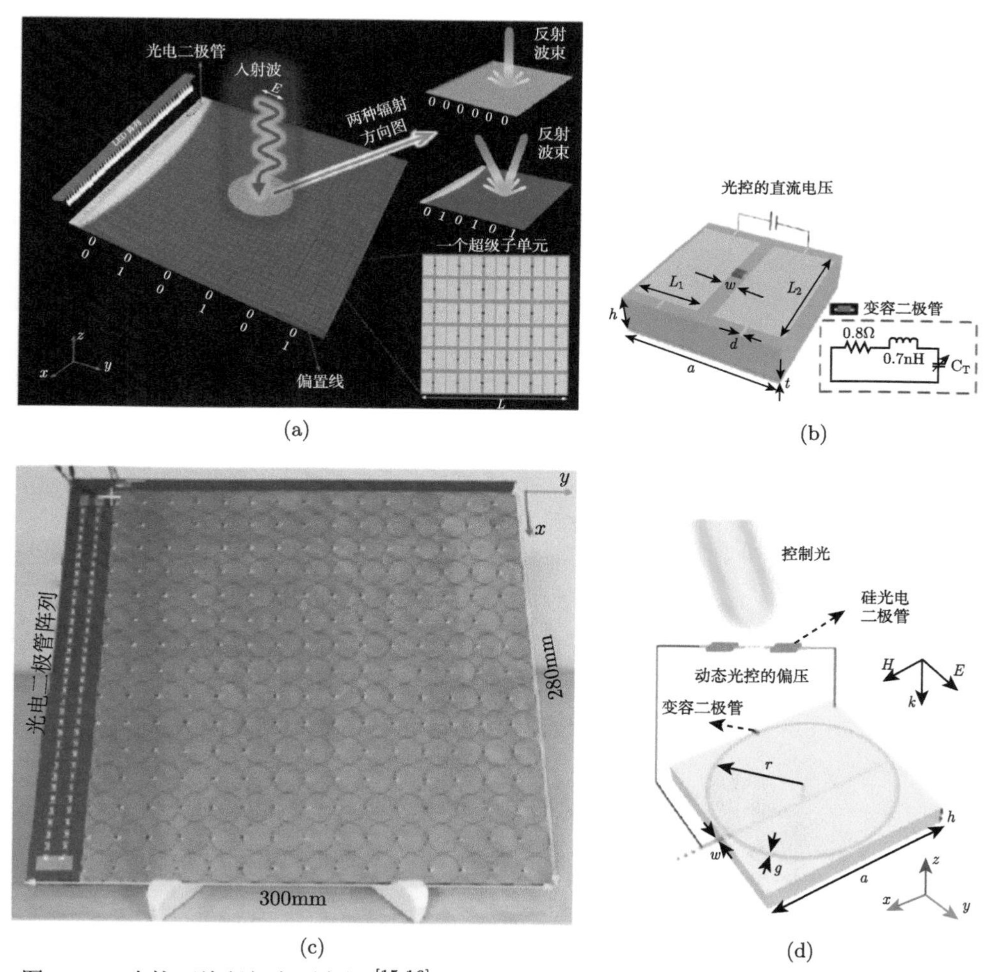

图 3.17 光控可编程超表面实例 [15,16]：(a) 反射式光控可编程超表面的工作原理示意图；(b) 反射式光控可编程超表面的单元结构；(c) 透射式光控可编程超表面样件；(d) 透射式光控可编程超表面的单元结构

光驱动可编程超表面中采用子阵设计的优势在于：由 4×4 个超表面单元组成的超级子单元拥有充足的物理区域承载多个串联的光电二极管，以提供足够大的偏置电压；超级子单元的设计更贴近仿真时采用的无限大周期边界条件，超表面单元的相位精度得以保证。如图 3.19 所示，每个子阵背面的光传感网络由 22

个光电二极管以蛇形方式串联构成，用于驱动正面 4×4 个变容二极管。光控可编程超表面在一定程度上解决了电控式可编程超表面由于物理连线带来的一些问题，验证了在可编程超表面平台上利用可见光调控微波的能力，有助于推进多物理场可编程超表面的研究，为搭建新型可见光到微波的混合通信系统奠定了技术基础。

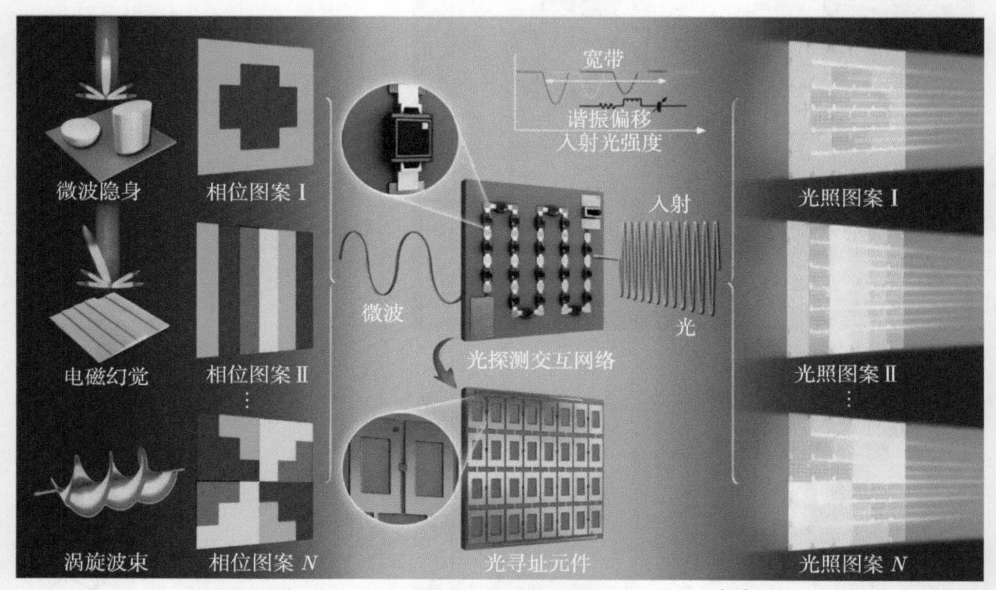

图 3.18 光驱动可编程超表面的原理示意图 [17]

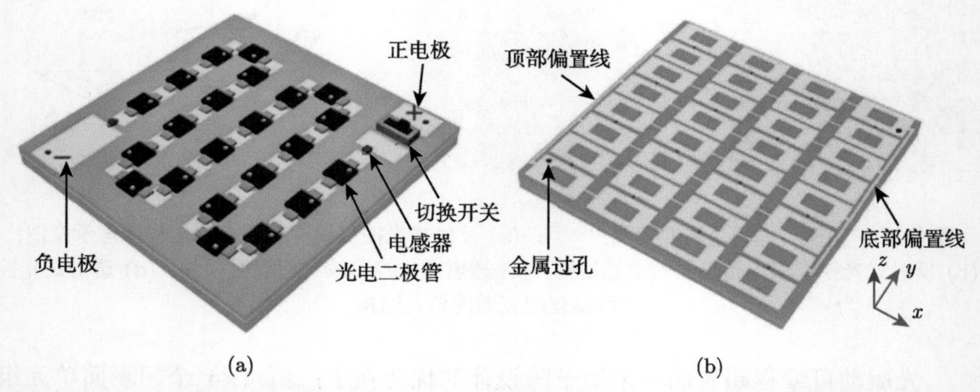

图 3.19 (a) 光驱动可编程超表面中一个子阵对应的底部光传感网络；(b) 子阵顶部的 4× 4 个超表面单元 [17]

3.2.6 机械可编程超材料

除了上面介绍的可编程超材料，机械式可编程超材料方向也产生了一些研究成果 [18,19]。机械可编程超表面的常用实现方式是利用步进电机、微流体等技术来调整超表面的单元结构，从而动态改变单元的电磁特性。本节将介绍基于步进电机的机械式可编程超材料，利用控制系统调整电机的转动来实时改变超表面单元的旋转角度，从而动态改变每个单元的反射相位。

首先简要介绍 PB(pancharatnam-berry) 相位，它也被称作几何相位，最早在光学研究体系中提出，圆极化入射波经过一个半波片后将会转换为交叉圆极化的电磁波，并获得额外的附加相位，该相位由半波片的旋转角决定。在超材料设计中，也可以通过改变单元的旋转角来改变圆极化波的相位，因此基于 PB 相位的单元设计非常适合采用机械调控方式，例如在每个超表面单元上安装一个微型步进电机来改变其旋转角度，就可以实现机械可编程超表面。2021 年，南京大学冯一军教授团队设计了一种机械可编程超材料 [18]，其基本单元结构如图 3.20(a) 和 (b) 所示。当单元相对于 x 轴逆时针旋转角度 q 时，入射波由左旋圆极化 (left-hand circular polarization, LCP) 波 E_i^{L} 和右旋圆极化 (right-hand circular polarization, RCP) 波 E_i^{R} 构成，则反射波可以表示为

$$\begin{aligned} E_{\mathrm{r}}^{\mathrm{R}} &= r_{\mathrm{LR}} E_i^{\mathrm{L}} + r_{\mathrm{RR}} \mathrm{e}^{-\mathrm{j}2q} E_i^{\mathrm{R}} \\ E_{\mathrm{r}}^{\mathrm{L}} &= r_{\mathrm{RL}} E_i^{\mathrm{R}} + r_{\mathrm{LL}} \mathrm{e}^{+\mathrm{j}2q} E_i^{\mathrm{L}} \end{aligned} \tag{3.4}$$

其中，r_{LR} 和 r_{LL}(r_{RL} 和 r_{RR}) 分别代表超材料单元对 LCP 波 (RCP 波) 的交叉极化和同极化反射系数；$\mathrm{e}^{\pm\mathrm{j}2q}$ 代表由单元旋转角决定的 PB 相位因子，其“+”号代表对 LCP 波引入正相移，而“−”号则代表对 RCP 波引入负相移。在理想情况下，若超材料单元的反射系数满足 $r_{\mathrm{LR}} = r_{\mathrm{RL}} = 0$ 和 $r_{\mathrm{LL}} = r_{\mathrm{RR}} = 1$，则式 (3.4) 可简化为

$$\begin{aligned} E_{\mathrm{r}}^{\mathrm{R}} &= \mathrm{e}^{-\mathrm{j}2q} E_i^{\mathrm{R}} \\ E_{\mathrm{r}}^{\mathrm{L}} &= \mathrm{e}^{+\mathrm{j}2q} E_i^{\mathrm{L}} \end{aligned} \tag{3.5}$$

不难看出，在该情形下反射波的相位仅与单元旋转角 q 和入射波极化类型有关。

正入射情况下，单元反射系数 r_{LL} 和 r_{RL} 的仿真结果如图 3.20(c) 所示。在工作频点 4GHz 附近，满足条件 $r_{\mathrm{LL}} \approx 1$ 且 $r_{\mathrm{RL}} \approx 0$。图 3.20(d) 展示了在 3.8~4.4GHz 频率范围内，单元旋转角与 PB 相位的对应关系，可以看出超材料单元在旋转 $0^\circ \sim 180^\circ$ 的过程中，产生了 $0^\circ \sim 360^\circ$ 的连续 PB 相位变化。

这种机械式可编程超材料被应用于波束回溯器设计，可将入射电磁波反射至发射源方向。图 3.21(a) 给出了回溯器的工作示意图，其具有动态波束自适应回溯功能。如图 3.21(b) 所示，当 LCP 波的入射角分别为 11°、22°、33° 和 47° 时，

在商用测向装置的辅助下获得入射波角度之后，通过控制超材料每一个单元的旋转角实现对应的 PB 相位分布，从而产生指向入射波方向的反射波束。图 3.21(c) 给出了对应 4 种入射角下的反射波测试结果，可以看出反射波的角度与入射波的角度基本一致，验证了该机械式可编程超材料的自适应回溯功能。

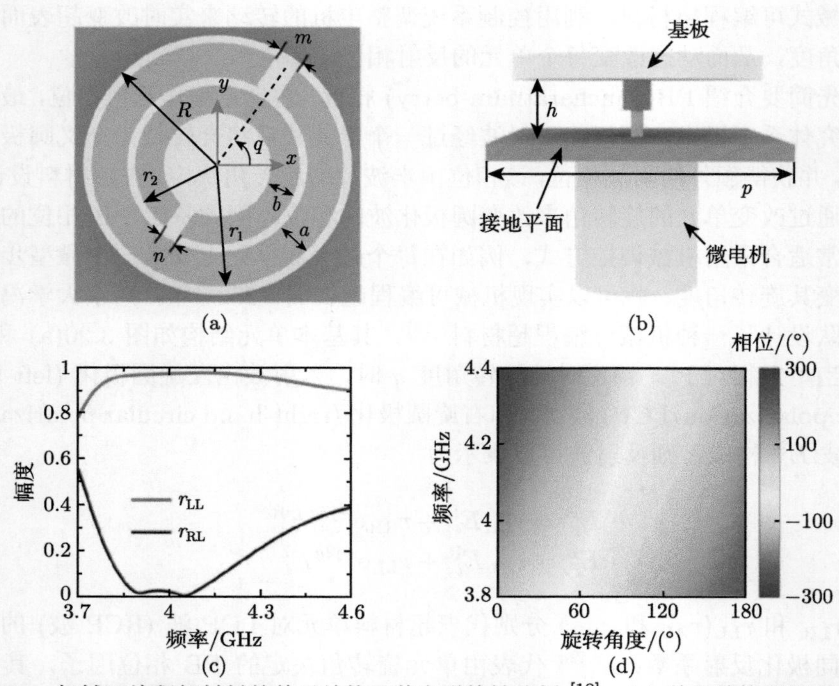

图 3.20 机械可编程超材料的单元结构及其电磁特性分析 [18]：(a) 单元结构俯视图；(b) 单元结构侧视图；(c) 在 LCP 波正入射下，单元的幅频特性曲线；(d) 在 LCP 波正入射下，单元旋转角与 PB 相位的对应关系图

2022 年，天津大学韩家广教授团队提出了另一种基于 PB 相位的机械可编程超材料 [19]。如图 3.22(a) 所示，该超材料由 20×20 个超级子单元构成，每一个超级子单元包含 4×4 基本单元，并采用一个步进电机进行控制。通过齿轮装置将相同的旋转角传递给 4×4 基本单元，从而使得每个超级子单元具有相同的 PB 相位，如图 3.22(b) 所示。该机械式可编超材料实现了三种功能：超透镜、涡旋波生成和全息成像。

图 3.23 给出了机械式可编程超材料用于超透镜所需的单元排布及其测试结果，该超透镜的工作频点为 7GHz，能够将垂直入射的 RCP 波聚焦于距离超材料 600mm 处平面上的一点。图 3.23(a)、(d) 和 (g) 分别给出了对于不同的聚焦位置超材料所需的旋转角分布，图 3.23(b)、(e) 和 (h) 给出了对应的电场强度分

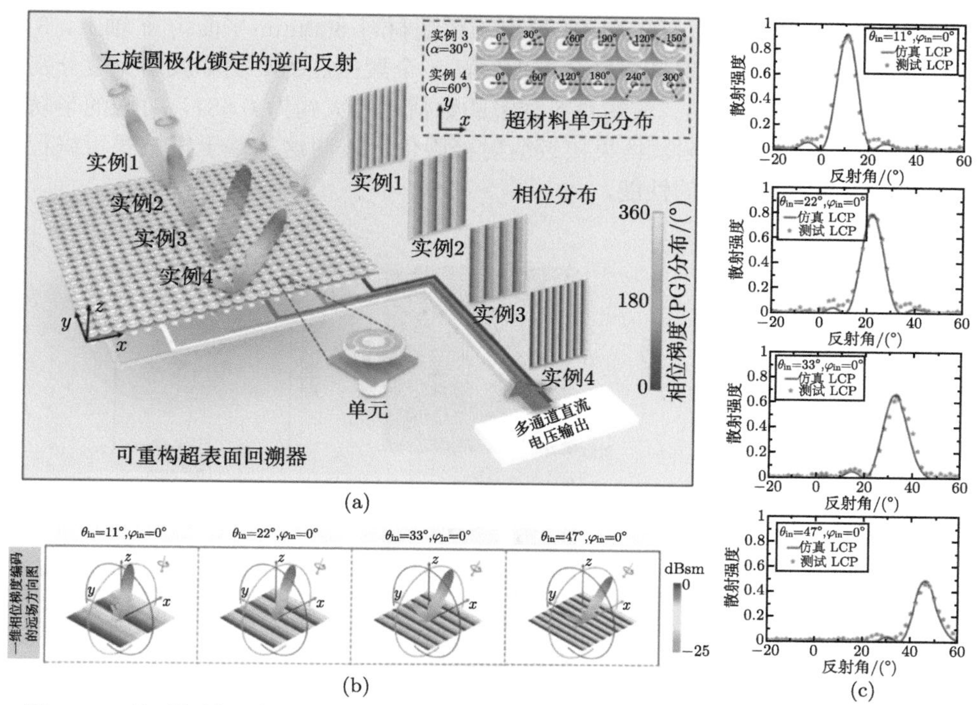

图 3.21 基于机械可编程超材料的回溯器示意图以及角度自适应回溯器的仿真测量结果图 [18]：(a) 工作示意图；(b) 在不同入射角下，超材料回溯器的相位梯度分布及其远场方向图；(c) 在不同入射角下，超材料回溯器的仿真测量结果对比图

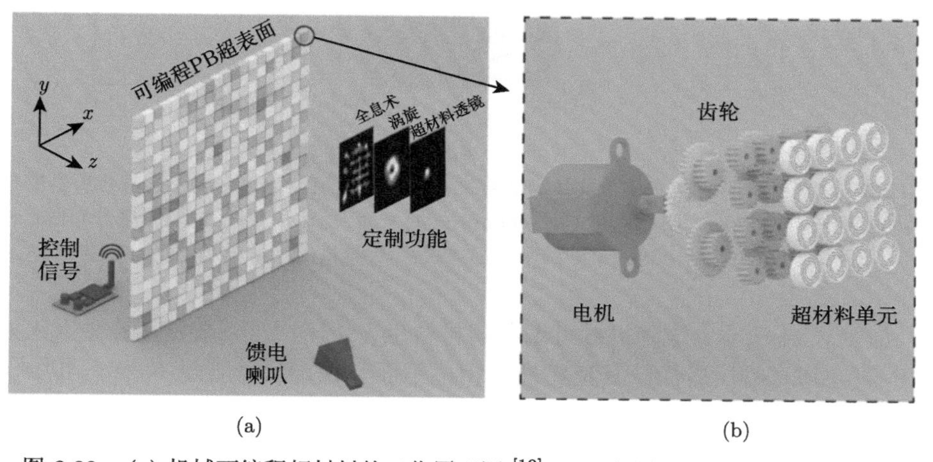

图 3.22 (a) 机械可编程超材料的工作原理图 [19]；(b) 超材料超级子单元的结构图

布测试结果；图 3.23(c)、(f) 和 (i) 给出了距超材料 600mm 平面内 x 轴上，3 种相位分布下测试得到的电场强度分布曲线，三个聚焦点的半功率波瓣宽度分别为 42mm、44mm 和 44mm。该超材料透镜的数值孔径大约为 0.587，对应的半功率波瓣宽度为 36.5mm，测试结果接近衍射极限值，表明这种基于机械式可编程超材料的超透镜具有出色的性能。

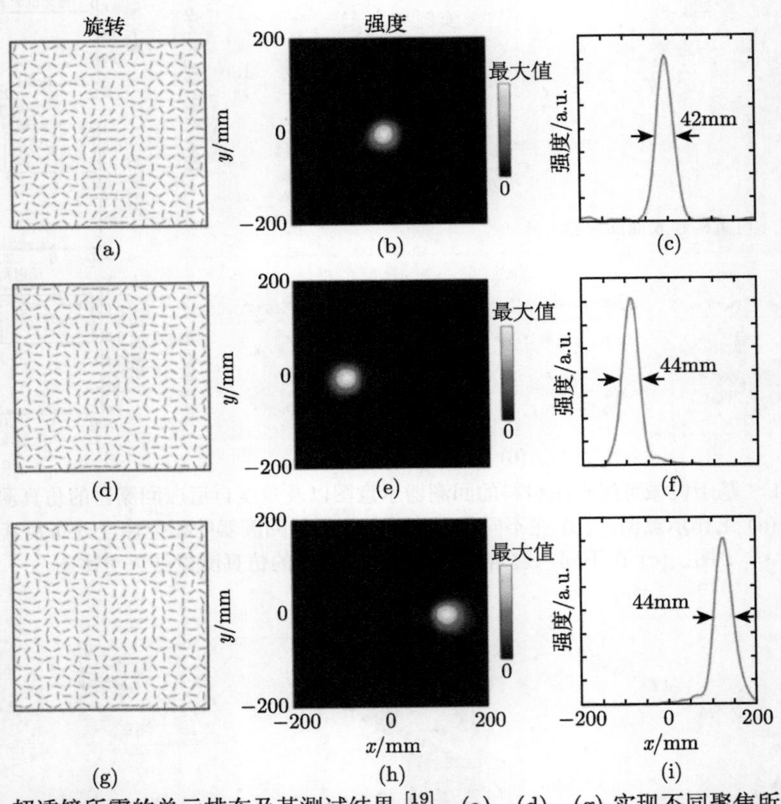

图 3.23　超透镜所需的单元排布及其测试结果 [19]：(a)、(d)、(g) 实现不同聚焦所需的单元旋转角分布；(b)、(e)、(h) 距超材料 600mm 处的平面上，所测量的电场强度分布图；(c)、(f)、(i) 距超材料 600mm 处的平面 x 轴上，所测量的一维电场强度分布曲线

如图 3.24 所示，这种机械可编程超材料也可用于产生涡旋波束：垂直入射的 RCP 波经超材料反射后，其反射波的相位平面呈螺旋状且满足 $e^{-jl\varphi}$，其中 l 为拓扑电荷，φ 为横向平面的方位角。对 RCP 入射波来说，若要产生拓扑电荷为 l 的涡旋波束，根据 PB 相位定义和式 (3.5)，超材料上的单元相位分布与单元旋转角之间需满足：

$$2q = l\varphi \Rightarrow q = \frac{1}{2}l\varphi \tag{3.6}$$

从式 (3.6) 可以看出，超材料单元的 PB 相位 (旋转角 q) 与单元所处的方位角 φ 和涡旋波束的拓扑电荷 l 有关。图 3.24(a)、(e)、(i) 和 (m) 分别给出了拓扑电荷 $l = 1, 2, 3, 4$ 时，超材料单元旋转角排布；图 3.24 (b)、(f)、(j) 和 (n) 展示了在距超材料 600mm 的平面上，对应的电场强度分布测试结果；图 3.24 (c)、(g)、(k) 和 (o) 给出了在距超材料 600mm 的平面上，对应的电场相位分布测试结果；图 3.24 (d)、(h)、(l) 和 (p) 展示了超材料涡旋波束 OAM 模式的转换效率，可以看出基于该机械可编程超材料产生的涡旋波束具有较高的纯度。

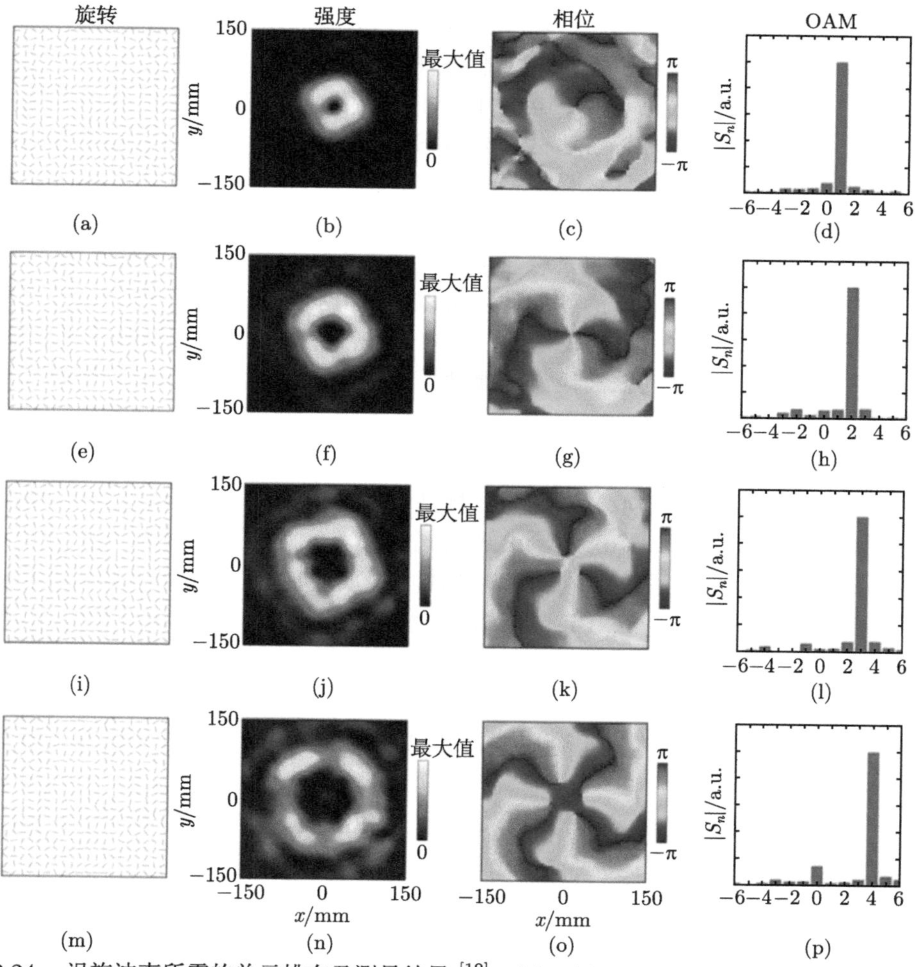

图 3.24 涡旋波束所需的单元排布及测量结果 [19]：(a)、(e)、(i)、(m) 涡旋波束的拓扑电荷 $l = 1, 2, 3, 4$ 时，所需的超材料单元旋转角排布；(b)、(f)、(j)、(n) 距超材料 600mm 平面上，所测量的电场强度分布图；(c)、(g)、(k)、(o) 距超材料 600mm 平面上，所测量的电场相位分布图；(d)、(h)、(l)、(p)OAM 模式的转换效率

3.3 太赫兹及光波段可编程超材料

太赫兹技术近年来被大量研究应用于无线通信、高分辨率成像、雷达等领域，引起了学术界和工业界的广泛关注 [21]。随着超材料技术的进一步发展，可在太赫兹波段实现波束聚焦、波束偏折、极化转换，展现了对太赫兹波的调控能力。本节将介绍几种太赫兹频段的可编程超材料及相关应用，包括基于液晶的太赫兹可编程超表面、基于互补金属氧化物半导体 (complementary metal oxide semiconductor, CMOS) 的可编程超表面，以及基于相变材料的太赫兹可编程超材料。

目前基于开关二极管和变容二极管的数字编码和可编程超表面已经在微波段得到了广泛的研究。然而，由于电尺寸和性能受限，这些开关器件难以直接应用到太赫兹波段。因此，太赫兹超材料的动态调控方式开始引起领域内学者们的重点关注，包括利用微机电系统 (MEMS)、CMOS 等技术，以及引入新型可调材料 (例如液晶、石墨烯、钛酸锶钡以及二氧化钒 [20–30])。

本节首先介绍基于液晶的太赫兹可编程超表面。液晶具有较强的双折射特性，通过外加电场控制液晶分子的朝向，就可以改变其折射率。液晶作为一种电控式方法，具有重量轻、体积小、成本低、兼容性好等优点，尤其液晶制造过程简单、寄生参数少的特点在太赫兹波段尤为重要 [15]。因此，近年来液晶被广泛研究用于设计透射或反射式可编程超表面。

基于液晶的可编程超表面单元通常为金属–绝缘层–金属 (metal-insulator-metal, MIM) 结构。图 3.25(a)~(c) 展示了三种基于液晶的太赫兹可编程超表面单元结构 [21–23]。下面以图 3.25(c) 所示的透射式液晶单元为例来阐释其工作原理 [22]，该单元顶层金属为不对称的互补开口环结构，金属层加工在厚度为 200μm 的石英层上。聚酰亚胺 (polyimide, PI) 层涂在金属层上，两层 PI 之间填充厚度为 60μm 的液晶。在无偏置电压时，液晶分子的朝向与金属层平行；而加上偏置电压之后，两层金属之间建立起外部电场，使得液晶分子朝向随之改变。当偏置电压超过阈值后，液晶分子朝向将垂直于金属层，图 3.25(c) 展示了液晶分子转向过程的示意图。

液晶分子的转向将导致其相对介电常数发生改变，在无偏置电压的情况下，液晶的相对介电常数张量可表示为

$$\varepsilon = \begin{pmatrix} \varepsilon_{\parallel} & & \\ & \varepsilon_{\perp} & \\ & & \varepsilon_{\perp} \end{pmatrix} \tag{3.7}$$

其中，$\varepsilon_{\parallel}$ 为液晶主轴方向上的相对介电常数，$\varepsilon_{\perp}$ 为液晶次轴方向上的相对介电常数。在偏置电压达到饱和后，液晶分子的方向垂直于金属层，此时液晶的相对

介电常数张量可表示为

$$\varepsilon = \begin{pmatrix} \varepsilon_{\perp} & & \\ & \varepsilon_{\perp} & \\ & & \varepsilon_{\parallel} \end{pmatrix} \tag{3.8}$$

当太赫兹平面波正入射时，液晶的等效介电常数 $\varepsilon_{\text{eff}} = \varepsilon_{zz}$。由式 (3.7) 和 (3.8) 可知，当偏置电压从 0V 增加至工作电压阈值时，等效介电常数由 $\varepsilon_{\perp}$ 变为 $\varepsilon_{\parallel}$。通常，介电常数的变化将引起超表面谐振频率的偏移，因此透射波的幅度和相位可以通过改变液晶上下两层金属间的电场来控制。通过选择合适的偏置电压，可以使单元的反射或透射幅度不变但相位差 180°，分别对应数字编码 0 和 1。

图 3.25(a) 所示的单元为 MIM 谐振器结构，顶部和底部的金属层分别为耶路撒冷十字形结构和像素化矩形贴片 [23]。上下两层金属分别被加工在 500μm 厚的二氧化硅基底上，中间为 25μm 厚的液晶。图 3.25(b) 展示了另一种基于液晶的反射式太赫兹超表面单元结构，其工作原理与图 3.25(c) 中的单元类似，但谐振结构为对称的互补开口环谐振结构，该可编程超表面的金属区域面积更大，使得液晶具有更出色的介电常数可调性 [23]。

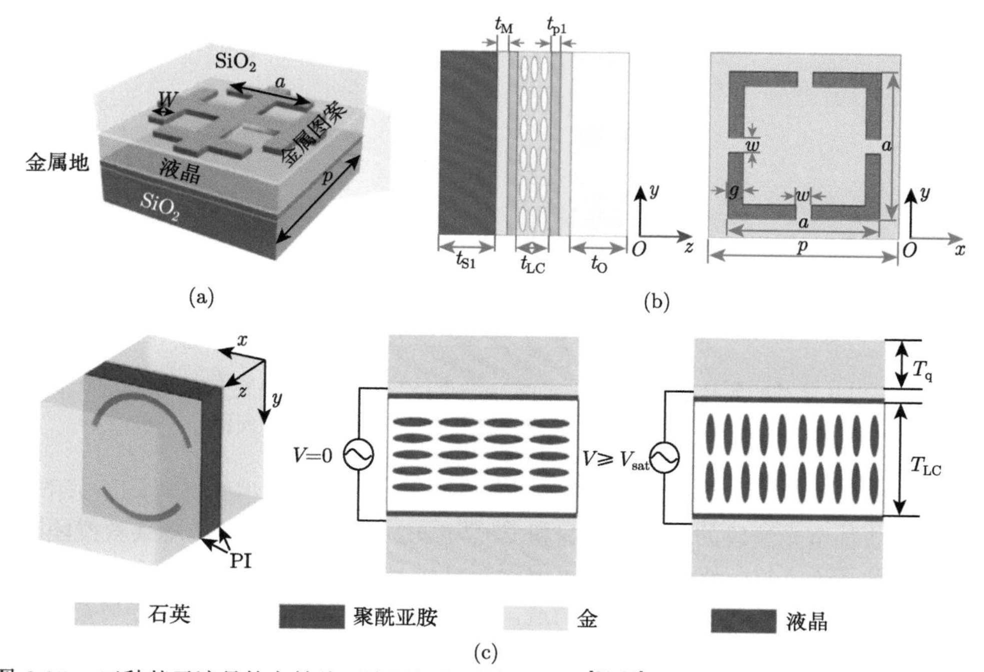

图 3.25 三种基于液晶的太赫兹可编程超表面单元设计 [21-23]：(a) 耶路撒冷十字结构反射式超表面单元；(b) 互补结构的反射式超表面单元；(c) 互补结构的透射式超表面单元

基于液晶的太赫兹可编程超表面可用于太赫兹波的动态调控，以图 3.25 (c) 所示单元组成的 48×48 透射式列控可编程超表面为例，可实现在 0.408THz 频率附近的双波束、多波束以及 OAM 波束生成的功能。如图 3.26(a) 所示，图中左侧的编码矩阵中每一列表示 2×48 个单元构成的子阵，沿 x 轴方向上进行周期性 0/1 编码，即可实现双波束控制。随着超表面编码的改变，透射波的指向也逐渐变化。设计更多的编码矩阵也可生成多波束，如图 3.26(b) 所示。通过独立调控每个单元的相位响应，该超表面可以实现 OAM 波束生成。图 3.27(a) 和 (b) 分别展示了拓扑电荷数为 -1 和 $+1$ 的 OAM 波束所需的编码排布，以及相应的近场幅度和相位仿真结果。

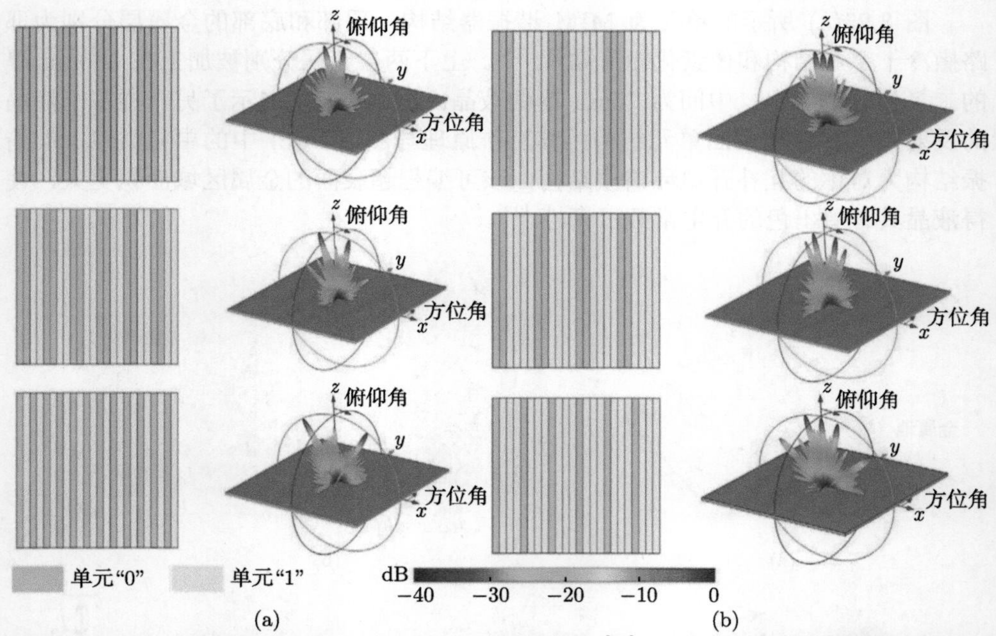

图 3.26　基于液晶的太赫兹可编程超表面实现波束控制 [22]：(a) 双波束生成所需的编码及仿真方向图；(b) 多波束生成所需的编码及仿真方向图

除液晶之外，一些诸如二氧化钒、$Ge_2Sb_2Te_5$(GST) 的相变材料，也被用于构造太赫兹甚至光波段的可编程超材料 [28,29]。2022 年，南京大学金飚兵教授团队提出了一种基于二氧化钒的太赫兹可编程超材料 [28]，如图 3.28(a) 所示。图 3.28(b) 给出可编程超表面样件及其单元构造，超表面由 8×8 个独立可调的子阵组成，每个子阵包含 10×10 个基本单元。单元同样为 MIM 结构，其中二氧化钒层作为可调材料，加载于两个金属贴片之间，底层金属为反射背板，中间层是 150μm 厚的蓝宝石衬底。二氧化钒作为一种相变材料，其导电性会随着温度升高而显著提升。当周围环境的导热情况良好时，二氧化钒的温度变化主要来源于电流产生的欧姆热，其大小取决于施加在其两端的偏置电压。因此，当外加偏置电流改变时，二氧化钒的相变被触发，导电性显著改变，从而使得子阵的反射幅度也随之改变。这种基于二氧化钒的太赫兹可编程超材料可被视为空间光调制器，用于调节反射

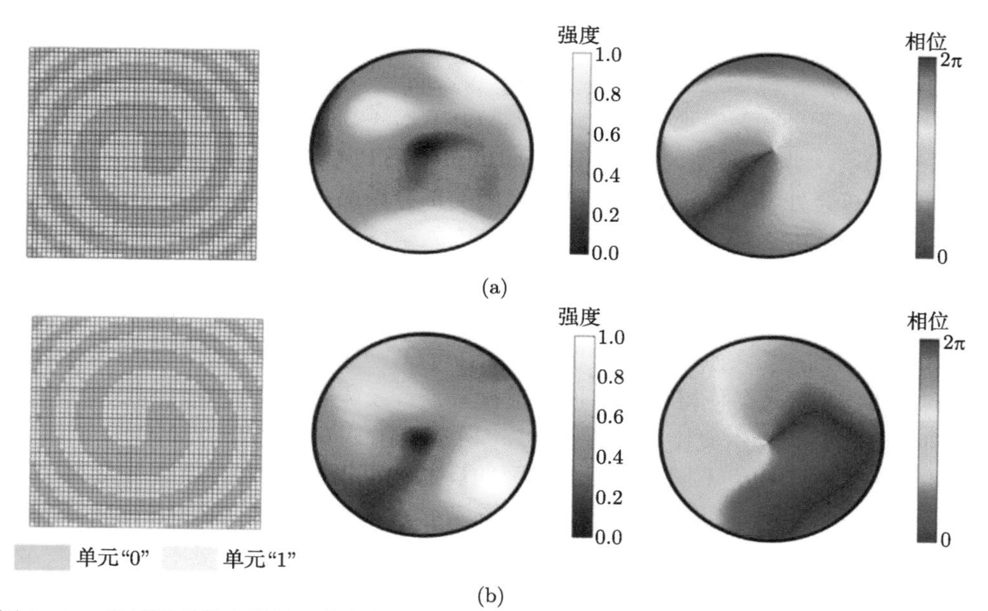

图 3.27 基于液晶的太赫兹可编程超表面实现 OAM 波束生成所需的编码排布以及近场幅度和相位仿真结果 [22]：(a) 拓扑荷数 $l=-1$；(b) 拓扑荷数 $l=+1$

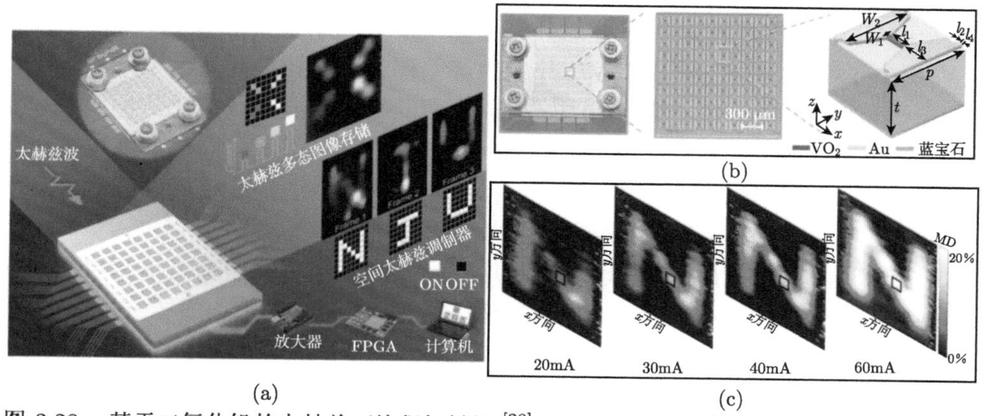

图 3.28 基于二氧化钒的太赫兹可编程超材料 [28]：(a) 原理示意图；(b) 可编程超表面样件及单元结构；(c) 非易失性空间存储器的测试结果

波在空间中的幅度分布，从而显示特定的图案，如图 3.28(a) 所示的 “N”“J” 和 “U” 图案。此外，由于二氧化钒的相变具有滞后性，因此该超材料还可以被视为一种非易失性的空间存储器 [28]。图 3.28(c) 展示了通过 20mA、30mA、40mA、60mA 的电流分别写入字母 “N” 后恢复得到的实测空间电场分布图案，当偏置电流越大时，二氧化钒的滞后性越强，其恢复的图样越清晰。

相变材料在可编程超材料中的应用不仅限于太赫兹波段，也在光波段得到了应用，构建了基于 GST 的光波段可编程超表面 [29]。GST 作为一种相变材料，其在低温状态下呈现无定形态 (amorphous GST, A-GST)，当温度超过晶化温度 (约为 160℃) 后，其会转变为结晶态 (crystalline GST, C-GST)；而当温度介于两者之间时，其会处于无定形态和结晶态之间的部分结晶态 (partial crystalline GST, P-GST)。A-GST 和 C-GST 具有不同的电磁学性质，可利用该特性设计一款可编程超表面，其原理示意图和单元结构如图 3.29 (a) 所示。GST 在三种不同状态下，超表面将呈现不同的表面等离激元 (surface plasmon polariton, SPP) 模式。图 3.29(b) 给出了三种状态下超表面单元在 xOz 平面和 yOz 平面的电磁场分布，不同的 SPP 模式会使得单元内部的谐振频点发生偏移，从而导致超表面单元的反射幅度和相位发生变化。如图 3.29(c) 所示，在 A-GST 和 C-GST 状态下，单元的反射幅度和相位不同，使得超表面的反射波束指向不同。

此外，也可以借助大规模集成电路芯片技术来设计并加工太赫兹及光波段的可编程超材料。太赫兹频段的电磁波长为 $0.03 \sim 3$mm，传统毫米尺寸的集成电路芯片电尺寸通常在 $10\lambda \times 10\lambda$，因此足以容纳一个太赫兹波段的超表面，并且集成电路芯片本身模块化以及可重复性也使其适用于构造超表面。更重要的是，集成电路芯片具有集成数百万有源元件的能力，且目前这些元件的截止频率已达亚太赫兹频段。2020 年，美国普渡大学 Suresh Venkatesh 和 Kaushik Sengupta 等基于 CMOS 芯片技术在太赫兹频段设计了一款透射式可编程超表面 [30]，该工作提出了一种构建在硅基集成芯片上的可编程太赫兹超表面，单个阵列大小为 $2\text{mm} \times 2\text{mm}$，由 12×12 个单元组成。该超表面的每个单元通过 8 比特控制信号实现独立控制和编程。图 3.30(a) 展示了一个 2×2 的芯片阵列，构建了由 576 个单元组成的太赫兹可编程超表面。该可编程超表面的编码切换速率最大可达 5GHz，在 0.3THz 频率处实现了波束控制和全息投影的功能。

图 3.30(b) 展示了可编程超表面芯片阵列及其基本单元结构。该超表面单元的金属层是 C 型开口环谐振结构，在金属环的 8 个缝隙处都集成了一个由 N 型金属氧化物半导体 (N-type metal oxide semiconductor, NMOS) 构成的 CMOS 开关。通过 8 比特信号控制 CMOS 的开关，金属环的缝隙可在短路或断路之间切换，进而改变单元的幅度和相位响应，实现可重构的单元响应。每个 CMOS 开关处都并联一个呈感性的亚波长环状结构，以补偿超表面工作频率 (0.3THz) 超

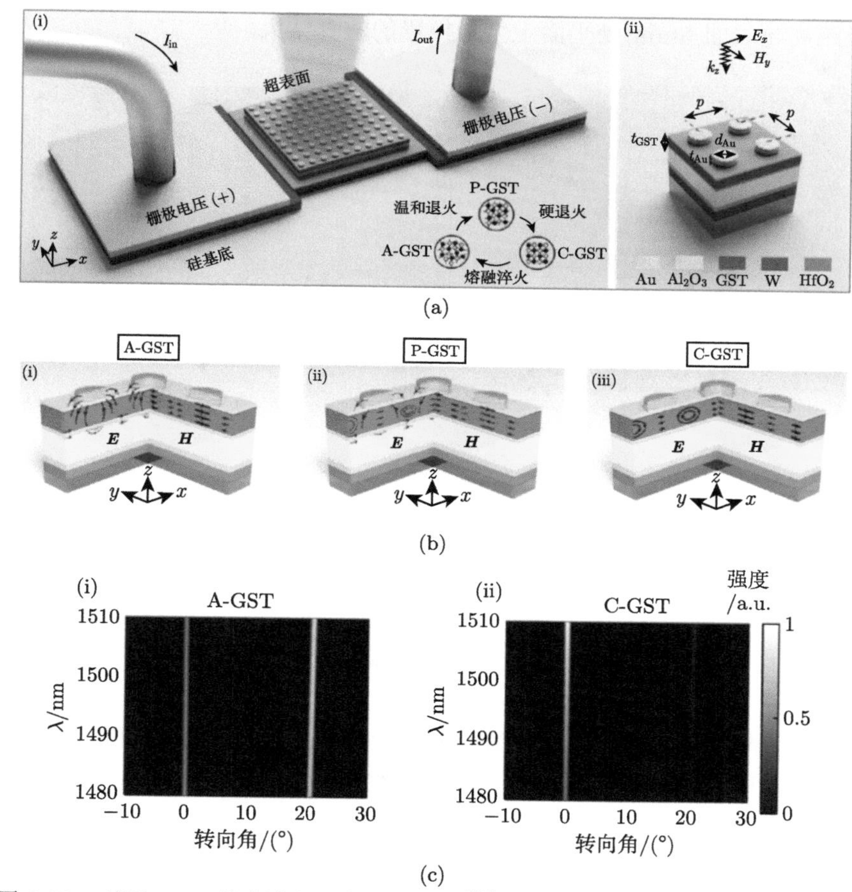

图 3.29 基于 GST 的光波段可编程超表面 [29]：(a) 原理示意图以及单元结构图；(b) A-GST、P-GST 和 C-GST 状态下超表面单元 xOz 平面和 yOz 平面的电磁场分布；(c) 波束调控的实验结果

过 CMOS 截止频率 (65nm 制程下约为 0.25THz) 时 CMOS 产生的寄生电容 [30]。在工作频段内，当开关关闭时，环状结构与 CMOS 产生的局部谐振形成了高阻特性，提高了关闭和开启状态的阻抗比，对应结构的等效电路模型如图 3.30(b) 所示。除去结构对称导致幅相相同的编码状态，每个单元可切换 84 种不同的可重构编码状态。图 3.30(c) 给出了通过全波仿真获得不同编码状态下单元的幅度和相位分布，可以看出该单元在 0.3THz 可实现 $-3.5 \sim -17$dB 的幅度调控以及 260° 的相位调控范围。这种太赫兹可编程超表面通过控制 CMOS 开关的通断实现太赫兹波前调控，赋予超表面不同的控制信号，使得单元在空间上呈现特定的相位排布，可实现不同角度的波束偏折，如图 3.31(a) 所示。此外，该超表面还可用于太赫兹全息投影，图 3.31(b) 展示了实现 “P” 和 “U” 两个字母投影所需的编码排

布以及距离超表面 5mm 处平面上全息投影的仿真结果。

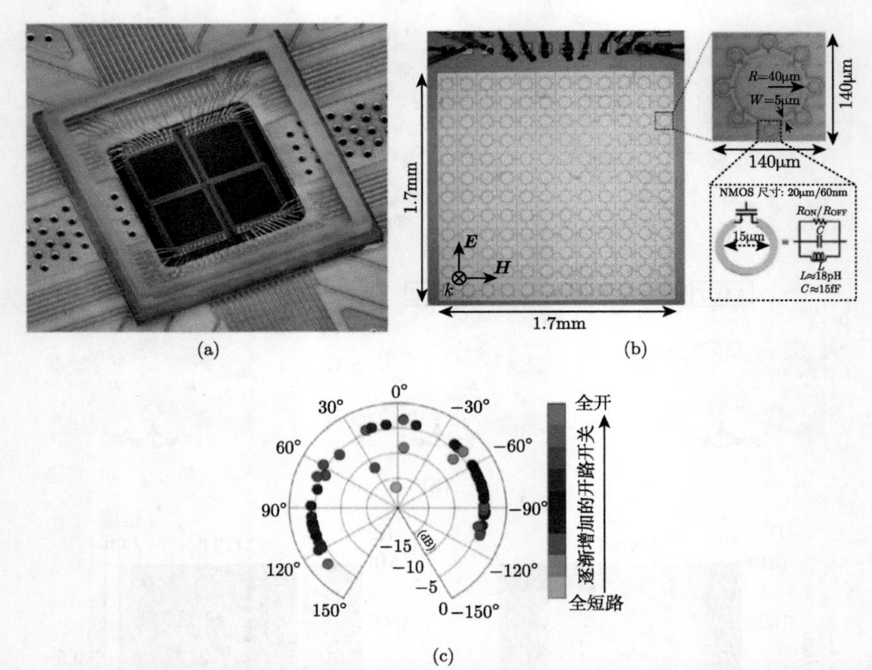

图 3.30　(a) 基于 CMOS 的太赫兹可编程超表面样品；(b) 超表面的一个芯片阵列及其基本单元结构；(c) 仿真的不同编码状态对应的幅度相位映射关系 [30]

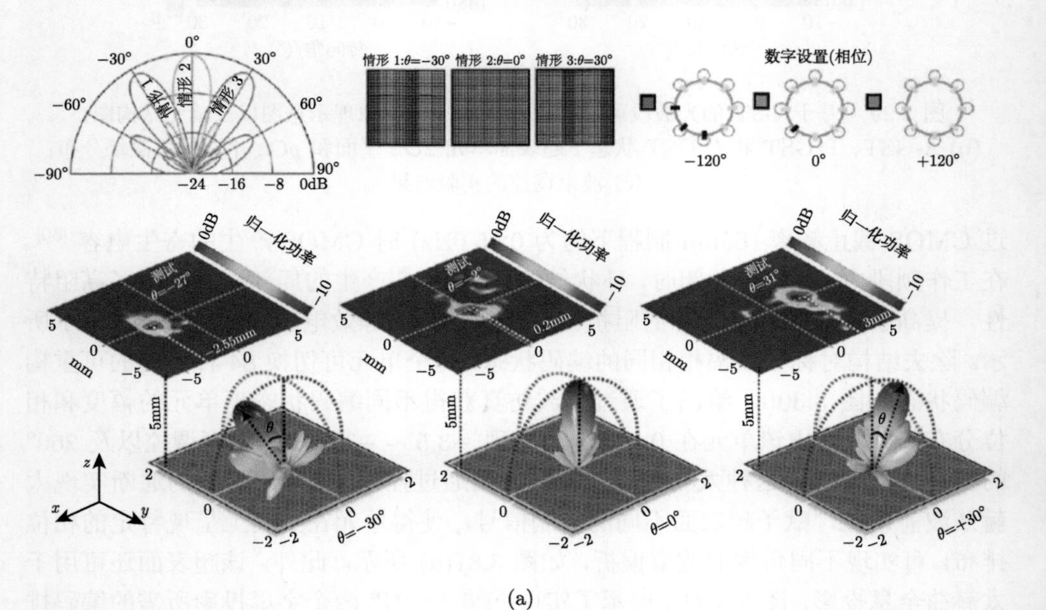

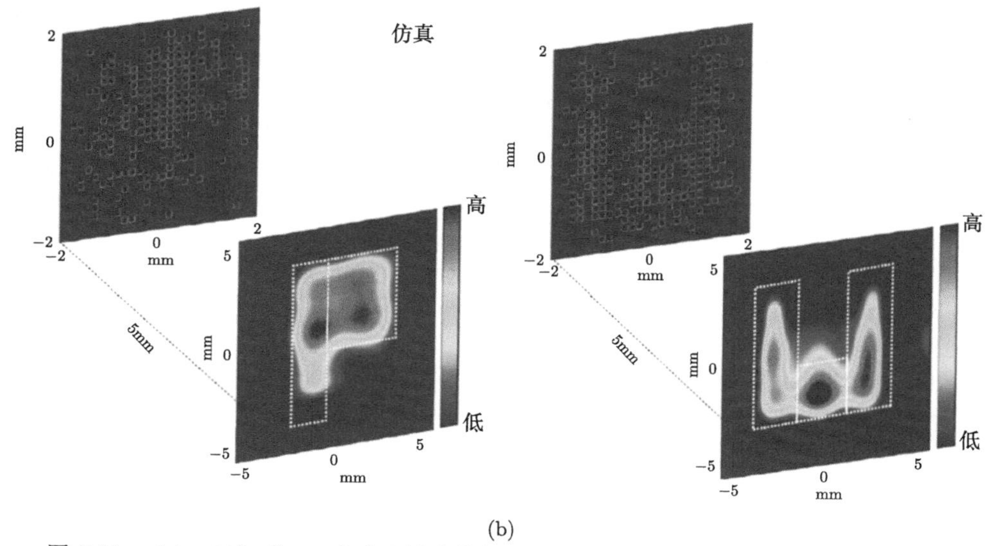

(b)

图 3.31 (a) $-30°, 0°, +30°$ 方向波束偏折对应的超表面编码、仿真结果和测量结果；(b) "P" 和 "U" 两个字母全息投影所需的超表面编码以及仿真结果 [30]

3.4 小 结

现场可编程超材料在数字编码超材料的基础上引入可调元件或材料，实现了单元状态的实时动态可调，解决了传统超材料无法实时调控电磁波的难题。本章介绍了一些可编程超材料的代表性应用，经过近十年的发展，可编程超材料已经展现了对电磁波的强大调控能力，成功应用于声波、微波、太赫兹、近红外以及可见光等频段。除了本章涉及的应用，可编程超材料也被广泛应用于电磁成像、智能感知、时空调制、无线通信、雷达系统、数学运算等方面 [31−34]，后面几章将进行详细介绍。

参 考 文 献

[1] Cui T J, Qi M Q, Wan X, et al. Coding metamaterials, digital metamaterials and programmable metamaterials[J]. Light: Science & Applications, 2014, 3(10): e218.

[2] Huang C, Sun B, Pan W, et al. Dynamical beam manipulation based on 2-bit digitally-controlled coding metasurface[J]. Scientific Reports, 2017, 7(1): 42302.

[3] Li L, Cui T J, Ji W, et al. Electromagnetic reprogrammable coding-metasurface holograms[J]. Nature Communications, 2017, 8(1): 197.

[4] Liang J C, Cheng Q, Gao Y, et al. An angle-insensitive 3-bit reconfigurable intelligent surface[J]. IEEE Transactions on Antennas and Propagation, 2021, 70(10): 8798-8808.

[5] Wan X, Qi M Q, Chen T Y, et al. Field-programmable beam reconfiguring based on digitally-controlled coding metasurface[J]. Scientific Reports, 2016, 6(1): 20663.

[6] Yang H, Cao X, Yang F, et al. A programmable metasurface with dynamic polarization, scattering and focusing control[J]. Scientific Reports, 2016, 6(1): 1-11.

[7] Allen L, Beijersbergen M W, Spreeuw R J C, et al. Orbital angular momentum of light and the transformation of Laguerre-Gaussian laser modes[J]. Physical Review A, 1992, 45(11): 8185.

[8] Yan Y, Xie G, Lavery M P J, et al. High-capacity millimetre-wave communications with orbital angular momentum multiplexing[J]. Nature Communications, 2014, 5(1): 4876.

[9] Liu K, Cheng Y, Li X, et al. Generation of orbital angular momentum beams for electromagnetic vortex imaging[J]. IEEE Antennas and Wireless Propagation Letters, 2016, 15: 1873-1876.

[10] Shuang Y, Zhao H, Ji W, et al. Programmable high-order OAM-carrying beams for direct-modulation wireless communications[J]. IEEE Journal on Emerging and Selected Topics in Circuits and Systems, 2020, 10(1): 29-37.

[11] 马骞. 多功能数字编码超表面及其智能感知应用 [D]. 南京: 东南大学, 2021.

[12] Ma Q, Hong Q R, Bai G D, et al. Editing arbitrarily linear polarizations using programmable metasurface[J]. Physical Review Applied, 2020, 13(2): 021003.

[13] Ma Q, Chen L, Jing H B, et al. Controllable and programmable nonreciprocity based on detachable digital coding metasurface[J]. Advanced Optical Materials, 2019, 7(24): 1901285.

[14] 张信歌. 可编程超表面电磁实时调控与应用 [D]. 南京: 东南大学, 2022.

[15] Zhang X G, Tang W X, Jiang W X, et al. Light-controllable digital coding metasurfaces[J]. Advanced Science, 2018, 5(11): 1801028.

[16] Zhang X G, Jiang W X, Cui T J. Frequency-dependent transmission-type digital coding metasurface controlled by light intensity[J]. Applied Physics Letters, 2018, 113(9): 091601.

[17] Zhang X G, Jiang W X, Jiang H L, et al. An optically driven digital metasurface for programming electromagnetic functions[J]. Nature Electronics, 2020, 3(3): 165-171.

[18] Yang W, Chen K, Zheng Y, et al. Angular-adaptive reconfigurable spin-locked metasurface retroreflector[J]. Advanced Science, 2021, 8(21): 2100885.

[19] Xu Q, Su X, Zhang X, et al. Mechanically reprogrammable Pancharatnam-Berry metasurface for microwaves[J]. Advanced Photonics, 2022, 4(1): 016002.

[20] Fu X, Yang F, Liu C, et al. Terahertz beam steering technologies: from phased arrays to field-programmable metasurfaces[J]. Advanced Optical Materials, 2020, 8(3): 1900628.

[21] Fu X, Shi L, Yang J, et al. Flexible terahertz beam manipulations based on liquid-crystal-integrated programmable metasurfaces[J]. ACS Applied Materials & Interfaces, 2022, 14(19): 22287-22294.

[22] Liu C X, Yang F, Fu X J, et al. Programmable manipulations of terahertz beams by

transmissive digital coding metasurfaces based on liquid crystals[J]. Advanced Optical Materials, 2021, 9(22): 2100932.

[23] Wu J, Shen Z, Ge S, et al. Liquid crystal programmable metasurface for terahertz beam steering[J]. Applied Physics Letters, 2020, 116(13): 131104.

[24] Bian Y, Wu C, Li H, et al. A tunable metamaterial dependent on electric field at terahertz with Barium strontium titanate thin film[J]. Applied Physics Letters, 2014, 104(4): 042906.

[25] Yang J, Cai C, Yin Z, et al. Reflective liquid crystal terahertz phase shifter with tuning range of over 360° [J]. IET Microwaves, Antennas & Propagation, 2018, 12(9): 1466-1469.

[26] Zhang Z, Yan X, Liang L, et al. The novel hybrid metal-graphene metasurfaces for broadband focusing and beam-steering in farfield at the terahertz frequencies[J]. Carbon, 2018, 132: 529-538.

[27] Roy T, Zhang S, Jung I W, et al. Dynamic metasurface lens based on MEMS technology[J]. Apl Photonics, 2018, 3(2): 021302.

[28] Chen B, Wu J, Li W, et al. Programmable terahertz metamaterials with non-volatile memory[J]. Laser & Photonics Reviews, 2022, 16(4): 2100472.

[29] Abdollahramezani S, Hemmatyar O, Taghinejad M, et al. Electrically driven reprogrammable phase-change metasurface reaching 80% efficiency[J]. Nature Communications, 2022, 13(1): 1696.

[30] Venkatesh S, Lu X, Saeidi H, et al. A high-speed programmable and scalable terahertz holographic metasurface based on tiled CMOS chips[J]. Nature Electronics, 2020, 3(12): 785-793.

[31] Liu S, Cui T J. Concepts, working principles, and applications of coding and programmable metamaterials[J]. Advanced Optical Materials, 2017, 5(22): 1700624.

[32] Bao L, Cui T J. Tunable, reconfigurable, and programmable metamaterials[J]. Microwave and Optical Technology Letters, 2020, 62(1): 9-32.

[33] Cui T J, Li L, Liu S, et al. Information metamaterial systems[J]. iScience, 2020, 23(8): 101403.

[34] Ma Q, Cui T J. Information metamaterials: bridging the physical world and digital world[J]. PhotoniX, 2020, 1(1): 1.

第 4 章　信息超材料的数字信息理论

信息超材料的数字编码表征可使超材料与数字信息和信号处理算法天然结合，使研究者能够从信息和信号处理的角度来审视、研究和设计超材料，甚至将信息与信号处理中成熟的理论与算法直接用于数字编码超材料的分析和设计。这种结合不仅有效降低了传统超材料的设计难度，简化了设计流程，同时也将给传统的信息与信号处理领域带来一系列新原理和方法。

4.1 节将展示如何利用信号处理中的卷积定理来分析和设计数字编码超材料与超表面，通过数字编码序列的卷积计算实现远场散射方向图的灵活调控。4.2 节则提出了全新的复数数字编码概念，并引入了相应的加法定理，平衡了设计难度与功能之间的矛盾，简化了多波束辐射等复杂电磁调控功能的设计流程。4.3 节 ~4.5 节则是从信息论的角度出发，结合信息超材料的特征，利用信息熵和群论等方法对信息超材料的信息量进行初步探索。

4.1　超材料的卷积定理

从前几章的示例可以看出，信息超材料能对电磁波的远场方向图和波形进行多样化甚至实时调控，但其调控效果与编码序列的设计息息相关。例如，2 比特梯度周期序列可实现单波束偏折，当工作频率固定时偏折角度取决于编码序列周期的物理长度，然而对应的仅是半空间中离散角度值。理想状态下的超表面和传统反射阵/透射阵天线要求单元尽可能小且相位尽可能连续，但由于硬件设计的制约难以实现这一要求，因而无法解决角度离散的问题。

针对这一难题，本节将阐述一种全新的数字编码方案，通过引入信号处理中的卷积定理，在已有的编码图案上叠加另一个梯度编码序列，实现远场方向图的偏转，整个过程与傅里叶变换中将基带信号搬移到高频载波上的过程类似。基于这一方案，最少仅需要四个编码状态的 2 比特数字编码超表面便可实现上半空间任意角度的波束扫描 [1]，体现了信息超表面对电磁波高效灵活的控制能力。

最为常见的傅里叶变换关系是信号在时域和频域间的变换，信号在时域上的乘积对应其在频域上的卷积。而数字编码超表面上的电场分布与其远场方向图之间同样具备傅里叶变换关系，因此可将编码图案域 (类似时域) 与远场方向图域 (类似频域) 进行类比，这样便可将卷积定理等信号处理中的算法应用在数字编码

超表面的设计当中，产生全新的电磁调控效果。这一过程从数学上可以严格表达为

$$f(t)\cdot g(t)\to f(\omega)*g(\omega) \tag{4.1}$$

根据编码图案与远场方向图的关系，将式 (4.1) 中的 t 用 x_λ 代替，将 ω 用 $\sin\theta$ 代替，得到

$$f(x_\lambda)\cdot g(x_\lambda)\to f(\sin\theta)*g(\sin\theta) \tag{4.2}$$

其中，$x_\lambda=x/\lambda$ 为电长度，θ 为远场观测方向与法线的夹角，这里需要对卷积定理公式 (4.1) 作一定的简化，即将 $g(\omega)$ 假设为冲击函数，

$$f(t)\cdot \mathrm{e}^{\mathrm{j}\omega_0 t}\to f(\omega)*\delta(\omega-\omega_0)=f(\omega-\omega_0) \tag{4.3}$$

其中，$\mathrm{e}^{\mathrm{j}\omega_0 t}$ 为时移信号，因此式 (4.3) 就是傅里叶变换中的频移性质，表示频谱 $f(\omega)$ 与冲击函数的频谱 $\delta(\omega-\omega_0)$ 相卷积，可将频谱函数无畸变地搬移到中心频率为 ω_0 的位置，根据式 (4.2) 的关系对式 (4.3) 进行替换，便可得到方向图搬移的数学表达式：

$$f(x_\lambda)\cdot \mathrm{e}^{\mathrm{j}x_\lambda\sin\theta_0}\to E(\sin\theta)*\delta(\sin\theta-\sin\theta_0)=E(\sin\theta-\sin\theta_0) \tag{4.4}$$

其中，$\mathrm{e}^{\mathrm{j}x_\lambda\sin\theta_0}$ 的梯度相位变化可用编码超表面实现。类似于频谱搬移的现象解释，式 (4.4) 的物理意义即编码图案域中将任意一个编码图案 $f(x_\lambda)$ 与一个具有梯度编码序列的图案 $\mathrm{e}^{\mathrm{j}x_\lambda\sin\theta_0}$ 相乘，等价于在远场方向图域中将远场方向图 $E(\sin\theta)$ 搬移到量值 $\sin\theta_0$ 的新方向上。而在超表面设计中，在编码图案域中两个编码图案相乘的操作等效于将它们的编码值相加，然后对 2^N 取模 (N 为比特数)。

以一个 2 比特编码超表面为示例来进一步形象地阐明卷积定理方向图角度搬移的效果。图 4.1(a)~(c) 分别给出了 “0” 和 “2” 编码构成的十字形编码图案、01230123··· 梯度编码序列以及两个编码图案相加后对 4 取模得到的全新编码图案。从图 4.1(d)~(f) 中的远场方向图可以看出，编码图案卷积后实现了将五波束整体偏转至单波束的方向，该功能与频谱搬移的效果十分相似。

基于这一功能，通过将两个甚至多个具有不同周期长度的梯度序列叠加，便可以在上半空间生成指向任意方向的单波束。这里给出偏折角度分别为 θ_1 和 θ_2 的两个梯度序列方向图叠加的计算公式，得到的新的序列的远场方向图同样为单波束，其辐射角度将由前两者的辐射角度决定：

$$\theta=\arcsin(\sin\theta_1\pm\sin\theta_2) \tag{4.5}$$

可以看出，通过将两个沿着相同方向变化的周期性梯度序列相叠加，生成的新编码图案的波束可以在俯仰角方向连续扫描，若将两个沿着互相垂直方向变化的周

期性梯度序列卷积，就可同时调控波束的方位角和俯仰角，使主波束覆盖上半空间所有角度。以下公式给出了两个沿着互相垂直方向变化的周期性梯度序列相叠加后，新编码图案所对应的辐射角度，

$$\begin{cases} \theta = \arcsin\sqrt{\sin^2(\theta_1) \pm \sin^2(\theta_2)} \\ \varphi = \arctan\left(\dfrac{\sin\theta_2}{\sin\theta_1}\right) \end{cases} \tag{4.6}$$

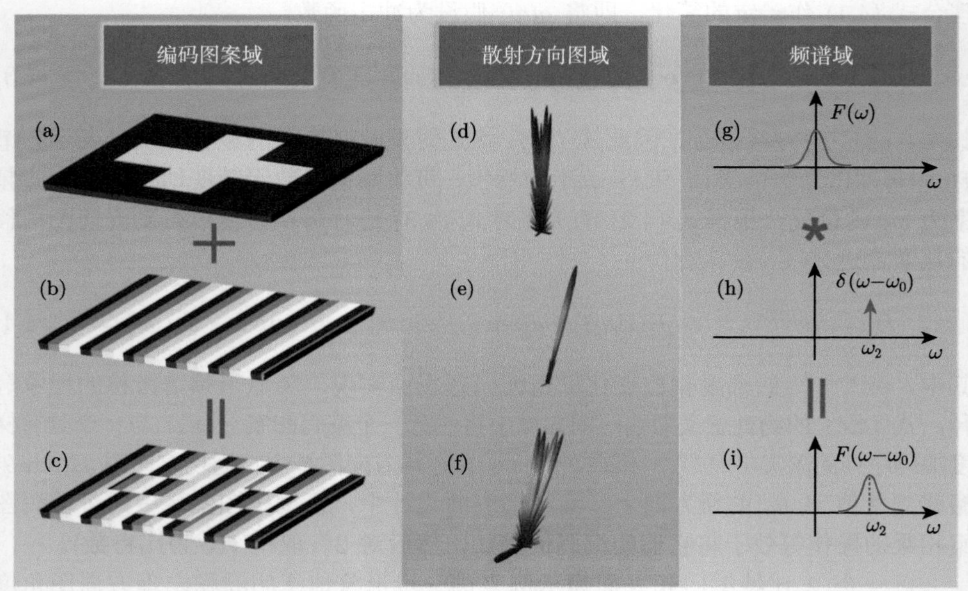

图 4.1 数字编码超表面卷积定理的原理示意图 [1]。(a)~(c) 为三个不同的编码图案，其中 (c) 由 (a) 中的十字形编码图案和 (b) 中的周期性梯度编码图案卷积形成，分别对应 (d) 和 (e) 中的远场方向图，可以看出 (f) 中的散射方向图是将 (d) 中散射方向图搬移到 (e) 的偏折角度上，整个过程可以类比为 (g)~(i) 中的频谱搬移

作为验证，本节接下来展示一个基于卷积定理对锥形波束任意旋转、变形、复制等操作的示例作为验证 [2]。通过将 3 比特编码 01234567··· 给出的周期序列 M1(超级子单元为 2×2) 按照图 4.2(a) 的模式在圆形超表面上径向排布，可在方位角 φ 的一周产生均匀辐射，如图 4.2(c) 和 (e) 所示。这一角度则可由超级子单元的大小，也就是编码周期的长度决定，例如图 4.2 右侧一列是超级子单元为 1×1 的编码 M2，编码周期减小，其锥形开口显著变大。

上述两个示例的方向图均是以 z 轴为中心，利用卷积定理，便可以将其俯仰角旋转一定角度，实现一个倾斜的锥形波束。将 M1 与沿 x 方向变化且超级子单

元为 3× 3 的梯度序列 01234567··· 进行卷积，生成图 4.3(a) 所示的混合编码图案，可以明显看出原本以阵列中心为圆心的同心环状编码图案产生了向右的离心状态，而其远场方向图则如图 4.3(c) 所示，原本的锥形分布依然存在，但其中心偏离 z 轴 12.4°，与梯度序列 S1 的偏折角相同。当 S1 超级子单元的大小变为 1×1 后，偏折角度明显增大至 38.6°，完美实现了锥形波束的角度搬移。

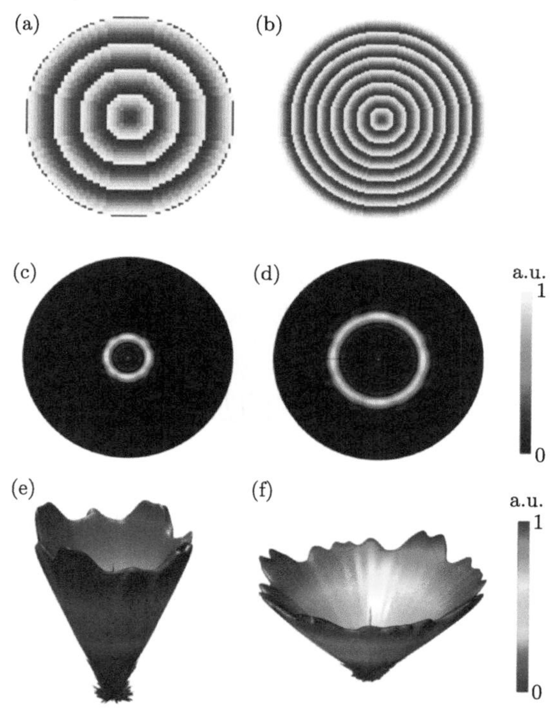

图 4.2 (a) 和 (b) 分别为编码 M1 和 M2 的编码图案 [2]；(c)~(f) 分别为在极坐标下和球坐标下 M1 和 M2 的锥形波束远场方向图的理论计算结果 [2]

如图 4.3(e)~(h) 所示，利用卷积定理还可以实现多个锥形远场方向图的生成，将梯度序列变为超级子单元 4×4，编码状态为 040404··· 的全新序列，其效果为对称双波束，因此可以将 M1 中的单个锥形波束变为两个。同理，当 M1 与棋盘格图案卷积时，可以在远场产生 4 个对称的锥形波束。

本节从信息处理的角度研究并设计编码超表面，首先基于编码图案与远场方向图之间的傅里叶变换关系，创新性地将信号处理中的卷积定理应用于编码超表面的编码图案设计，提出了一种用于远场方向图角度搬移的编码方案，不仅可以将任意形状的远场方向图近乎无损地偏转到指定角度，还可以利用有限个编码单元实现波束在上半空间的任意角度扫描，在雷达系统和通信系统中实现了波束捷

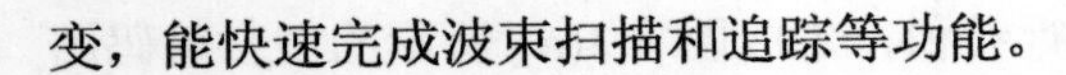
变，能快速完成波束扫描和追踪等功能。

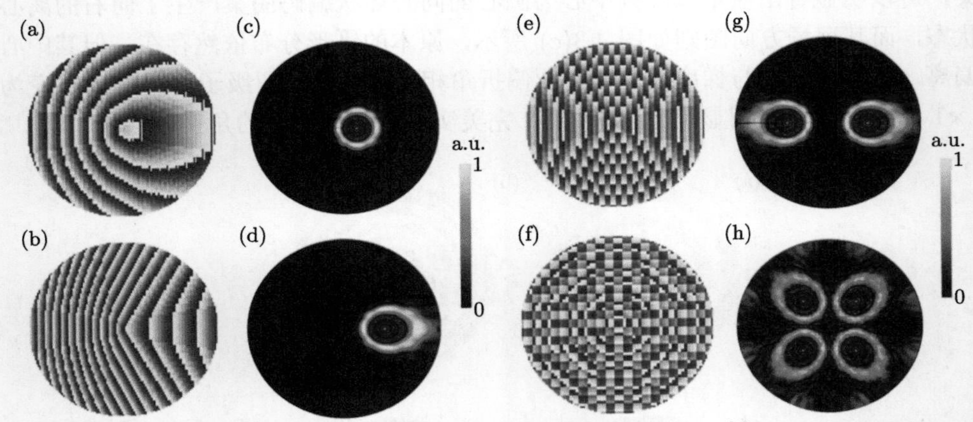

图 4.3　(a)~(d) 不同子单元周期的锥形波束编码图案及其辐射效果 [2]；(e)~(h) 双锥形波束和四锥形波束编码图案及其辐射效果 [2]

4.2　超材料的加法定理

卷积定理的提出解决了数字编码超表面中任意角度偏折的问题，本节则提出信息超材料的加法定理，可用于在单一超材料上同时实现多种功能和散射方向图。在电磁场理论中，均匀平面波被看作最基本的电磁波形式，更复杂的电磁波均可以表示为若干均匀平面波的叠加组合，因此在研究电磁波的传播特性时便可借助均匀平面波的特性进行分析。其中随时间做简谐变化的时谐电磁场是最为常见的一种模式，本章将从时谐均匀平面波开启对复数编码的研究。

为了涵盖更完整的电磁信息，首先将整个相位部分 $e^{j\varphi_x}$ 完整纳入数字编码的范畴中，据此提出复数编码概念 [3]，对应将传统的相位编码称为标量编码。此时的数字编码是一个同时包含幅值和相角在内的复数状态，但考虑到数字编码超表面同时实现幅度和相位的独立实时可编程较为困难，因此在本节中平衡设计难度与功能效果，不考虑幅值并将其全部设定为 1。复数编码的相位值和标量编码一样来源于相角，定义方式相同，即分别具有 0 相位 (e^{j0}) 和 π 相位 ($e^{j\pi}$) 的单元分别被看作 1 比特复数编码的 “**0**” 和 “**1**” 状态，加粗以表示其复数特性，此概念也可以直接推广到更高比特的编码当中。

根据复数与向量的几何性质，可以通过复平面对复数编码进行直观的说明。由于此处幅值均设为 1，因此任意比特的复数编码状态都会坐落在复平面上以原点为圆心的一个单位圆上，将其称作 “编码圆”。而其相角即实轴正向向量沿逆时针方向到达该向量所转过的角度。因此，所有的复数编码数字态都可用编码圆上相应位置的单位向量去表示，这为后期对其进行相加操作提供了便利。

确立了复数编码的概念之后，从电磁波的叠加原理出发，当 N 个不同功能对应的相位分布叠加在一起后，超表面上每个单元最终的幅值和相位可简化为下式：

$$A_0 \mathrm{e}^{\mathrm{j}\varphi_0} = \sum_N A_i \mathrm{e}^{\mathrm{j}\varphi_i} \tag{4.7}$$

其中，A_i 和 φ_i 分别为第 i 个功能对应的幅值和相位值，叠加后得到最终的幅值和相位 A_0 和 φ_0，幅度的均一化意味着仅需考虑相位部分。为了简便展示离散复数编码的叠加过程，此处以两个分量叠加作为示例，可通过在编码圆上以欧式几何的向量叠加实现这一过程。图 4.4 的 (a) 和 (b) 给出了两个 2 比特复数编码叠加的示例，可看出 “**00**” 和 “**01**” 状态相加得到的结果为编码圆上相角 φ 为 45° 的状态，即 3 比特中的 “**001**”。而当相加的编码变为 “**00**” 和 “**11**” 时，得到的结果则是 3 比特状态中的 “**111**”，相角 φ 为 315°。图 4.4(c) 则展示了两个编码图案的所有单元都进行相加后，可产生方向图叠加的效果，同时包含两个初始的散射波束图样。由此可得出复数编码加法定理的意义：从微观的编码状态角度而言，加法定理表示了不同编码状态的信息叠加，新的编码状态同时蕴含了所有被叠加编码的信息。而从宏观的功能角度而言，加法定理则意味着在单一超材料阵列上通过不同编码图案的叠加，可以构建更加复杂的多波束图样，进而同时实现多个辐射功能。

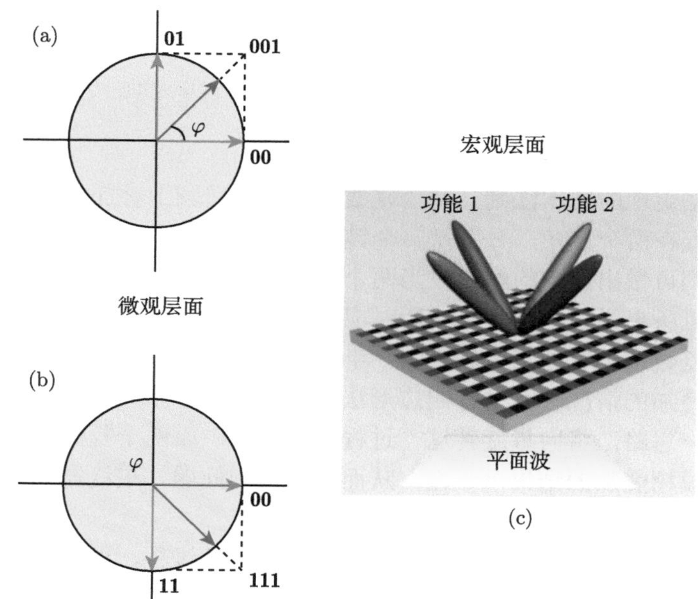

图 4.4 (a) 和 (b)2 比特复数编码相加过程 **00+01=001** 和 **00+11=111** 在编码圆上的示意图 [3]；(c) 加法定理对两种不同功能的叠加效果 [3]

从相加过程也可以发现，两个 2 比特的复数编码经过叠加后，得到了一个 3 比特编码状态。也就是说，3 比特的复数编码便可实现任意两个基于 2 比特复数编码的功能叠加。因此，两个 N 比特的复数编码通过加法定理进行相加后，得到的结果一定是一个 $N+1$ 比特的复数编码状态。加法定理揭示了不同比特编码之间的内在联系，从 1 比特编码出发，经过若干次加法定理的操作后便可得到高比特的编码状态。

然而在执行加法定理的过程中，有一种特殊情况需引起充分注意。正常情况下，两个复数编码的相加操作可在复平面内根据平行四边形法则计算，得到新的向量后对其进行幅度的归一化，使其落在编码圆上得到叠加的结果。当两个复数编码对应的向量恰好反向 (即相位差为 180°) 时，其相加结果为 0，既不具有幅度值，也不具有确定的相位值。图 4.5 给出了在 1 比特和 2 比特相加过程中出现此情况的三种编码组合，分别是 **0+1**，**00+10** 和 **01+11**，本节将其统称为“模糊叠加”，而在超表面上发生这一情况的单元对应称为“模糊单元”。

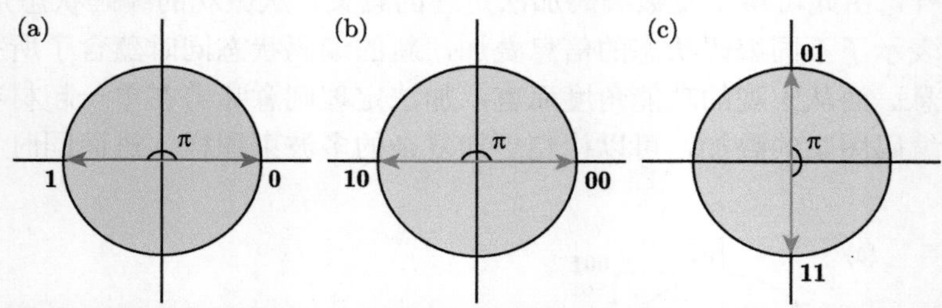

图 4.5 1 比特和 2 比特相加过程中出现“模糊叠加”的三种组合 [3]：(a)**0+1**；(b)**00+10**；(c)**01+11**

回到加法定理的基本法则，两个复数编码在编码圆上叠加的过程中，其对应的向量之间存在两个夹角，分别是一个钝角和一个锐角，因此复数编码叠加的平行四边形法则可做出如下的解读：当两个复数编码对应的向量相加时，最终结果为这两个向量所夹锐角的角平分线所对应的数字状态，也可看作将第一个复数编码向第二个复数编码以原点为轴旋转一半锐角角度后得到的结果。当相加的复数编码为模糊叠加的情况时，平行四边形法则不存在了，因此上述的锐角也不复存在。按照这一思路，将向量旋转这一过程纳入考虑，以两个复数编码的相加顺序来人为打破模糊叠加的结果单一性，从而解决这一问题，最终得到表 4.1 中的加法定理规则。

从宏观角度来看，加法定理是一个方向图叠加的过程，可以将复杂编码图案分解为多个简单编码图案的叠加，实现普通编码图案难以实现的功能。需要说明的是，由于叠加过程涉及编码序列的定义和操作，二进制的表示法太过复杂，因此使用其十进制的形式并且与标量编码保持一致，但其含义和叠加方法均遵循本节的复数编码规则。

表 4.1 1 比特和 2 比特的加法定理规则

1 比特加法定理	0 + 0 = 00 1 + 0 = 10		0 + 1 = 01 1 + 1 = 11	
2 比特加法定理	00 + 00 = 000 00 + 01 = 001 00 + 10 = 010 00 + 11 = 111	01 + 00 = 001 01 + 01 = 010 01 + 10 = 011 01 + 11 = 100	10 + 00 = 110 10 + 01 = 011 10 + 10 = 100 10 + 11 = 101	11 + 00 = 111 11 + 01 = 000 11 + 10 = 101 11 + 11 = 110

第一个设计为四波束辐射的数字编码超表面。由文献 [4] 可知，当 1 比特数字编码按照 010101⋯ /101010⋯ 的棋盘格式样排布时，可在方位角 $\phi = 45°$、135°、225° 和 315° 四个方向分别产生俯仰角为 θ 的波束，θ 由工作波长和编码序列确定。这样的四波束辐射实际上具有非常大的局限性：首先，其散射方向图的形状是固定的，四个波束的俯仰角完全相同且两两之间的夹角会永远保持一致；其次，其方位角被限制在固定角度，通过简单的棋盘格分布不足以调整波束的方位角。

因此，考虑两个独立的编码图案，其序列均为 00110011⋯，但分别沿 x 和 y 排列方向，对应的方向图分别为 x-z 平面和 y-z 平面内的双波束，叠加后得到图 4.4(c) 的效果，分别在 ϕ =0°、90°、180° 和 270° 四个方向产生四波束。在此基础上，保持 y 方向的数字编码不变，将 x 方向的编码变换为序列 000111000111⋯，叠加后得到的 2 比特编码图案如图 4.6(a) 所示。此时的四波束会呈现出两两调控的特性，它们的方位角 ϕ 不会发生变化，但在 y-z 平面上的两个波束的偏折角度 θ_y 由 y 方向的编码周期决定，角度值为 49.18°；在 x-z 平面上的两个波束的偏折角度 θ_x 由 x 方向的编码周期决定，角度值为 30.3°，整个散射方向图呈现出非对称的四波束特性，如同图 4.6(b)~(e) 所展示的效果。但波束的功率稍有区别，这是偏折角度大小不同以及在叠加过程中对幅度归一化导致的，当实际应用以功能为主时，这些区别和损耗可适当忽略，实现设计难度和功能的平衡。

1 比特编码序列 010101⋯ 可以实现双波束的辐射效果，但该功能与棋盘格四波束具有同样的问题，双波束各自的指向无法独立调控，两个波束之间的夹角便无法改变。而在实际的雷达或通信系统当中，一般多波束效果会被用作同时跟踪多个目标，如果波束性能可独立调控，双波束的设计价值将大大提升。事实上，双波束可看作两个单波束的叠加，而 2 比特编码结合卷积定理恰好可以实现任意角度辐射的单波束，因此当两个效果不同的单波束通过加法定理将其编码图案叠加后，便可在远场同时辐射两个互不影响的波束，从而实现任意双波束成形。

首先验证了同平面内的非对称双波束效果。所选择的两个编码序列为沿 x 轴分布的 01230123⋯ 和 33221100⋯，前者会产生一个偏折角为 +49.18° 的单波束，后者的偏折角度为 $-22.23°$。相加后得到如图 4.7(a) 所示的编码图案，由于此时的编码序列均沿 x 轴分布，叠加后得到的 3 比特编码序列同样是沿 x 轴分布的。其三维和二维的数值计算远场方向图如图 4.7(b)~(e) 所示，在 x-z 平面内产生了两个互不影响的散射波束，偏折角度和单一波束辐射时保持一致。

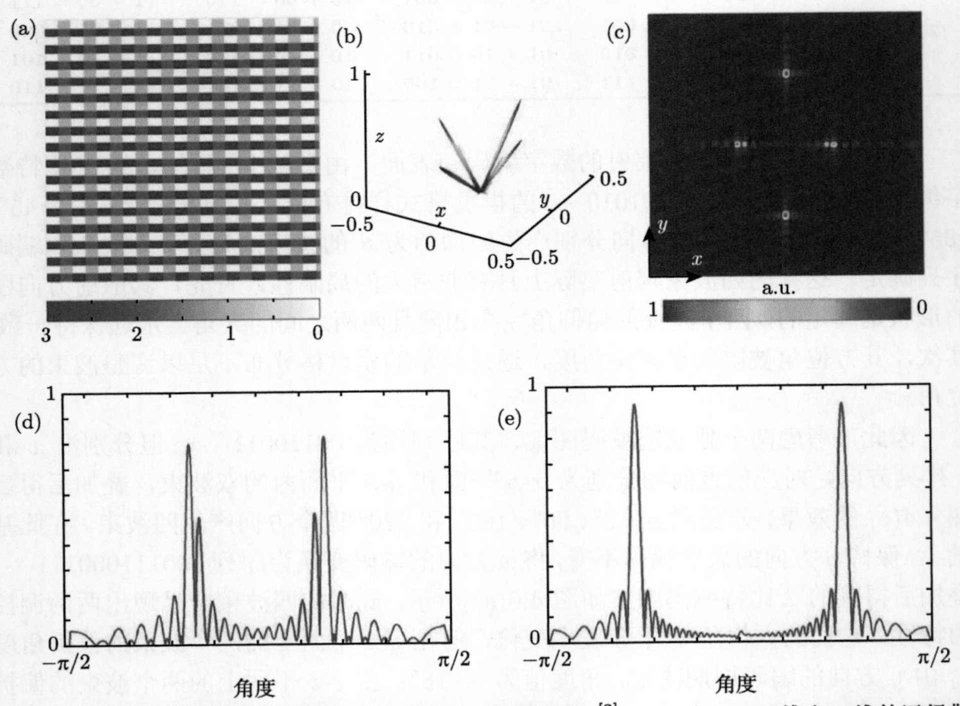

图 4.6　(a) 利用加法定理实现的非对称四波束编码图案 [3]；(b) 和 (c) 三维和二维的远场散射方向图 [3]；(d) 和 (e)x-z 平面和 y-z 平面内的二维双波束示意图 [3]

接下来设计另一种双波束辐射效果，两个波束分别位于 x-z 平面和 y-z 平面内，并可独立控制，即非共面双波束辐射。只需简单改动编码序列便可实现此功能。第一个编码序列设定为沿 y 轴的 00112233⋯，可在 y-z 平面内产生一个 +22.23° 的斜出射波束；第二个编码序列为沿 x 轴的 01230123⋯，可在 x-z 平面产生一个 +49.18° 的散射波束。相加后得到图 4.8(a) 所示的编码图案，此时的编码图案已没有简单的一维周期性，若没有加法定理，只基于优化方法来实现此功能的话，则需要较长的设计过程和时间，而这在可编程数字超表面的实时调控中是无法接受的。图 4.8(b)~(e) 是经过数值计算得到的远场方向图，位于两个不同的平面内的双波束独立可控互不影响，完全符合设计要求。

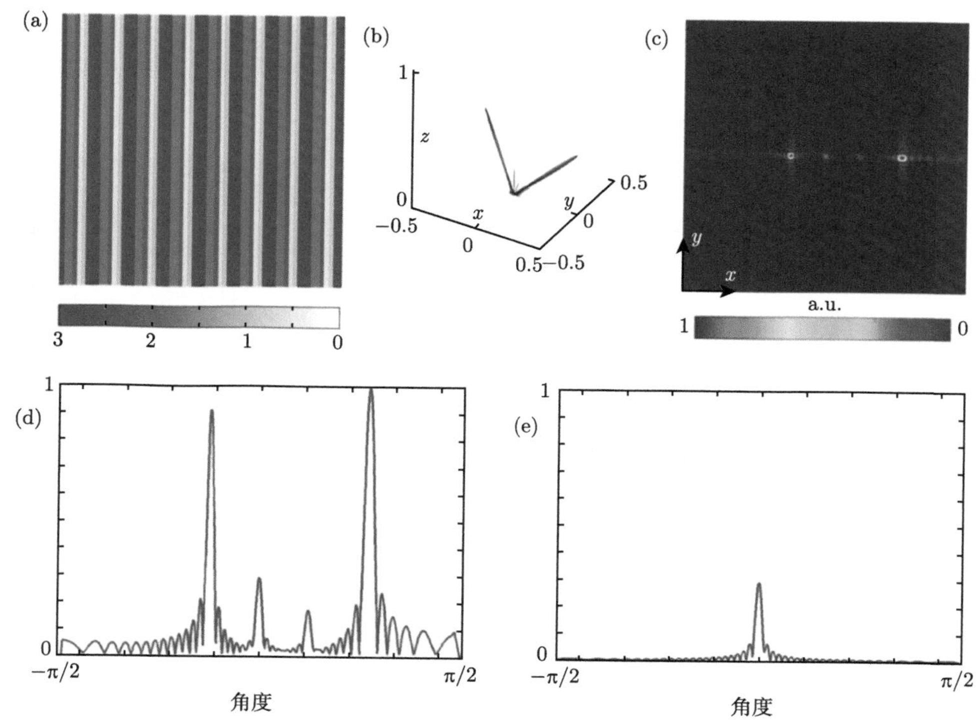

图 4.7 (a) 利用加法定理实现的同平面非对称双波束编码图案 [3]；(b) 和 (c) 三维和二维的数值计算远场方向图 [3]；(d) 和 (e) x-z 平面和 y-z 平面内的二维远场方向图 [3]

4.1 节中的卷积定理提供了半空间内实现任意波束指向的设计方法 [1]，其计算方法是将不同编码状态对应的相位值直接相加，可用下式将其拓展到复数编码领域：

$$\varphi_1+\varphi_2 \Leftrightarrow \mathrm{e}^{\mathrm{j}\varphi_1}\cdot\mathrm{e}^{\mathrm{j}\varphi_2}=\mathrm{e}^{\mathrm{j}(\varphi_1+\varphi_2)} \tag{4.8}$$

由公式 (4.8) 可以看出，编码值相位的相加可看作复数编码的相乘，所以卷积定理比加法定理具有运算优先权。因此，可将卷积定理和加法定理结合使用实现多波束控制，利用卷积定理调控每个波束的辐射角度，利用加法定理来确定波束数目，完成更为复杂的电磁波形辐射。

在此举例说明同时利用卷积定理和加法定理实现任意方向独立控制的双波束辐射功能。为了更加清晰地表示波束偏折角的计算过程，两个波束分别命名为 B1 和 B2。B1 的偏折角度由以下两个编码序列通过二维卷积定理构建：沿 y 方向分布的序列 S1(012301230123⋯) 和沿 x 轴方向分布的序列 S2(0011223300112233⋯)。另一个波束 B2 则由 y 方向的编码序列 S3(333222111000333222111000⋯) 和 x 方向的编码序列 S4(321032103210⋯) 共同决定，最终的俯仰角和方位角可根据

公式 (2.10) 计算。基于此设计方法，可同时调控其俯仰角和方位角在空间中实现两个任意方向的散射波束。图 4.9 给出了相应的远场方向图，在二维图中更明显地看出两个波束方向完全不同且可独立控制。

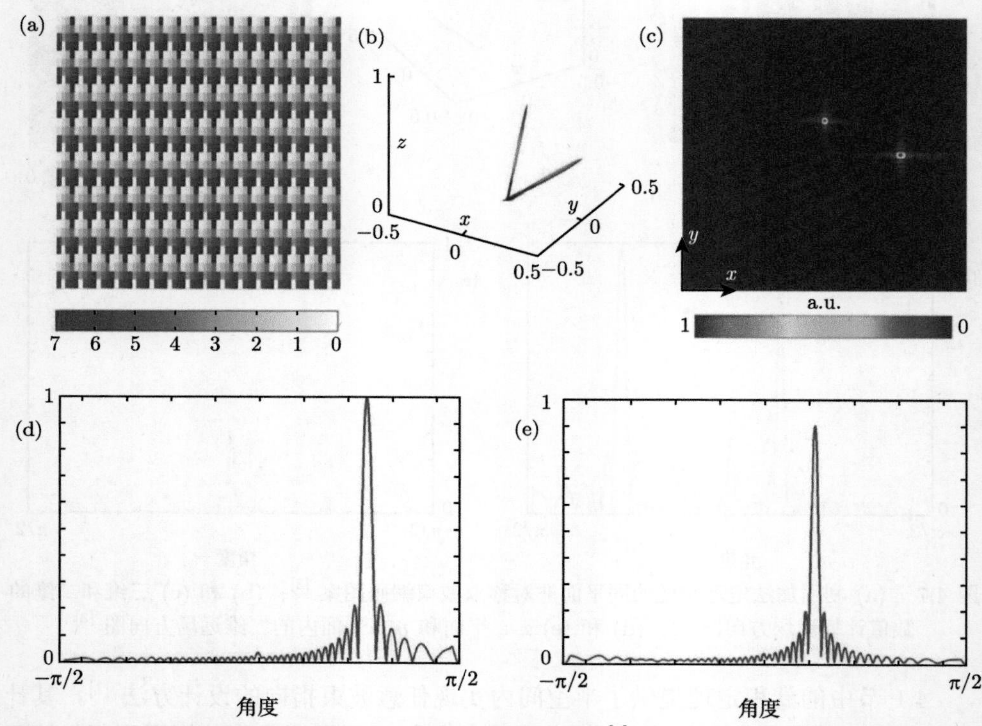

图 4.8 (a) 利用加法定理实现的非共面双波束编码图案 [3]；(b) 和 (c) 三维和二维的数值计算远场方向图 [3]；(d) 和 (e)x-z 平面和 y-z 平面内的二维数值计算远场方向图 [3]

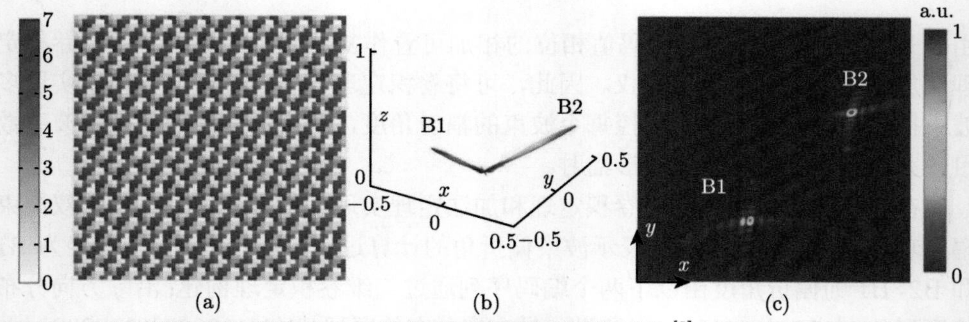

图 4.9 (a) 利用加法定理实现的任意角度辐射双波束编码图案 [3]；(b) 和 (c) 二维和三维的远场散射方向图 [3]

由上述所有示例可知，加法定理的提出大大提升了数字编码超表面对电磁波的调控能力，同时对复杂辐射波形提供了简单快速的设计方法，在未来的可编程系统中应用前景广泛。

4.3 超材料的信息熵

本节将利用信息论中的信息熵来定量分析数字编码超表面所携带信息量的大小，为可编程数字编码超表面应用于无线数据传输提供理论基础。

信息熵的概念由香农于 1948 年首次提出 [5]，旨在评估发射机端信源所能发射信息量的大小，指出一个系统越无序，信息熵就越高，包含的信息量就越大，反之亦然。从数字编码超表面对电磁波的调控功能可知，不同编码图案对应不同的远场方向图，即蕴含不同的电磁信息。因此，文献 [6] 引入信息熵来定量分析编码图案所携带的信息量，为基于编码超表面的数字信息系统奠定基础。

将香农熵定义与编码超表面数字编码态和编码图案分布相结合，采用式 (4.9) 的二维信息熵来评估编码图案的信息量：

$$H_2 = -\sum_{i=1}^{2}\sum_{j=1}^{2} P_{ij}\log_2 P_{ij} \tag{4.9}$$

其中，ij 为编码单元的编号，P_{ij} 为两个相邻编码单元组 $G(i,j)$ 出现的概率。如图 4.10(b) 所示，对于 1 比特编码超表面，存在四种不同的相邻编码状态的组合，分别记为 $G(0,0)$, $G(0,1)$, $G(1,0)$ 和 $G(1,1)$，而这四种组合在编码图案中出现的概率将决定该编码图案的信息熵。从图 4.10(b) 中观察可知，每个编码单元同时存在行方向和列方向两个相邻单元组 $G_R(i,j)$ 和 $G_u(i,j)$，因此需要分别计算这两个方向上的信息熵 H_{2R} 和 H_{2u}，最后取算术平均值得到最终的编码图案的信息熵 $H_{2\text{ave}} = (H_{2R} + H_{2u})/2$。

确定编码图案后，可采用基于 FFT 的快速算法得到相应的远场方向图，通过对极坐标下的远场方向图的图像 (以图中心为圆心，边长为直径的圆内的图像部分) 进行归一化并做 8 比特灰度化处理，便可利用下式计算编码超表面远场方向图的信息熵：

$$H_2 = -\frac{1}{2}\sum_{i=1}^{256}\sum_{j=1}^{256} P_{ij}\log_2 P_{ij} \tag{4.10}$$

由于 8 比特灰度包含 256 级灰阶，因此需要对所有灰阶进行累加。为了便于讨论，这里将数字编码图案的熵和远场方向图的熵分别称为几何熵和物理熵。

接下来将分析几个数字编码图案示例的几何熵和物理熵来体现信息熵对数字编码超表面信息量的度量。为了保持一致，所使用的数字编码单元尺寸为 7mm，工作频率为 10GHz，所有编码图案均包含 64× 64 编码单元。图 4.11(ai) 为一个 111111··· 的编码图案，其几何熵显然为零，而其物理熵为 0.9273。由于编码超表面的物理尺寸有限，远场方向图中的单波束必然具有一定宽度，因此其物理熵为非零值，当尺寸扩展到理想化的无限大面积时，其散射波束宽度也将趋于零，即其物理熵也为零。

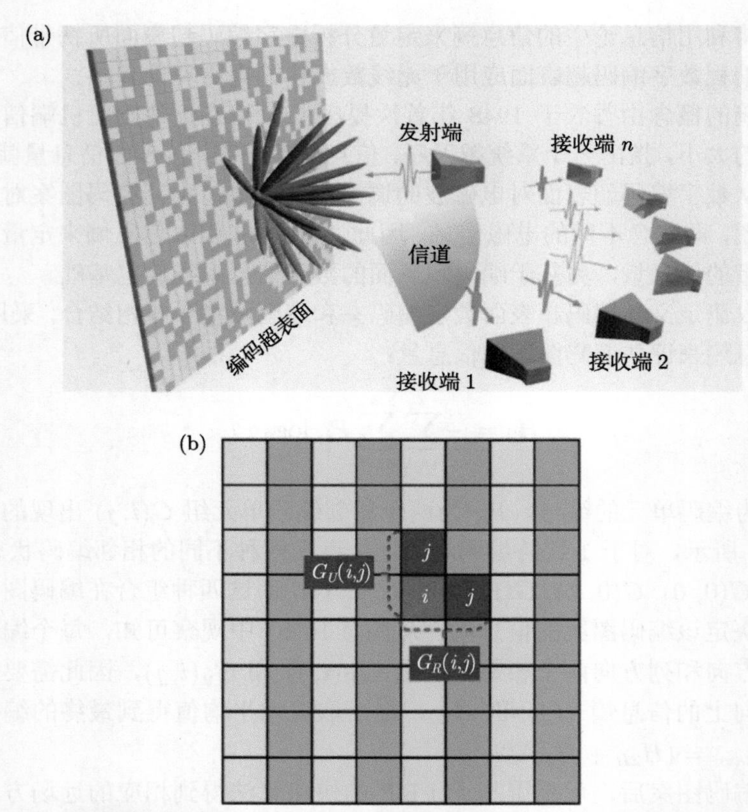

图 4.10　(a) 基于编码超表面的无线通信系统示意图，通过信息熵可计算其远场方向图携带信息量的大小 [6]；(b) 二维信息熵的理论计算示意图 [6]

对于如图 4.11(bi) 所示的 0101··· 编码图案 (超级子单元尺寸为 4 × 4)，可计算出其几何熵为 0.7028。此时如果将超级子单元构建的编码周期方阵看作一个整体，那么该编码图案的几何熵将为零，这意味着该编码方案中的独立单元数为 4，考虑到整个编码图案包含 8× 8=64 个这样的方阵，按照以下规则对几何熵做归一化，最终值为 4× 0.7028/64=0.0439。图 4.11(biii) 中远场方向图的物理熵为 1.3923，大于全 1 编码时的单波束的熵值。图 4.11(ci) 则采用了 011101110111··· 编码序列，每个超级子单元为 2× 2，经计算得到的几何熵为 0.0369，其远场方向图包含图 4.11(ciii) 给出的三个波束, 物理熵进一步提升为 1.8047。最后一个超级子单元尺寸为 2× 2 的棋盘格图案如图 4.11(di) 所示，几何熵为 0.0566，其辐射的四个波束对应这里最大的物理熵 2.0467。

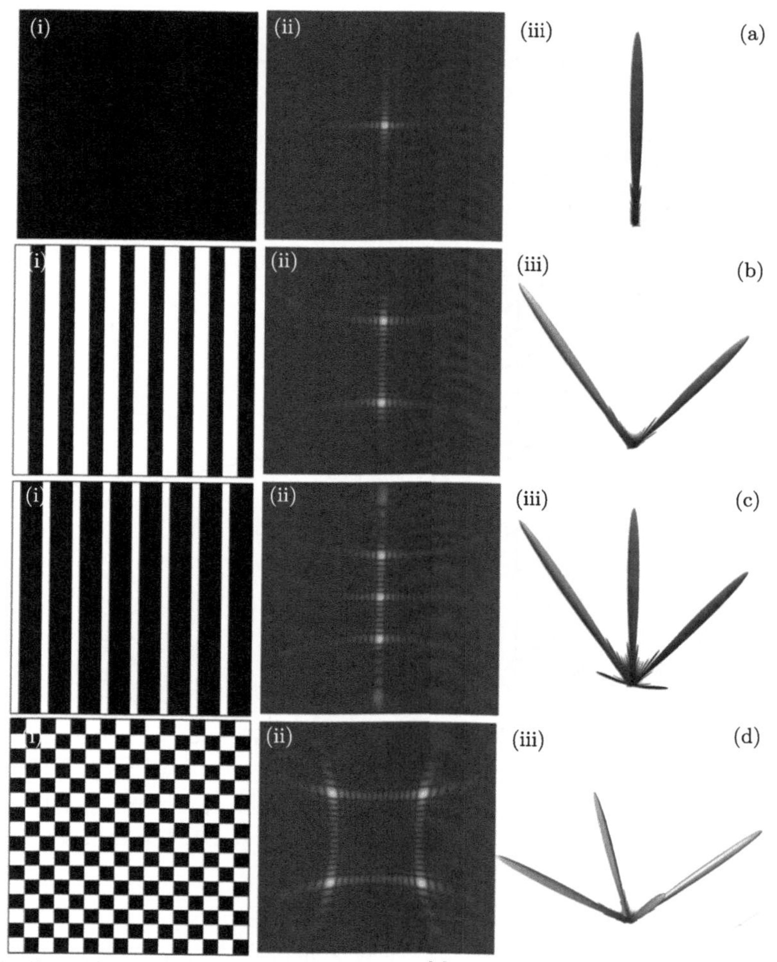

图 4.11 四种不同的数字编码图案及其远场方向图 [6]：(a) 全“1”编码图案；(b) 沿着 x 方向变化的“0101··· ”编码序列；(c) 沿着 x 方向变化的“011101110111··· ”编码序列；(d) 棋盘格数字编码图案；(i) 编码图案；(ii) 和 (iii) 极坐标系和球坐标系的远场方向图的理论计算结果

除了规则周期性编码图案，信息熵也能用于评估非周期编码图案的信息量，图 4.12(ai)、(bi) 和 (ci) 分别给出了十字形、圆环形和随机编码三种编码图案，计算得到它们的几何熵分别为 0.4798、0.6193、0.7780。三种编码图案的远场散射方向图如图 4.12(aii)、(bii) 和 (cii) 所示，其复杂度逐渐提升，物理熵也依次递增，分别为 2.1795、3.2114、4.6413，该结果表明可以从编码图案的几何熵的大小来推断其远场方向图的物理熵的大小，从而预估其所携带信息量的多少。

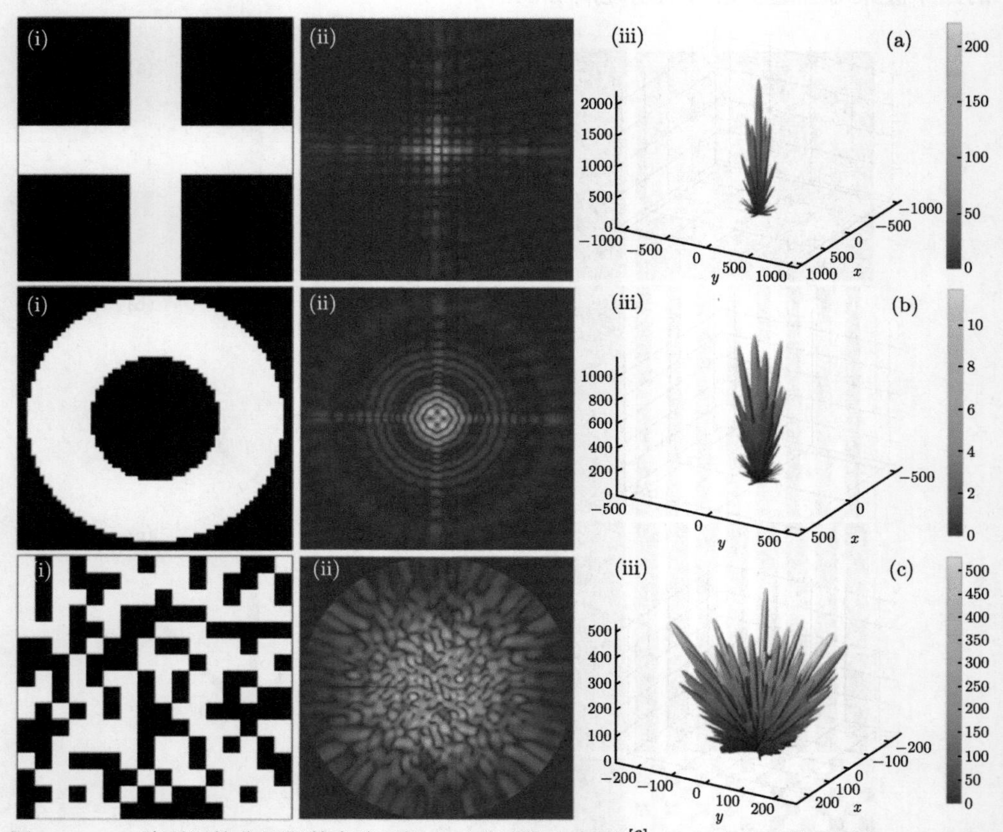

图 4.12　三种不同的非周期数字编码图案及其远场方向图 [6]：(a) 十字形编码图案；(b) 圆环形编码图案；(c) 随机编码图案；(i) 编码图案；(ii) 和 (iii) 极坐标系和球坐标系的远场方向图的理论计算结果

为了进一步定量探索几何熵与物理熵之间可能存在的关系，采用自动元胞机 [7] 生成 99 张随机性逐渐增大的编码图案，编码混乱程度也逐渐提升。具体过程如下：初始状态的编码图案为 0 和 1 两种数字状态各一半，如图 4.13(ai) 所示，编码的混乱程度随着自动元胞机的迭代次数组件提升，其几何熵值最小；接下来将模拟热力学中两种气体的扩散过程，将任意两个相邻编码单元互相交换，随着交换次数的增加，两种编码单元逐渐混合，从最初的有序状态演进至最终的完全混合状态。图 4.13(bi) 和 (ci) 分别是第 25000 步和 49500 步时的编码图案，可以看出后者的混乱程度明显比前者更高。图 4.13(bii)/(biii) 和 (cii)/(ciii) 分别为两个编码图案的远场方向图，其中前者的远场方向图主要为两波束，其余方向的随机波束幅度较小，而后者没有明显的主波束，成为充满整个上半空间的随机波束。图 4.13(d) 给出了

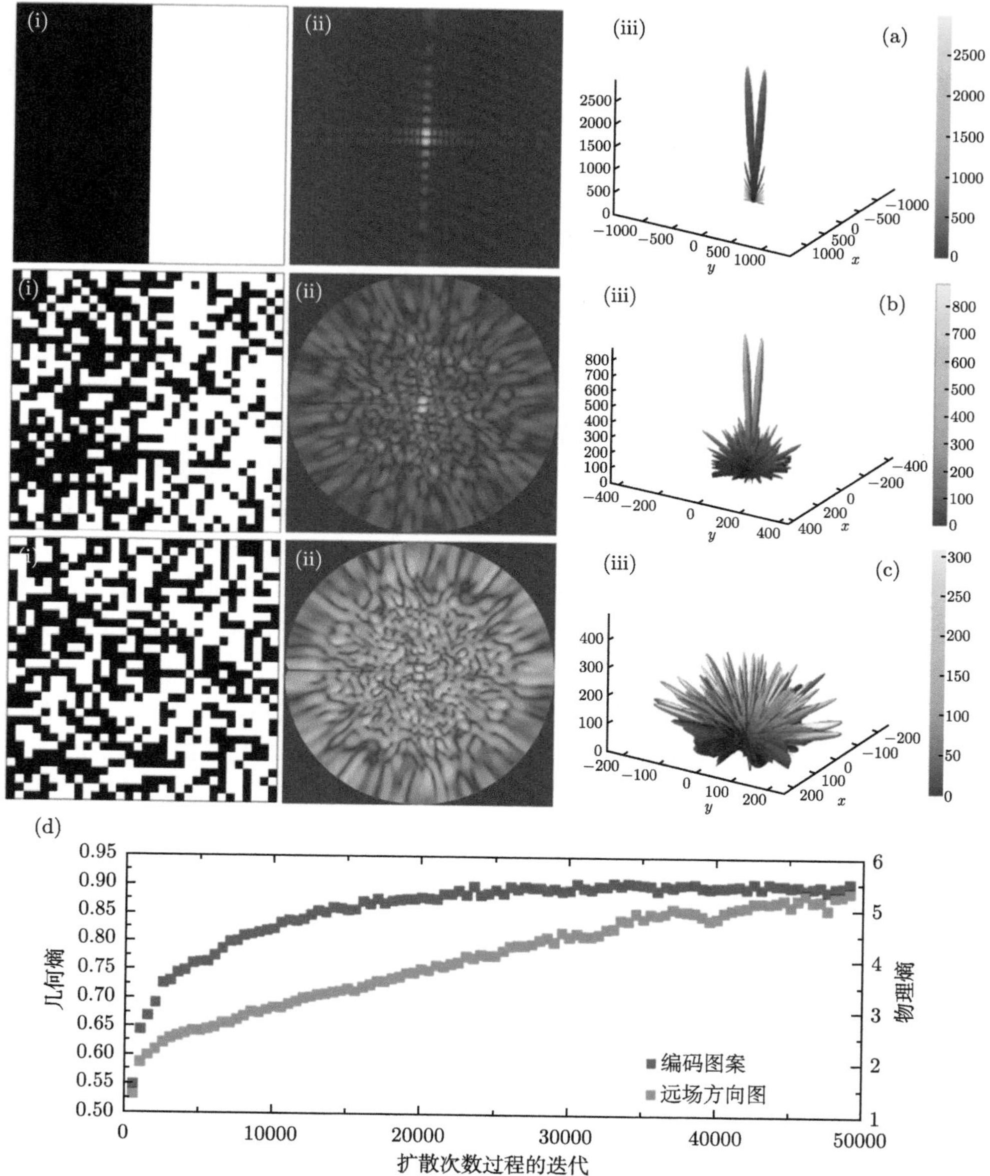

图 4.13 利用自动元胞机生成一系列具有不同随机度的编码图案及其信息熵值分析 [6]。(a)~(c) 分别为第 0 步、第 25000 步和第 49500 步的编码图案；(i) 编码图案；(ii) 和 (iii) 极坐标系和球坐标系的远场方向图的理论计算结果；(d) 几何熵与物理熵的变化趋势

每隔 500 步的编码图案的几何熵和远场方向图的物理熵，可以明显地看出，几何熵和物理熵都在随着扩散过程的持续逐渐增加，并且它们之间存在大致的正比关系，即物理熵将随着几何熵的增加而增加。

因此，信息熵可以用来评估具有不同数字编码图案的编码超表面所携带的信息量的大小，编码图案越随机，其几何熵和物理熵就越大。超材料的信息熵理论表明，通过设计不同的编码图案，可以定制具有任意信息量的远场辐射方向图，为编码超表面在下一代无线通信技术中的应用奠定了基础。

4.4　超材料的电磁信息论

本节将借助 4.3 节定义的信息熵来进一步衡量数字编码超表面远场方向图的信息，并通过理论分析建立数字编码超表面的表面电流幅相分布与其生成的远场方向图信息之间的联系 [8]。通过这一理论可有效预测编码超表面所生成散射方向图的特征，并揭示一定面积可编程超表面能实现的正交散射方向图的数量上限。需要注意的是，本节所涉及的数字编码超表面均为幅相调制，即编码超表面单元可有不同的幅度和相位响应，较仅为相位调控的数字编码超表面更加一般化。

物理学家沃纳·卡尔·海森堡在 1927 年提出了著名的不确定性原理，通过方差度量了两个满足傅里叶变换关系的非对易观测量 $(\boldsymbol{x}, \boldsymbol{p})$ 之间的不确定性关系。后来研究者们把微分熵拓展到衡量任意两个非对易观测量 $(\boldsymbol{\alpha}, \boldsymbol{\beta})$ 的制约关系当中 [9]。

超表面的远场方向图和编码图案间存在傅里叶变换关系，在这里进一步细化为远场中电场在波矢空间中的分布 $E(\boldsymbol{k})$ 与数字编码超表面孔径函数 $\varphi_{\mathrm{A}}(\boldsymbol{r})$(即编码超表面的幅相分布) 之间受二维傅里叶变换关系所制约。因此，可利用不确定性关系来分析数字编码超表面及其远场方向图所蕴含的信息间的关系。

设定每个编码超表面单元为各向同性，几何形状为 $a \times b$ 的矩形，整个编码超表面由 $N_x \times N_y$ 个基本单元构成。将编码超表面蕴含的信息 I_1 定义为电磁能量在编码超表面所在平面的最大弥漫程度与实际弥漫程度之间的差值，而用波矢空间中远场电磁能量分布的最大熵与实际弥漫程度之间的差值来定义远场方向图所蕴含的电磁信息 I_2，经过理论推导后得到二者关系为

$$I_1 + I_2 = I(\boldsymbol{r}) + I(\boldsymbol{k}) \leqslant \ln\left(\frac{4\pi \cdot S}{e^2 \lambda^2}\right) \tag{4.11}$$

其中，λ 为入射电磁波的波长，S 为超表面面积 $S = N_x \times N_y \times a \times b$。可以看出，不等式 (4.11) 构建了编码超表面空间波远场方向图的辐射信息与编码超表面孔径函数的关系，如图 4.14 所示。

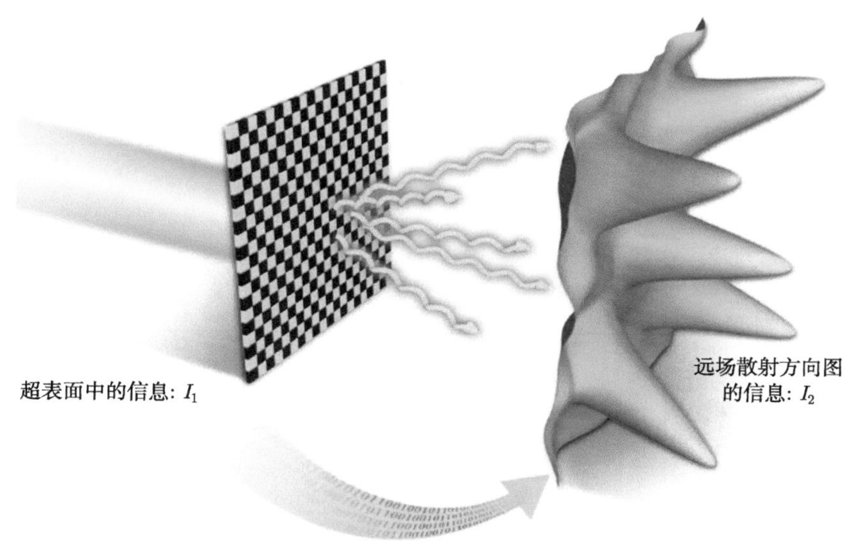

图 4.14 编码超表面的表面信息 I_1 与所生成的远场散射方向图的信息 I_2 之间的信息制约关系示意图 [8]

接下来构建实际的数字编码超表面进行分析，每个样件均由 40×40 个编码单元组成，单元大小为 $\lambda/8\times\lambda/8$，这一尺度远小于入射电磁波的波长，单个编码超表面单元的远场方向图可以近似为各向同性。图 4.15(a)~(i) 给出了不同幅相分布的编码超表面的孔径函数信息及其对应的远场方向图信息，并对比了两者之间的关系。可以清晰地看到，当编码超表面的所在平面能量分布沿某一方向的弥漫程度有所降低时，远场方向图的弥漫程度就会相应增大。图 4.15(j) 展示了这几组编码超表面的表面信息 I_1 和远场方向图信息 I_2 的计算结果，表明上述示例中 I_1 和 I_2 之和均小于理论上限 $\ln(4\pi S/(e^2\lambda^2))$，与理论分析结果相一致。

这一理论的提出为编码超表面远场散射方向图设计提供了参考和帮助，可以根据这一制约关系得到单个可编程超表面所能实现的正交远场方向图的数量上限，在成像等领域应用前景广泛。例如，利用多组具有较高正交度的远场方向图，并结合压缩感知技术后可以有效地对物体进行计算成像。

假设一块面积为 S 的可编程超表面可在波矢空间中生成 N 个相互正交的归一化远场能量方向图，记作 $f^1(\boldsymbol{k})$，$f^2(\boldsymbol{k}),\cdots,f^N(\boldsymbol{k})$，且每一个远场方向图都将在波矢空间中占据一定位置，在这里将远场信息为 I_2 的远场方向图在波矢空间中所占的区域定义为 C。因此，通过计算最大微分熵与区域 C 内远场方向图的实际微分熵两者之间的差值便可以得到其远场信息量 I_2。考虑一种特殊的远场方向图，它在波矢空间中均匀地占据区域 C，而在其他区域的能量密度为 0。得到正交远场方向图的数量 N 必须满足的条件为

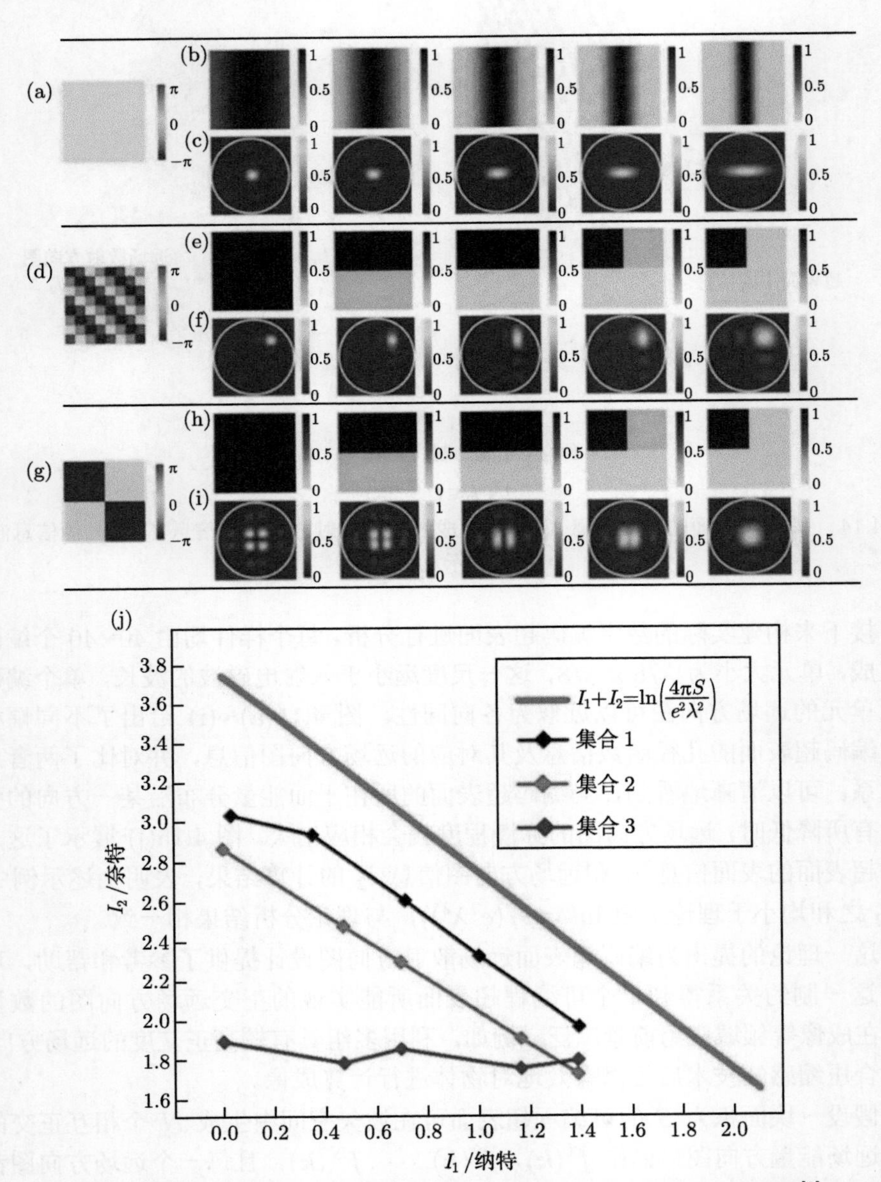

图 4.15　多组编码超表面不同的表面幅度和相位响应分布及相应的远场方向图 [8]：(a), (d), (g) 响应分布示意图; (b), (e), (h) 幅度响应分布示意图; (c), (f), (i) 相应远场散射方向图; (j) 上述示例的表面信息 I_1 及其散射方向图的远场信息 I_2 的计算结果

$$N \leqslant \frac{4\pi \cdot S}{e^2\lambda^2} \tag{4.12}$$

这一不等式给出了可编程超表面所能实现的正交远场方向图数量上限与超表面样件的大小以及工作频率之间的关系。以一块面积为 $3\lambda \times 3\lambda$ 的可编程超表面为例，根据不等式 (4.12)，其所能生成的最大正交远场方向图的数量上限为 $N \leqslant (4\pi \times 3\lambda \times 3\lambda/(e^2\lambda^2)) \approx 15$。接下来，通过仿真优化得到了两组编码超表面的相位调制图案及其对应的准正交远场方向图图组，数量分别为 $N_1 = 14$ 和 $N_2 = 11$，与理论预测的结果相符。它们所对应的编码超表面的表面相位分布如图 4.16 所示。可以看到，这些远场方向图几乎填满了整个波矢空间，且各个远场方向图之间只有较小的重叠，因此可以被认为是准正交的。

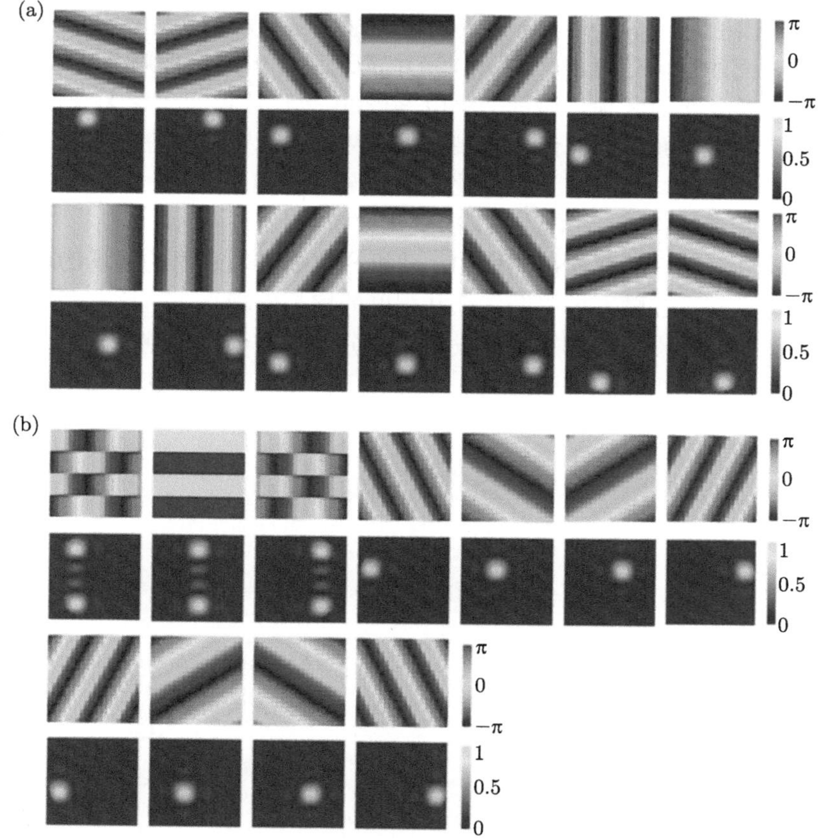

图 4.16　两组编码超表面示例的表面相位分布及其对应的远场散射方向图：(a) $N = 14$; (b) $N = 11$[8]

编码超表面的信息不等式还可以为编码超表面的逆向设计提供指导。从功能角度出发设计特定的远场方向图时，需要确定编码超表面单元以及整个样件的尺寸大小。根据所提出的信息制约关系可以推导得出编码超表面实现特定远场方向图时口面面积所需满足的必要条件。具体而言，当远场方向图需求 $f^1(\boldsymbol{k})$, $f^2(\boldsymbol{k}),\cdots,f^N(\boldsymbol{k})$ 确定后，根据不等式 (4.12) 推导可得，编码超表面的面积需满足如下条件：

$$S \geqslant \frac{e^2\lambda^2}{4\pi}\max_{1\leqslant i\leqslant N}\left[\exp\left(\ln \pi k^2+\iint f^i(\boldsymbol{k})\ln f^i(\boldsymbol{k})\mathrm{d}\boldsymbol{k}\right)\right] \tag{4.13}$$

其中，$f^i(\boldsymbol{k})$ 代表第 i 个归一化远场能量方向图。这一结论表明，若直接设计的编码超表面达不到上述的面积要求，则无论采用何种幅相调制方案，都无法得到满足预设的远场方向图需求。

需要指出的是，本节是基于远场方向图最大微分熵与实际微分熵的差值来定义编码超表面的远场信息的，与 4.3 节中的远场方向图物理熵具有较大的差异。为了对比两者之间的区别，通过一个由 30×30 个尺寸为 $\lambda/6\times\lambda/6$ 的 1 比特单元组成的编码超表面样件的仿真结果来对比两者的区别，在仿真过程中，编码超表面的相位分布由均匀分布逐渐变化为随机分布，如图 4.17(a) 所示，其物理熵 (黑色点图) 和远场信息 (红色点图) 的变化如图 4.17(c) 所示。

可以看到，随着迭代次数的增加，随机相位编码超表面的远场物理熵逐渐增大，而其远场信息会随着编码图案杂乱程度的增加而减小，这意味着远场能量会随着编码图案混乱程度的增加而愈发均匀地分布至整个波矢空间。因此，远场物理熵和远场信息分析角度不同，可作为互补手段加深对编码超表面电磁调控机制的理解。

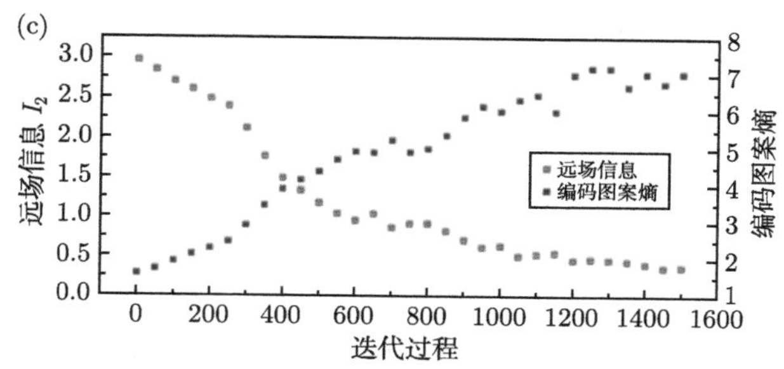

图 4.17 (a) 和 (b) 不同迭代次数下编码超表面的编码图案及其对应的远场方向图 [8]；(c) 不同迭代次数下远场物理熵和远场信息的计算结果 [8]

4.5 信息超材料的时空信息转换

上述的信息熵分析均是基于空间数字编码信息超材料所给出的，本节将其进一步拓展到时空维度，利用群论等数学工具研究时空信息向频谱信息的转化机制以及其相应的信息转化效率。更进一步地，本节将揭示时空编码超表面作为通信系统中的一环时所对应的信道容量上限，并得到时空编码超表面信道容量与转换场强度之间的制约关系 [10]。

由于硬件限制，时空数字编码超表面多为相位调制，因此本节的理论分析均基于仅相位调控情形。不同于静态空间编码超表面，时空编码超表面单元的相位调制态可通过时间调制加以扩展，即时空编码超表面单元的相位响应状态数 (记为 N) 可以设置为任意大于等于 2 的正整数，且这些相位态可均匀地覆盖 2π 范围。所选取的时间周期调制方案，即单个超表面单元的电磁响应态可以看作为一个时域周期函数。

时空编码超表面的研究表明 (将在第 6 章详述)，单一频率的平面电磁波在经时空编码超表面作用后将发生频谱延拓，其对应远场区域的电磁响应可以表达为

$$f(\omega,k_x,k_y)=\sum_{r=1}^{P}\sum_{s=1}^{Q}G_{rs}(\omega)\cdot I_{rs}^{\omega_0}(k_x,k_y)\cdot\exp[\mathrm{i}(rk_x\mathrm{d}x+sk_y\mathrm{d}y)] \tag{4.14}$$

其中，$I_{rs}^{\omega_0}(k_x,k_y)$ 表示中心频率处第 rs 个超表面单元的远场方向图，$G_{rs}(\omega)$ 一项则表示第 rs 个超表面单元的频域复振幅响应。时间维的动态周期调制将会导致电磁波频谱分量的延拓，延拓后的频域复振幅响应为

$$\begin{aligned}G_{rs}(\omega)=&\sum_{m=-\infty}^{+\infty}\sum_{i=0}^{L-1}\frac{1}{L}\delta(\omega_0+m\omega_1)C_{rs}^{i}\mathrm{sinc}\left[\frac{m(\omega-m\omega_1)\pi}{L\omega_0}\right]\\&\cdot\exp\left[\frac{-\mathrm{j}m(\omega-m\omega_1)(2n+1)\pi}{L\omega_0}\right]\end{aligned} \tag{4.15}$$

其中，$\omega_1 = 2\pi/(L\tau)$ 是编码超表面的周期调制频率。C_{rs}^i 表示第 i 个时间间隔内的第 rs 个超表面单元的复振幅响应。为了便于分析，将上式中超表面单元的频率响应 $G_{rs}(\omega)$ 改写为谐波频率 $(\omega = \omega_0 + m\omega_1)$ 的形式，其相应的表达式为

$$G_{rs}(\omega_0 + m\omega_1) = \frac{1}{L}\sum_{i=0}^{L-1} C_{rs}^i \mathrm{sinc}\left(\frac{m\pi}{L}\right)\exp\left[\frac{-\mathrm{j}m(2n+1)\pi}{L}\right] \tag{4.16}$$

接下来，引入群论的方法对时空编码超表面进行分析并研究其群扩展机制，证明时空调制相位态的对称性可以由有限阶加法群来描述；而经过时间动态调制所生成的谐波输出响应则是由群扩展效应产生的。以群论的视角来看，超表面单元的这些相位响应态具有旋转对称性，这种对称性可以通过有限阶加法群来表述。例如，当 $N = 4$ 时，超表面单元可能的相位响应态分别为 $1(0°)$，$\zeta_4^1(90°)$，$\zeta_4^2(180°)$ 以及 $\zeta_4^3(270°)$。由于每一个可能的相位态具有相同的地位，因此可以将这四种相位态中的任意一个重新归一化为 $1(0°)$。换句话说，在复平面上将这四种相位态旋转 90°、180° 或 270° 后，依旧可以得到一组 $N = 4$ 的相位调制态。

对编码超表面的时间调制序列进行置换和平移作用后，其谐波处的振幅响应将保持不变，而相位响应则会产生一定的偏移，并且两种操作是互易的，即它们之间的运算顺序是可交换的，所以可将其进行整合。经过分析，对时间序列进行有限次的置换和平移操作后可以将原始相位状态数 (N) 扩充 q 倍至 $N \times q$。时空编码超表面的这一群扩展效应可以有效地在谐波频率处将原始输入相位态进行扩充，从而实现对电磁波更加精准的调控。需要注意的是，这一扩充效果是以时间维复杂度的增加为代价，可以看作是一个信息转化过程，其转化效率与很多因素相关，例如时间周期的长度、输入相位态的数量以及谐波频率的阶数。此外，输入信息熵随时间周期长度的增加而线性增长，而输出熵的上限会随时间周期长度的增加对数增长。因此，随着时间周期的增加，谐波频率处可能会因群扩展效应而产生更多的输出响应态，但是其对应的信息转化效率却呈现下降趋势。

基于前文所提出的，可以进一步研究时空编码超表面对多个谐波独立调控的可能性。以一个时空编码超表面为例，其单元具有 $N = 2$ 个输入相位态以及 $L = 4$ 的时间周期长度。为了方便分析，将输入复振幅响应进行了归一化处理，将其设置为 1 和 -1。容易验证，只有两组独立的时间序列：$C_1 = (1, 1, -1, 1)$ 和 $C_2 = (1, 1, -1, -1)$ 满足周期长度为 $L = 4$ 的条件，即所有周期长度为 $L = 4$ 的时间序列都可以由上述两组序列之一进行有限次的置换和平移操作产生。因此，对序列 C_1 进行调控后可以有效实现对时空编码超表面单元 0 阶和 1 阶谐波处的复振幅响应的独立调控。

最后通过一组实验对所提出的时空编码超表面信息转化机制进行了验证，样件如图 4.18(a) 和 (b) 所示，通过 FPGA 可以对每一列单元在 10.2~10.7GHz 的

相位编码状态进行实时调控，时间调制单个脉冲持续时间为 $\tau = 0.2\mu s$。所选取的三种时空调制方式均由序列 C_1 置换和平移得到。测试的结果如图 4.18(d)~(f) 所示。可以看到，在 1 阶谐波频率处 $(\omega = \omega_0 + \omega_1)$，$k_x = \frac{1}{2}k$ 区域的电磁能量强度与 $k_x = -\frac{1}{2}k(\theta_x = -30°)$ 处的电磁能量强度具有较大差异。通过比较图 4.18(d) 和 (e) 可以观测到，当 1 阶谐波频率处 $k_x = \mp\frac{1}{2}k$ 区域的能量强度改变后，0 阶谐波频率处 $k_x = \mp\frac{1}{2}k$ 区域的能量分布几乎不受影响。类似地，对比图 4.18(e) 和 (f) 可以看出，当 0 阶谐波频率处 $k_x = \mp\frac{1}{2}k$ 区域的能量强度改变后，1 阶谐

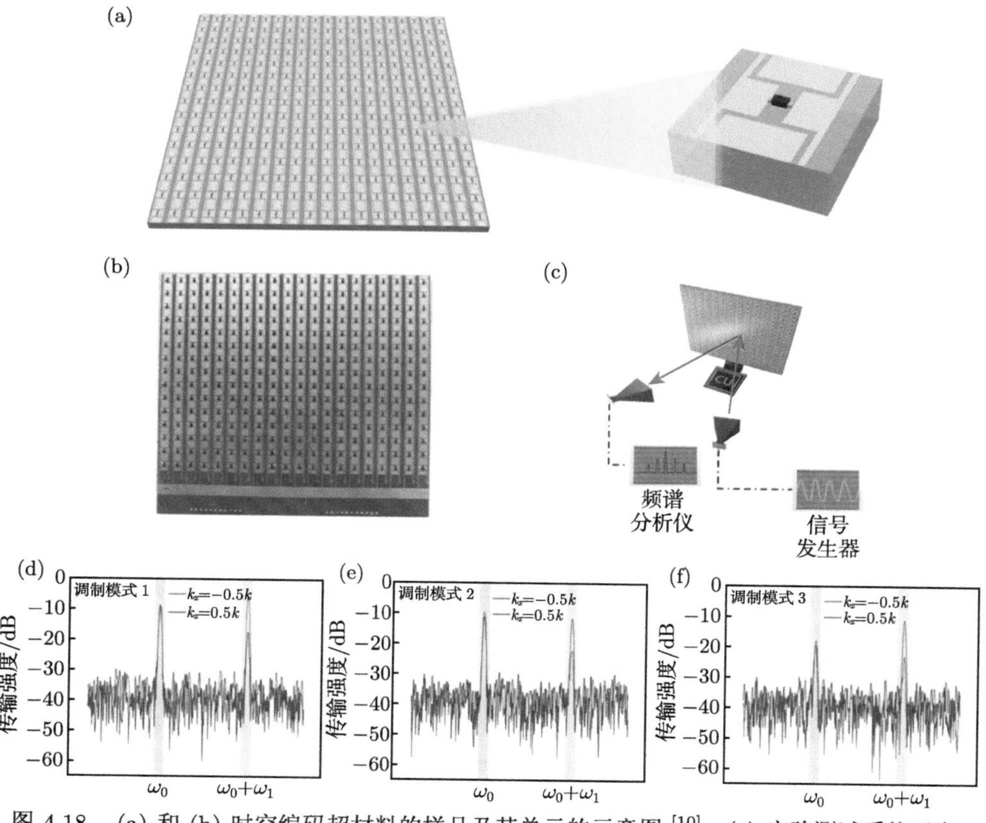

图 4.18 (a) 和 (b) 时空编码超材料的样品及其单元的示意图 [10]；(c) 实验测试系统示意图 [10]；(d)~(f) 不同时空调制模式下，$\theta_x = \mp 30°$, $\theta_y = 0°$ $\left(k_x = \mp\frac{1}{2}k, k_y = 0\right)$ 处 0 阶和 1 阶谐波能量强度的测试结果 [10]

波频率处 $k_x = \mp\frac{1}{2}k$ 区域的能量分布几乎不受影响。以上的实验结果表明了 0 阶和 1 阶谐波处远场区域 $\left(k_x = \mp\frac{1}{2}k, k_y = 0\right)$ 的能量强度可以被独立调控，与理论分析相吻合。

4.6 小　结

本章主要介绍了信息超材料中的一些数字信息理论，利用卷积定理和加法定理可以实现对远场散射方向图的灵活调控，其简明易懂的设计方法将提升可编程信息超材料的功能切换速度，同时也有助于功能驱动条件下信息超材料的快速设计。而信息熵等信息论方法的引入为信息超材料构建了充实的理论分析架构，对信息量的分析将为基于信息超材料的通信系统提供理论支持，未来可以将更多信息论的相关方法融入信息超材料的设计之中，提升信息超材料的分析和设计效能。

参 考 文 献

[1] Liu S, Cui T J, Zhang L, et al. Convolution operations on coding metasurface to reach flexible and continuous controls of terahertz beams[J]. Advanced Science, 2016, 3(10): 1600156.

[2] 刘硕. 基于数字表征的编码超表面及其应用 [D]. 南京: 东南大学, 2017.

[3] Wu R Y, Shi C B, Liu S, et al. Addition theorem for digital coding metamaterials[J]. Advanced Optical Materials, 2018, 6(5): 1701236.

[4] Cui T J, Qi M Q, Wan X, et al. Coding metamaterials, digital metamaterials and programmable metamaterials[J]. Light: Science & Applications, 2014, 3(10): e218.

[5] Shannon C E. A mathematical theory of communication[J]. ACM SIGMOBILE Mobile Computing and Communications Review, 2001, 5(1): 3-55.

[6] Cui T J, Liu S, Li L L. Information entropy of coding metasurface[J]. Light: Science & Applications, 2016, 5(11): e16172.

[7] Toffoli T, Margolus N. Cellular automata Machines: a New Environment for Modeling[M]. Cambridge: MIT Press, 1987.

[8] Wu H, Bai G D, Liu S, et al. Information theory of metasurfaces[J]. National Science Review, 2020, 7(3): 561-571.

[9] Białynicki-Birula I, Mycielski J. Uncertainty relations for information entropy in wave mechanics[J]. Communications in Mathematical Physics, 1975, 44: 129-132.

[10] Wu H, Gao X X, Zhang L, et al. Harmonic information transitions of spatiotemporal metasurfaces[J]. Light: Science & Applications, 2020, 9(1): 198.

第 5 章　时间编码超材料

空间数字编码超材料通过改变数字编码在空间维度上的排布实现对电磁波的波形和波束调控，而时间编码超材料则是将数字编码从空间维拓展到时间维，通过设计时间编码序列，在频率域调控电磁波的非线性频谱分布。本章将介绍时间编码超材料的基础理论与设计方法，以反射式可编程超表面为例，分析其对电磁频谱的调控机制，并展示非线性谐波调控、谐波幅相独立调控、高效率频率合成、多普勒速度伪装等应用。

5.1　基本概念与理论

在时间维度调控电磁波最早可追溯到“时间调制阵列”[1,2] 和“时变媒质”[3]，通过赋予天线阵或电磁媒质不同的时间调制信号，可以在频率域产生特定的电磁响应。2018 年，我们将周期变化的时间调制信号引入数字编码超材料，将数字编码从空间维拓展到时间维，首次提出了时间编码超材料的概念 [4]。

时间编码超表面的工作原理如图 5.1 所示，以反射式时间编码超表面为例，其反射系数由 FPGA 控制，按照预先设计的编码序列在时间维度上周期性变化。当单色载波信号照射到超表面时，其反射波的频谱分布可被精确控制。下面给出时间编码超表面调控反射波频谱的理论分析 [4]，假设超表面所有单元的反射系数保持一致，可用周期函数 $\varGamma(t)$ 表示为

$$\varGamma(t) = \sum_{m=0}^{M-1} \varGamma_m g(t - m\tau), \quad 0 \leqslant t < T \tag{5.1}$$

其周期为 T，将 T 等分为 M 个时隙，第 m 个时隙内反射系数值为 $\varGamma_m$，$g(t)$ 是宽度为 $\tau = \dfrac{T}{M}$ 的周期性单位脉冲信号，表达式为

$$g(t) = \begin{cases} 1, & 0 \leqslant t < \tau \\ 0, & \tau \leqslant t < T \end{cases} \tag{5.2}$$

$g(t)$ 的傅里叶级数展开如下：

$$g(t) = \sum_{k=-\infty}^{\infty} c_k \mathrm{e}^{\mathrm{j}k\frac{2\pi}{T}t} = \sum_{k=-\infty}^{\infty} c_k \mathrm{e}^{\mathrm{j}k2\pi f_0 t} \tag{5.3}$$

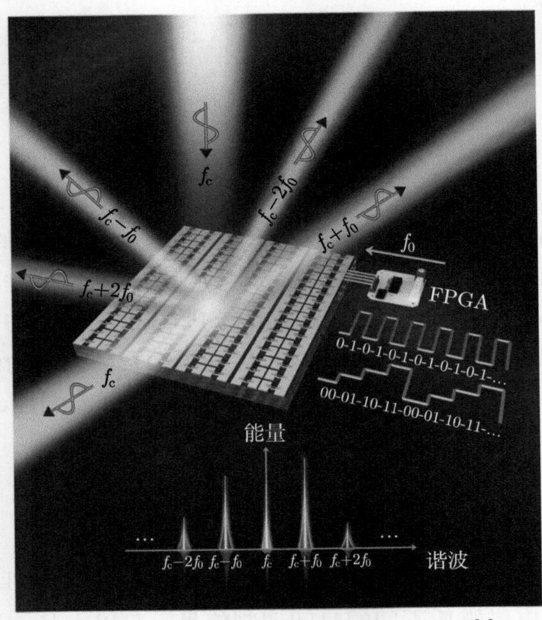

图 5.1　时间编码超表面的工作示意图 [4]

其中，$f_0 = \dfrac{1}{T}$ 为调制频率，c_k 为傅里叶级数系数，表示为

$$c_k = \frac{1}{M}\frac{\sin(k\pi/M)}{k\pi/M}\mathrm{e}^{-\mathrm{j}\frac{k\pi}{M}} = \frac{1}{M}\mathrm{Sa}(k\pi/M)\,\mathrm{e}^{-\mathrm{j}\frac{k\pi}{M}} \tag{5.4}$$

其中，$\mathrm{Sa}(\cdot)$ 为取样函数。将式 (5.3) 与式 (5.4) 代入式 (5.1)，得到 $\varGamma(t)$ 的傅里叶级数形式，

$$\begin{aligned}\varGamma(t) &= \sum_{k=-\infty}^{\infty} a_k \mathrm{e}^{\mathrm{j}k2\pi f_0 t} \\ &= \sum_{k=-\infty}^{\infty} \mathrm{PF}\cdot\mathrm{TF}\cdot\mathrm{e}^{\mathrm{j}k2\pi f_0 t}\end{aligned} \tag{5.5}$$

其中，

$$\mathrm{PF} = \frac{1}{M}\mathrm{Sa}(k\pi/M)\,\mathrm{e}^{-\mathrm{j}\frac{k\pi}{M}}, \quad \mathrm{TF} = \sum_{m=0}^{M-1}\varGamma_m \mathrm{e}^{-\mathrm{j}k\frac{2m\pi}{M}} \tag{5.6}$$

由式 (5.5) 可知，$\varGamma(t)$ 的傅里叶级数系数 a_k 由脉冲因子 PF 和时间因子 TF 这两部分组成。脉冲因子是周期单位脉冲信号的傅里叶级数，时间因子则与每个时

隙内的反射系数有关。因此，周期性反射系数的频域表达式可写作：

$$\Gamma(f)=\sum_{k=-\infty}^{\infty}\mathrm{PF}\cdot\mathrm{TF}\cdot\delta\left(f-kf_0\right) \tag{5.7}$$

由式 (5.7) 可知，$\Gamma(f)$ 由一系列频率为 kf_0 的离散谐波分量组成，k 为谐波阶数。当入射波 $E_{\mathrm{i}}(t)$ 垂直入射到超表面时，反射波 $E_{\mathrm{r}}(t)$ 表示为

$$E_{\mathrm{r}}(t)=E_{\mathrm{i}}(t)\cdot\Gamma(t) \tag{5.8}$$

经过傅里叶变换得到

$$E_{\mathrm{r}}(f)=E_{\mathrm{i}}(f)*\Gamma(f) \tag{5.9}$$

其中，$E_{\mathrm{i}}(f)$、$\Gamma(f)$ 分别代表入射波、反射系数的频域表达式，$*$ 代表卷积操作。将式 (5.7) 代入式 (5.9)，得到

$$E_{\mathrm{r}}(f)=\sum_{k=-\infty}^{\infty}\mathrm{PF}\cdot\mathrm{TF}\cdot E_{\mathrm{i}}\left(f-kf_0\right) \tag{5.10}$$

若入射波是频率为 f_{c} 的单色信号，则上式可被重写为

$$E_{\mathrm{r}}(f)=\Gamma(f-f_{\mathrm{c}})=\sum_{k=-\infty}^{\infty}\mathrm{PF}\cdot\mathrm{TF}\cdot\delta\left(f-f_{\mathrm{c}}-kf_0\right) \tag{5.11}$$

图 5.2 给出时间编码超表面调控反射波频谱的示例，其中时间周期为 T，等分为 4 个时隙。图 5.2(a)、(c)、(e) 分别为反射系数、入射波、反射波的时域波形图，而图 5.2(b)、(d)、(f) 则是它们对应的频谱幅度分布图。可以看出，反射波的

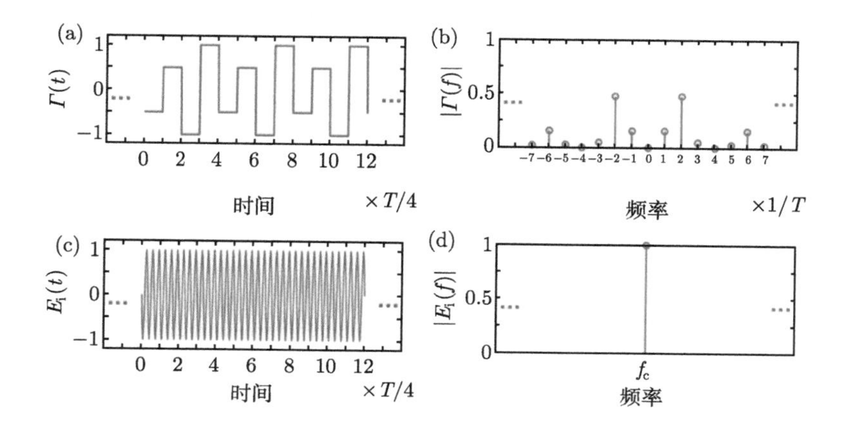

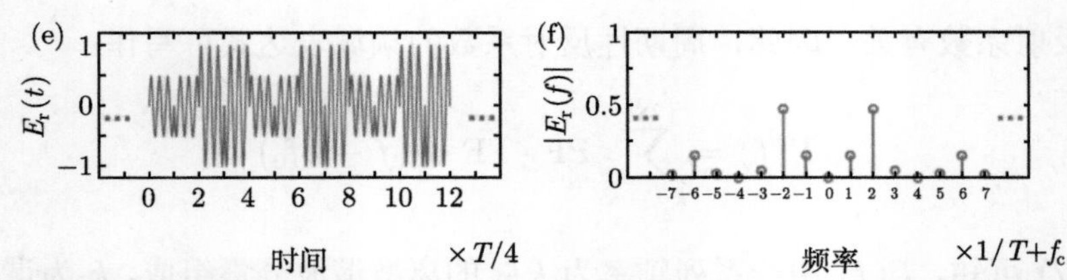

图 5.2 时间编码超表面调控反射波频谱示例 [5]：(a) 和 (b) 反射系数时域波形图与频谱幅度分布图；(c) 和 (d) 入射波时域波形图与频谱幅度分布图；(e) 和 (f) 反射波时域波形图与频谱幅度分布图

频谱是由反射系数频谱搬移到入射波频率实现的。通过设计反射系数的时间编码序列，可以实现对反射波频谱的精确调控。

5.2 时间编码超表面的代表性应用

通过精心设计时域数字编码序列，时间编码超表面可以实现对电磁波频谱的精确调控 [5]。目前时间编码超表面已成功应用于非线性谐波调控 [4]、谐波幅相独立调控 [6]、高效率频率合成 [7]、多极化转换 [8]、非线性卷积运算 [9]、双谐波独立调控 [10]、新体制无线通信发射机 [4,11]、多普勒速度伪装 [12] 等方面。本节将介绍时间编码超表面的一些代表性应用，以展示其对电磁波的强大调控能力 [6]。

5.2.1 非线性谐波调控

在时间编码超表面的设计中，既可以对幅度编码，也可以对相位编码，相应的编码方式可被称为“幅度调制编码”和“相位调制编码”。幅度调制编码是指反射系数的幅度在时间维度上周期性变化，而相位保持不变。以 1 比特和 2 比特两种时间编码序列为例，其时域波形及对应的谐波频谱幅度分布如图 5.3 所示。可以看出，1 比特时间编码序列“0101010101···”所对应的频谱只存在奇次谐波分量；而 1 比特时间编码序列“000100010001···”会使得各阶谐波能量分布更加分散。尽管幅度调制编码可以有效地调控反射系数的频谱分布，但基波分量无法被抑制。2 比特时间编码序列对应的谐波分布也是如此，如图 5.3(e)~(h) 所示。此外，由于傅里叶变换的奇偶虚实性，幅度调制编码的频谱始终是对称分布的。总之，幅度调制编码存在一定的局限性，需要引入相位调制编码来实现更灵活的频谱调控。

相位调制编码是指反射系数的相位在时间维度上周期性变化，而幅度保持不变。图 5.4 给出了相位调制编码对反射系数频谱调控的例子，1 比特时间编码序列“0101010101···”对应的频谱仅有奇次谐波分量，且基波分量被完全抑制；2 比特时间编码序列“00-01-10-11-···”对应的频谱仅有基波和奇次谐波分量；而另外两个 2 比特时间编码序列 "00-01-10-11-···" 和 "11-10-01-00-···" 具有一定的相位梯度，对应频谱的基波分量被抑制，并且频谱呈现非对称的排布，正一阶和负一阶的谐波分量占比较大。总之，相位调制编码具有更大的频谱调控自由度，后续应用也更加广泛。

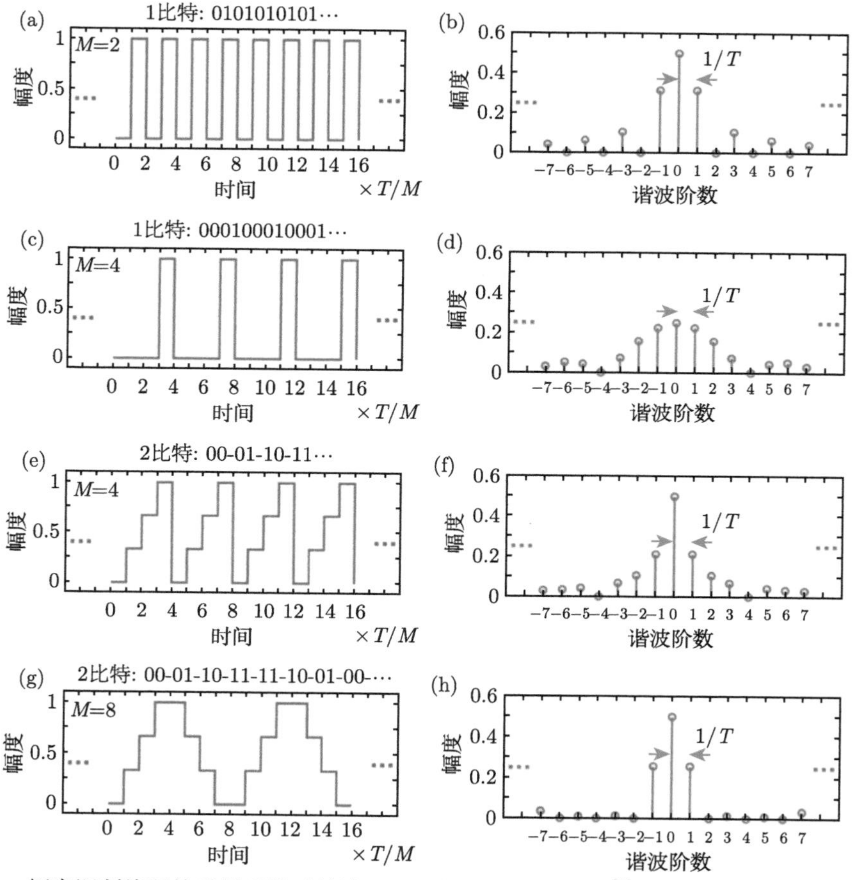

图 5.3 幅度调制编码的反射系数时域波形图与各阶谐波幅度图 [4]：(a) 和 (b)1 比特编码序列：0101010101···；(c) 和 (d)1 比特编码序列：000100010001···；(e) 和 (f)2 比特编码序列：00-01-10-11-···；(g) 和 (h)2 比特编码序列：00-01-10-11-11-10-01-00-···

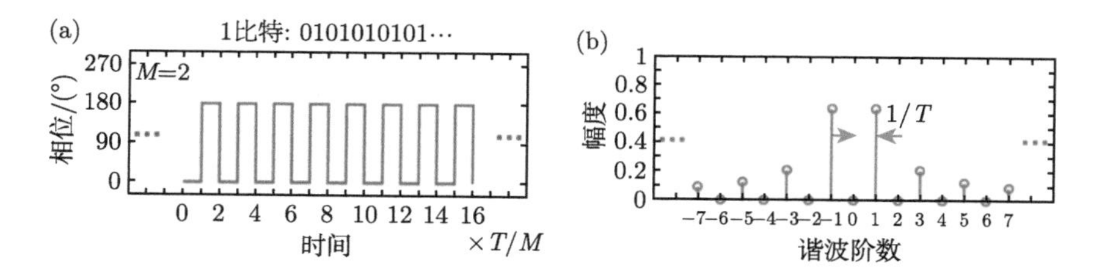

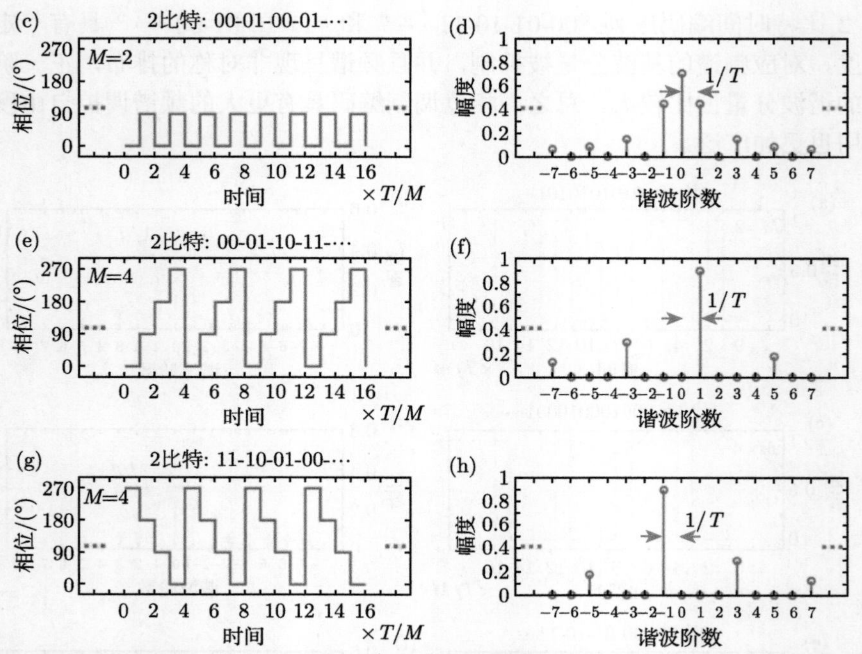

图 5.4　不同相位调制编码下反射系数时域波形图与各阶谐波幅度图 [5]：(a) 和 (b) 编码方式：1 比特编码序列：0101010101⋯；(c) 和 (d) 编码方式：2 比特编码序列：00-01-00-01-⋯；(e) 和 (f) 编码方式：2 比特编码序列：00-01-10-11-⋯；(g) 和 (h) 编码方式：2 比特编码序列：11-10-01-00-⋯

5.2.2　谐波幅相独立调控

时间编码超表面可以对谐波的幅度和相位进行独立调控 [6]，通过确定谐波幅相与时间编码之间的对应关系，设计优化超表面的时间编码序列，可独立调控谐波的方向图形状和能量强度，如图 5.5 所示。

假设超表面反射系数的相位在时间维度上周期性切换，对应的两种相位状态为 φ_1 和 φ_2，反射系数可表示为

$$\Gamma(t)=A\mathrm{e}^{\mathrm{j}\left\{\varphi_1+(\varphi_2-\varphi_1)\sum\limits_{n=-\infty}^{+\infty}[\varepsilon(t-nT)-\varepsilon(t-T/2-nT)]\right\}} \tag{5.12}$$

其中，A 为常数，$\varepsilon(t)$ 为单位阶跃函数。反射系数 $\Gamma(t)$ 的傅里叶级数系数 a_k 可写作 [6]：

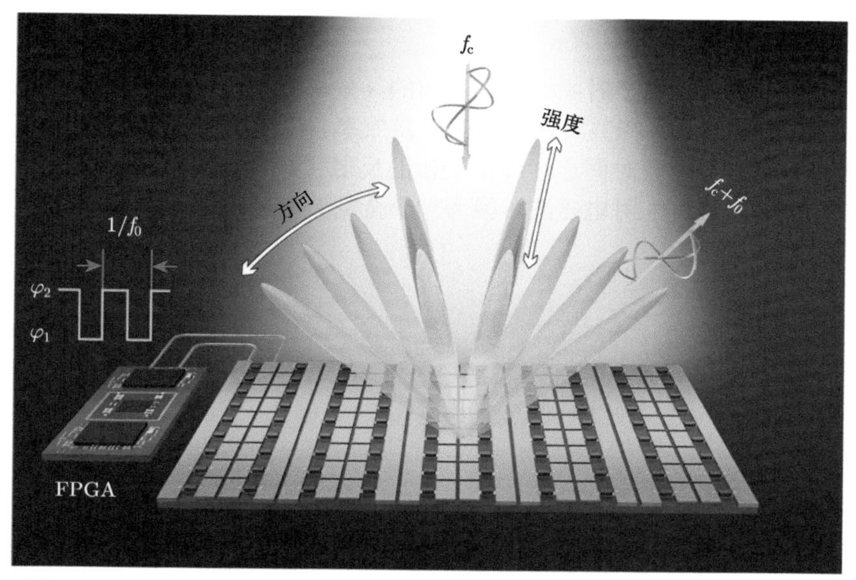

图 5.5 时间编码超表面独立调控谐波的方向图形状和能量强度的示意图 [6]

$$a_k = \begin{cases} A\cos\dfrac{\varphi_2-\varphi_1}{2}\mathrm{e}^{\mathrm{j}\frac{\varphi_2+\varphi_1}{2}}, & k=0 \\ \dfrac{2A}{k\pi}\sin\dfrac{\varphi_2-\varphi_1}{2}\mathrm{e}^{\mathrm{j}\frac{\varphi_2+\varphi_1}{2}}, & k=\pm1,\pm3,\pm5,\cdots \\ 0, & k=\pm2,\pm4,\pm6,\cdots \end{cases} \tag{5.13}$$

因此反射波的频谱可以表示为

$$\begin{aligned} E_{\mathrm{r}}(f) = & A\cos\frac{\varphi_2-\varphi_1}{2}\mathrm{e}^{\mathrm{j}\frac{\varphi_2+\varphi_1}{2}}\delta(f-f_{\mathrm{c}}) \\ & + \sum_{m=-\infty}^{+\infty}\frac{2A}{(2m-1)\pi}\sin\frac{\varphi_2-\varphi_1}{2}\mathrm{e}^{\mathrm{j}\frac{\varphi_2+\varphi_1}{2}}\delta\left[f-f_{\mathrm{c}}-(2m-1)f_0\right] \end{aligned} \tag{5.14}$$

从上式可以看出，当反射系数的相位按照矩形波形式进行周期变化时，反射波的频谱中只存在基波与奇次谐波分量，而偶次谐波分量被完全抑制。由式 (5.13) 可知，通过设计不同的 φ_1、φ_2 可以调控谐波的幅相，但谐波的幅度和相位相互耦合，改变 φ_1、φ_2 调控幅度的同时，相位也会随之改变。考虑到周期函数 $\Gamma(t-t_0)$ 经过傅里叶变换之后的频域表达式为 $\mathrm{e}^{-\mathrm{j}2\pi f t_0}\Gamma(f)$，这里时延 t_0 引入了 $-2\pi f t_0$ 的相移，而幅度不变。因此，综合设计 φ_1、φ_2 和时延 t_0 可以实现对谐波幅度和相位的独立调控，为时间编码超表面精确调控电磁波的谐波分布提供了新方法，也为构建新体制无线通信发射机奠定了基础。

5.2.3 高效率频率合成

本节将介绍一种基于时间编码超表面的高效率频率合成方法 [8]，可抑制其他谐波、减少频谱污染，提高目标谐波的转换效率。图 5.6 给出了该方法的示意图，其关键在于引入相位随时间连续线性变化的反射系数，时间编码超表面相当于空间频率合成器，可将入射电磁波转换为一个全新频率分量的反射波。

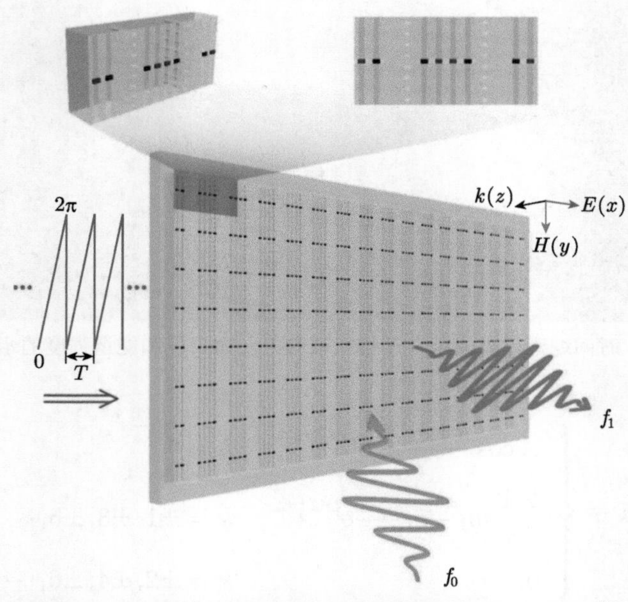

图 5.6 基于时间编码超表面的高效率频率合成示意图 [7]

早期时间编码超表面采用的时域反射系数都是周期矩形波形式，产生了较多的反射波频谱分量，其中高阶谐波分散了入射波能量，造成了频率合成效率较低。而当反射系数采用连续的周期锯齿波形式 (即周期 T 内相位从 0 变化到 2π) 时，理论上可以获得 100%的谐波频率合成效率。

在实际应用中，需要借助数模转换器 (digital to analog converter, DAC) 实现这种连续相位变化的锯齿波调制，由于不同的 DAC 分辨率位宽，会引入不同的量化误差，从而影响谐波合成效率。图 5.7(a) 给出了不同分辨率位宽的 DAC 拟合出的梯度相位变化波形，图 5.7(b) 给出了对应的反射波频谱分布。可以看出，较低位宽 1 比特和 2 比特情形下对应的频谱分布中仍存在较大的高阶谐波分量，使得正一阶谐波合成效率较低，且存在不需要的谐波分量，造成了一定的频谱污染。当 DAC 分辨率位宽超过 3 比特时，频率合成效率显著提高 (大于 95%)，且最大干扰谐波分量占比仅为 1.92%。这种高效率频率合成方法也得到了实验验证，实测能量转换效率高达 88.81%，获得了出色的谐波频率转换效果。

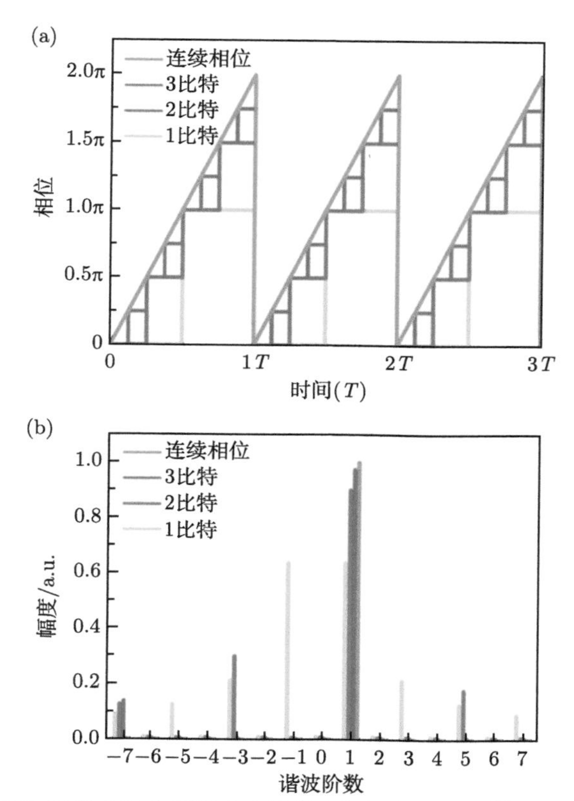

图 5.7 (a) 在不同分辨率位宽下拟合出的梯度相位变化波形 [7]；(b) 对应的反射波频谱分布 [7]

5.2.4 多普勒速度伪装

时间编码超表面还可用于实现多普勒速度伪装 [4]，图 5.8(a) 展示了一种多普勒速度伪装的应用场景示意图 [12]，其中一辆小车以速度 v_{t} 高速驶向静止的探测源，但小车上搭载了时间编码超表面，使得小车的回波频率 f_{d} 与源频率 f_0 相同，探测源检测的频移为零。在这种情形下，尽管小车在高速运动，但探测源检测到它是静止的，实现了真实速度的隐藏。

该智能多普勒速度隐藏系统包含了一块时间编码超表面和一个智能控制系统。探测源接收到的频率 f_{d} 不仅与运动引起的多普勒频移 Δf_{D} 有关，也与超表面产生的人工频移 Δf_{t} 有关。时间编码超表面覆盖在小车前方的雷达探测区域，其在电磁波照射下会产生一个人工频移 Δf_{t} 来抵消目标运动产生的多普勒频

移 $\Delta f_{\rm D}$，因此最终检测的回波频率 $f_{\rm d}$ 可表示为

$$f_{\rm d} = f_0 + \Delta f_{\rm D} + \Delta f_{\rm t} \tag{5.15}$$

由式 (5.15) 可以看出，当多普勒频移 $\Delta f_{\rm D}$ 与人工频移 $\Delta f_{\rm t}$ 满足 $\Delta f_{\rm t} = -\Delta f_{\rm t}$ 时，回波频率 $f_{\rm d}$ 与源频率 f_0 完全相同，此时探测器接收回波的频移为零，因此消除了多普勒效应。此外，通过改变时域控制信号的调制频率，可以控制人工频移 $\Delta f_{\rm t}$ 的大小。

(a)

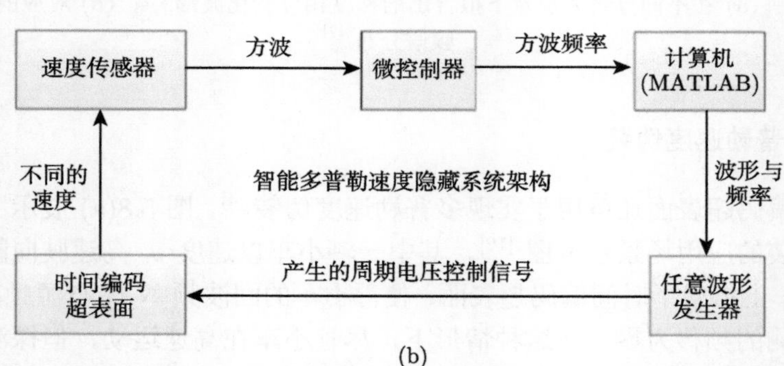

(b)

图 5.8　(a) 智能多普勒速度隐藏系统自适应抵消运动物体多普勒频移的示意图；(b) 系统原理框架图 [12]

图 5.8(b) 展示了该系统的具体工作过程：速度传感器检测小车的运动速度，然后将速度信息发送至单片机，单片机与计算机通信控制任意波形发生器产生相

应频率的调制信号来驱动超表面。该系统具有“传感–反馈–自我决策”的自适应控制模式，可以实时提供所需要的调制信号来产生对应的频率偏移 Δf_{t}，以补偿与速度 v_{t} 相关的多普勒频移 Δf_{D}，进而始终隐藏目标的运动速度。

图 5.9(a) 展示了一个 90° 旋转对称的反射式可编程单元结构，具备宽带、全极化和全相位覆盖的特性。该单元采用了型号为“MAVR-000120-14110P”的变容管，具有高变容比和低寄生电阻的优点，以实现宽带可调和低损耗。图 5.9(b) 展示了这种宽带全极化可编程超表面样品，用于构成智能多普勒速度隐藏系统。实验测试了该系统在 3.3GHz 的 x 极化和 y 极化波入射下的性能，图 5.10 中分别给出了该系统在不同调制信号驱动下的反射频谱分布。当使用调制频率为 55kHz、110kHz 和 165kHz 的上变频调制信号驱动超表面时，反射波分别产生了 55kHz、110kHz

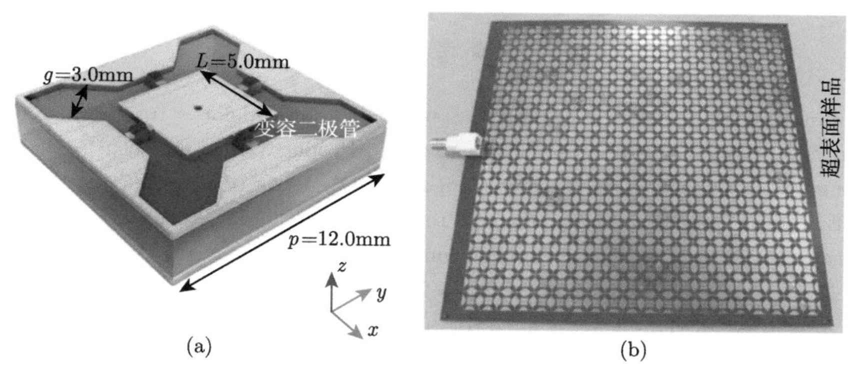

图 5.9 (a) 反射式可编程单元结构；(b) 对应样品的实物照片 [12]

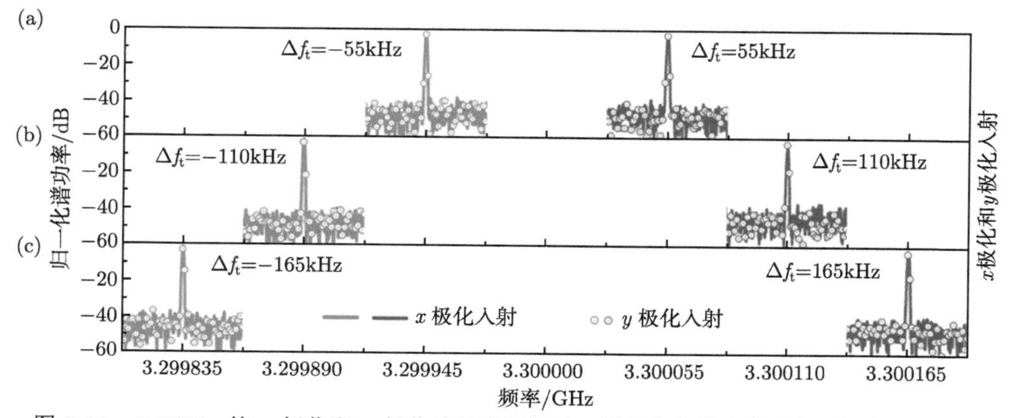

图 5.10 3.3GHz 的 x 极化和 y 极化波垂直照射时，智能多普勒速度隐藏系统在 55kHz、110kHz 和 165kHz 三种不同调制频率下的测量反射频谱分布 [12]

和 165kHz 的频移。相反，使用相应的下变频调制信号时，该系统产生了 −55kHz、−110kHz 和 −165kHz 的频移。这意味着该智能多普勒隐藏系统实现了人为可控的频率偏移，可以用于抵消运动带来的多普勒频移，实现目标速度的伪装。

5.3 小 结

时间编码超材料提升了超材料对电磁频谱的调控能力，无需传统非线性介质，突破了微波段超材料大多局限于对电磁波空间调控的限制，拓展了传统空间编码超材料的应用范围，在新体制无线通信架构、任意极化生成、高效非线性谐波生成、幅相联合调控、雷达波形生成、多普勒速度伪装等方面展现了重要的应用潜力。

参 考 文 献

[1] Kummer W, Villeneuve A, Fong T, et al. Ultra-low sidelobes from time-modulated arrays[J]. IEEE Transactions on Antennas and Propagation, 1963, 11(6): 633-639.

[2] Tennant A, Chambers B. Time-switched array analysis of phase-switched screens[J]. IEEE Transactions on Antennas and Propagation, 2009, 57(3): 808-812.

[3] Felsen L, Whitman G. Wave propagation in time-varying media[J]. IEEE Transactions on Antennas and Propagation, 1970, 18(2): 242-253.

[4] Zhao J, Yang X, Dai J Y, et al. Programmable time-domain digital-coding metasurface for non-linear harmonic manipulation and new wireless communication systems[J]. National Science Review, 2019, 6(2): 231-238.

[5] 戴俊彦. 时域超表面理论研究与应用 [D]. 南京: 东南大学, 2019.

[6] Dai J Y, Zhao J, Cheng Q, et al. Independent control of harmonic amplitudes and phases via a time-domain digital coding metasurface[J]. Light: Science & Applications, 2018, 7(1): 90.

[7] Dai J Y, Yang L X, Ke J C, et al. High-efficiency synthesizer for spatial waves based on space-time-coding digital metasurface[J]. Laser & Photonics Reviews, 2020, 14(6): 1900133.

[8] Ke J C, Dai J Y, Chen M Z, et al. Linear and nonlinear polarization syntheses and their programmable controls based on anisotropic time-domain digital coding metasurface[J]. Small Structures, 2021, 2(1): 2000060.

[9] Zhang C, Yang J, Yang L X, et al. Convolution operations on time-domain digital coding metasurface for beam manipulations of harmonics[J]. Nanophotonics, 2020, 9(9): 2771-2781.

[10] Dai J Y, Yang J, Tang W, et al. Arbitrary manipulations of dual harmonics and their wave behaviors based on space-time-coding digital metasurface[J]. Applied Physics Reviews, 2020, 7(4): 041408.

[11] Dai J Y, Tang W K, Zhao J, et al. Wireless communications through a simplified architecture based on time-domain digital coding metasurface[J]. Advanced Materials Technologies, 2019, 4(7): 1900044.

[12] Zhang X G, Sun Y L, Yu Q, et al. Smart Doppler cloak operating in broad band and full polarizations[J]. Advanced Materials, 2021, 33(17): 2007966.

第 6 章 时空编码超材料

近年来，时变超材料和时空调制超材料引起了国内外学者的密切关注 [1−4]，成为超材料领域的前沿方向之一。时空调制超材料可产生新的物理现象与应用，如隔离器、非互易效应、频率转换、多普勒隐身、谐波调控等。然而此类时变超材料和时空调制超材料通常基于连续参数表征，且多数研究工作都是以理论分析或者数值计算为主，缺乏实验验证，实际应用受限。2018 年，东南大学崔铁军院士团队进一步提出了时空编码超材料的概念 [5]，通过在空间和时间维度上对超材料单元的状态进行联合编码，可实现电磁波在时–空–频–极化域的自由操控。时空编码超材料利用数字编码调制和简单的硬件架构实现时空调制，在无线通信、雷达、成像、隐身、波束成形等领域中具有广阔的应用前景。本章将主要介绍时空编码超材料的基本概念、工作原理以及近几年的代表性成果，并对该领域进行总结与展望。

6.1 基本概念与工作原理

采用连续模拟参数调制的时空超材料与器件，其调控手段复杂，导致硬件实现存在挑战，使其实际应用受阻。具有可编程特性的信息超材料为电磁波的时空调制提供了一个功能强大的通用化平台，时空编码超材料基于信息超材料的平台，硬件架构简单，采用“数字调制”方式解决了模拟参数调制时空超材料在实际应用中的难题。

图 6.1 展示了一种反射式时空编码超表面的工作原理示意图，其中超表面由 $M \times N$ 个可编程单元组成，每个单元结集成了一个开关二极管。FPGA 控制模块改变输出的偏置电压来控制开关二极管，从而控制单元的工作状态。当偏置电压按照时间编码序列周期性切换时，单元的反射幅度或相位也将随时间周期性变化。时空编码超表面的编码切换方式可以用一组三维时空编码矩阵来表示，如图 6.1 右下角所示，两种颜色的圆点表示单元的两种编码状态 (1 比特情形)，单元的编码状态不仅在空间维度上排布，且在时间维度上按照一定的编码序列周期循环。通过设计时空编码矩阵可以实现对入射电磁波的精确调控，不仅可以控制反射波的传播方向 (空间谱)，还能改变其频谱分布 (频率谱)，从而使反射波在空间域和频率域上产生任意的能量分布，这种时空编码的调制方法也适用于透射式和主动辐射式超表面的设计。

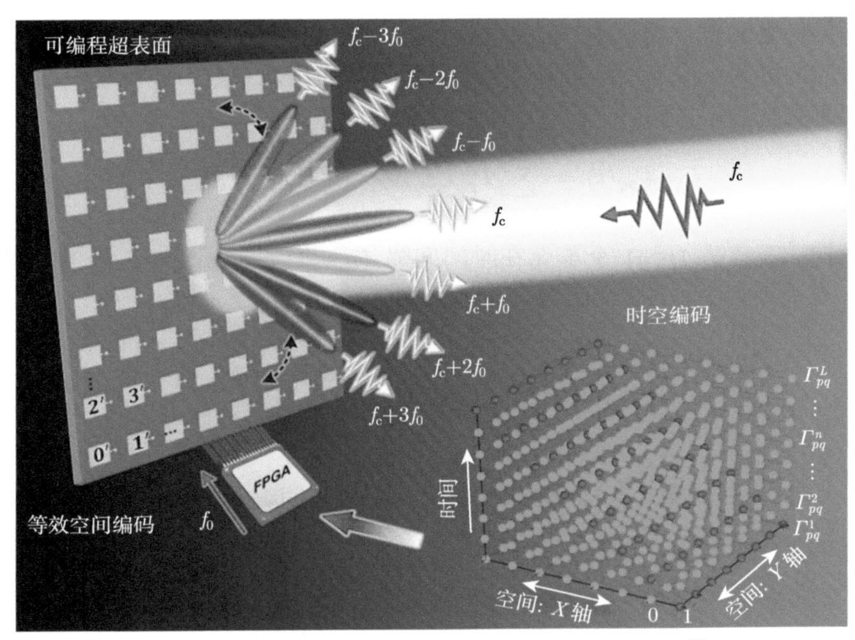

图 6.1 反射式时空编码超表面的工作原理示意图 [5]

时空编码超表面在空间和时间维度的变化规律采用一个三维时空编码矩阵表示，其维度为 (M, N, L)。M 和 N 表示空间维度，L 表示编码序列在时间维度的长度。图 6.2(a) 给出一个维度为 (8, 8, 8) 的时空编码矩阵，超表面在空间上排布有 8×8 个单元，时间编码序列的长度为 8，两种颜色的圆点分别表示 "0" 和 "1" 编码，在相位调制情形中分别对应 0° 和 180° 的反射相位。时空编码超表面中每个单元的状态按照相应的时间编码序列 (周期为 T_0) 循环切换，在频率为 f_c 的单色平面入射波激励下，经过调制后的反射波频谱中包含基波分量 f_c 和一系列离散谐波分量，分布在频率 $f_c + mf_0$ 处 $\left(f_0=\dfrac{1}{T_0}\right)$。假设入射波具有正弦平面电磁波 $\mathrm{e}^{\mathrm{j}2\pi f_c t_c}$ 的形式，时间调制频率 f_0 远小于 f_c，时空编码超表面的空间散射方向图的时域形式可表示如下：

$$f(\theta,\varphi,t)=\sum_{q=1}^{N}\sum_{p=1}^{M}E_{pq}(\theta,\varphi)\Gamma_{pq}(t)\cdot\exp\left\{\mathrm{j}\frac{2\pi\sin\theta}{\lambda_c}\left[(p-1)d_x\cos\varphi+(q-1)d_y\sin\varphi\right]\right\}\tag{6.1}$$

其中，$E_{pq}(\theta,\varphi)$ 是空间上第 (p,q) 个单元在中心频率 f_c 处的远场方向图；θ 和 φ

分别为俯仰角和方位角；d_x 和 d_y 分别为单元沿 x 和 y 方向的尺寸；λ_c 为中心频率对应的波长；$\Gamma_{pq}(t)$ 是第 (p,q) 个单元的时变反射系数，用周期 T_0 的时间编码序列来表征为

$$\Gamma_{pq}(t) = \sum_{n=1}^{L} \Gamma_{pq}^{n} U_{pq}^{n}(t) \quad (0 < t < T_0) \tag{6.2}$$

其中，Γ_{pq}^{n} 表示第 (p,q) 个单元在时间间隔 $(n-1)\tau \leqslant t \leqslant n\tau$ 内的反射系数；$U_{pq}^{n}(t)$ 是周期为 T_0 的脉冲函数，表达式如下：

$$U_{pq}^{n}(t) = \begin{cases} 1, & (n-1)\tau \leqslant t \leqslant n\tau \\ 0, & \text{其他} \end{cases} \tag{6.3}$$

式中，$\tau = \dfrac{T_0}{L}$ 是函数 $U_{pq}^{n}(t)$ 的脉冲宽度，L 为时间编码序列的长度。将 $U_{pq}^{n}(t)$ 按照傅里叶级数展开，可表示为

$$U_{pq}^{n}(t) = \sum_{m=-\infty}^{\infty} c_{pq}^{mn} \exp(\mathrm{j}2\pi m f_0 t) \tag{6.4}$$

其傅里叶级数系数 c_{pq}^{mn} 如下：

$$c_{pq}^{mn} = \frac{1}{T_0}\int_{0}^{T_0} U_{pq}^{n}(t) \exp(-\mathrm{j}2\pi m f_0 t)\mathrm{d}t \tag{6.5}$$

因此反射系数 $\Gamma_{pq}(t)$ 的傅里叶级数系数可表示为

$$\begin{aligned} a_{pq}^{m} &= \sum_{n=1}^{L} \Gamma_{pq}^{n} c_{pq}^{mn} = \sum_{n=1}^{L} \frac{\Gamma_{pq}^{n}}{T_0} \int_{(n-1)\tau}^{n\tau} \mathrm{e}^{-\mathrm{j}2\pi m f_0 t}\mathrm{d}t \\ &= \sum_{n=1}^{L} \frac{\Gamma_{pq}^{n}}{L} \sin\mathrm{c}\left(\frac{\pi m}{L}\right) \exp\left[\frac{-\mathrm{j}\pi m(2n-1)}{L}\right] \end{aligned} \tag{6.6}$$

时空编码超表面在 m 阶谐波频率处的远场散射方向图可写成如下形式：

$$F_m(\theta,\varphi) = \sum_{q=1}^{N}\sum_{p=1}^{M} E_{pq}(\theta,\varphi) a_{pq}^{m} \exp\left\{\mathrm{j}\frac{2\pi\sin\theta}{\lambda_c}\left[(p-1)d_x\cos\varphi + (q-1)d_y\sin\varphi\right]\right\} \tag{6.7}$$

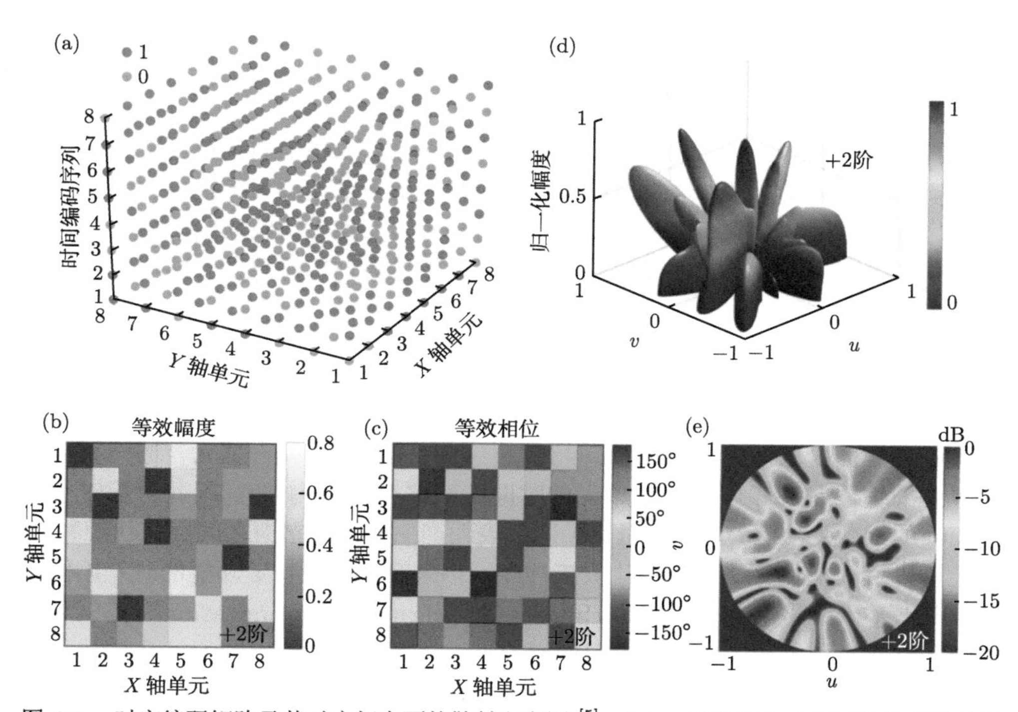

图 6.2　时空编码矩阵及其对应超表面的散射方向图 [5]：(a) 一组随机生成的三维时空编码矩阵，维度为 (8, 8, 8)；(b) 和 (c)+2 阶谐波频率处对应的等效幅度和等效相位；(d)+2 阶谐波频率处对应的三维空间散射方向图；(e)+2 阶谐波频率处对应的 uv 平面二维散射方向图

上述理论推导和分析是基于编码超表面的简化模型，暂不考虑单元之间的互耦，且假定所有单元拥有各向同性的散射方向图。根据式 (6.7) 可计算出图 6.2(a) 中三维时空编码矩阵调制下超表面在各阶谐波频率处的散射方向图，图 6.2(d) 和 (e) 展示了 +2 阶谐波的散射方向图。

此外，方程 (6.6) 中的系数 a_{pq}^{m} 可视作超材料单元在频率 $f_{\mathrm{c}}+mf_0$ 处的“等效复反射系数”[5,6]，通过合理设计各个单元的时间编码序列，可以综合出单元所需的“等效幅度”和“等效相位”，从而实现超表面阵列的整体目标相位和幅度分布。图 6.2(b) 和 (c) 给出了超表面在谐波频率 $f_{\mathrm{c}}+2f_0$ 处的等效幅度和等效相位分布，可由此计算出相应的散射方向图。从图 6.2(c) 可以看出，虽然时空编码超表面的组成单元仅有两种工作状态，但通过设计优化时间编码序列，可以实现覆盖 360° 范围的“等效相位”，6.2 节将详细介绍这一特性。

6.2　时空编码超材料的代表性应用

通过设计优化时空编码矩阵，时空编码超材料可以精准地调控电磁波的空间谱和频率谱，实现丰富的功能，目前已经成功应用于谐波波束扫描、波束调控与成形、散射能量缩减与调控、可编程非互易效应、任意多比特相位生成、多频率联合独立调控、波达方向估计、计算成像、模拟运算、电磁感知、复用通信等多个领域 [5−19]。本节将介绍基于时空编码超表面的代表性应用。

6.2.1　谐波波束扫描

下面以 1 比特反射式时空编码超表面为例，阐释谐波波束扫描的原理。这里考虑二维面内的波束扫描效果，超表面包含 8×8 个可编程单元，同一列超表面单元的编码状态相同，每个单元的时间编码序列长度为 10，因此对应时空编码矩阵的维度为 (8,10)。由于时空编码超表面产生的不同谐波之间存在纠缠特性，因此可以引入优化算法或者构建人工神经网络来获取实现特定功能的时空编码矩阵 [5,11]。基于二进制粒子群优化 (binary particle swarm optimization，BPSO) 算法迭代优化时空编码矩阵，可实现期望的谐波波束扫描性能。图 6.3(a) 给出了通过 BPSO 算法优化得到的二维时空编码矩阵，图 6.3(b)∼(d) 展示了对应的谐波散射方向图，可以看出不同谐波频率和基波频率的散射波束能量高且峰值分布均匀，波束指向随着频率的变化呈现扫描的特性。

图 6.4 给出了 1 比特时空编码超表面的结构示意图以及仿真和测试结果，可编程单元的中心工作频率为 10GHz，其 x、y 方向的尺寸为半波长。单元在两种工作状态下的反射相位和幅度仿真结果如图 6.4(f) 和 (g) 所示，在中心频率附近呈现 180° 的相位差 (反射幅度均大于 0.95)，对应“0”和“1”两种编码状态。图 6.4(d) 给出了实验测试场景图，在微波暗室中进行远场散射方向图测试，一个

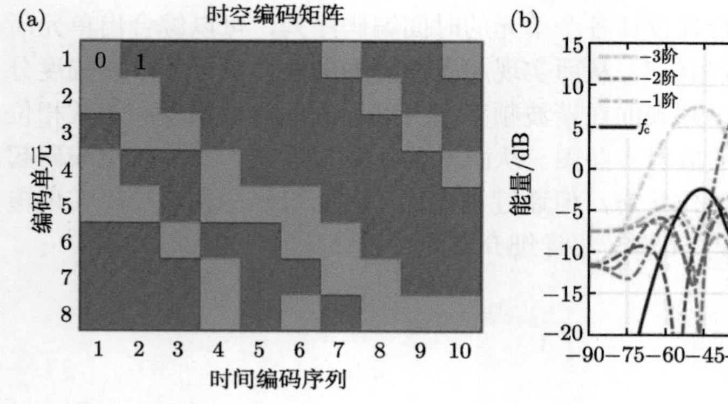

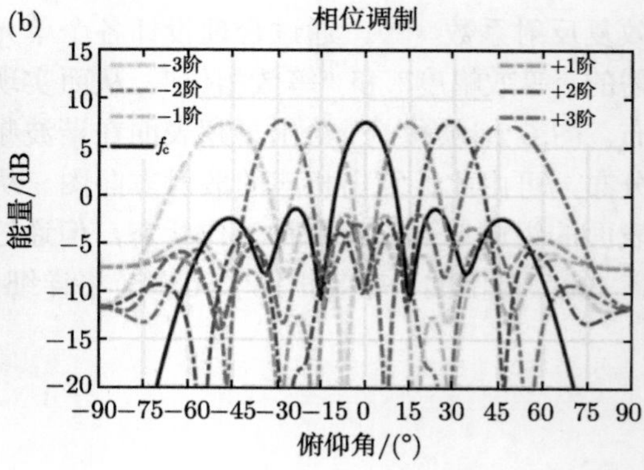

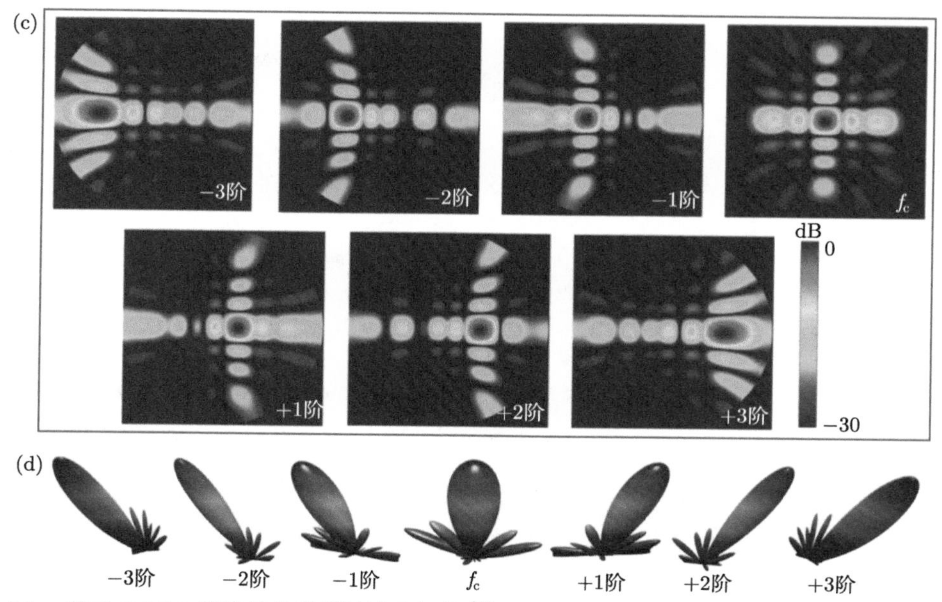

图 6.3 基于 BPSO 算法优化的谐波波束扫描 [5]：(a) 优化得到的二维时空编码矩阵；(b) 超表面在 $-3 \sim +3$ 阶谐波频率的散射方向图；(c) 超表面在 $-3 \sim +3$ 阶谐波频率的 uv 平面二维散射方向图；(d) 超表面在 $-3 \sim +3$ 阶谐波频率的三维空间散射方向图

线极化喇叭天线作为馈源发射单色正弦波信号，垂直入射到超表面，另一个线极化喇叭天线用作接收，FPGA 控制模块根据设计的时空编码矩阵提供控制信号。实验分别使用了频率 9.8GHz 和 10.0GHz 的两个单色正弦波作为激励，从图 6.4(h) 和 (i) 可以看出时空编码超表面呈现出良好的谐波波束扫描特性，不同谐波频率的波束偏折到不同方向。

6.2.2 波束调控与成形

时空编码超表面引入时间维度的调制，可基于低比特可编程单元拓展出等效高比特相位响应。本节考虑时空编码超表面在空间上包含 8×8 个 2 比特可编程单元，时间编码序列长度为 8，通过设计 2 比特时间编码序列，可在基波频率 f_c 处实现等效 3 比特相位响应，从而更精准地调控基波波束。这里的 2 比特编码用 “0”、“1”、“2” 和 “3” 来标记，对应的反射相位分别为 0°、90°、180° 和 270°。同样地，这里依然考虑超表面中每列单元的时间编码序列相同的情况，图 6.5(a) 中的三维时空编码矩阵可简化为图 6.5(b) 的二维形式。该时空编码矩阵的设计需要满足以下两点要求：① 各列单元的时间编码序列在基波频率 f_c 处的等效相位满足波束调控所需的 3 比特编码相位分布，且均保持较高的等效幅度；② 尽可能降低谐波处的等效幅度，抑制谐波能量。最终通过优化得到的时空编码矩阵对应的

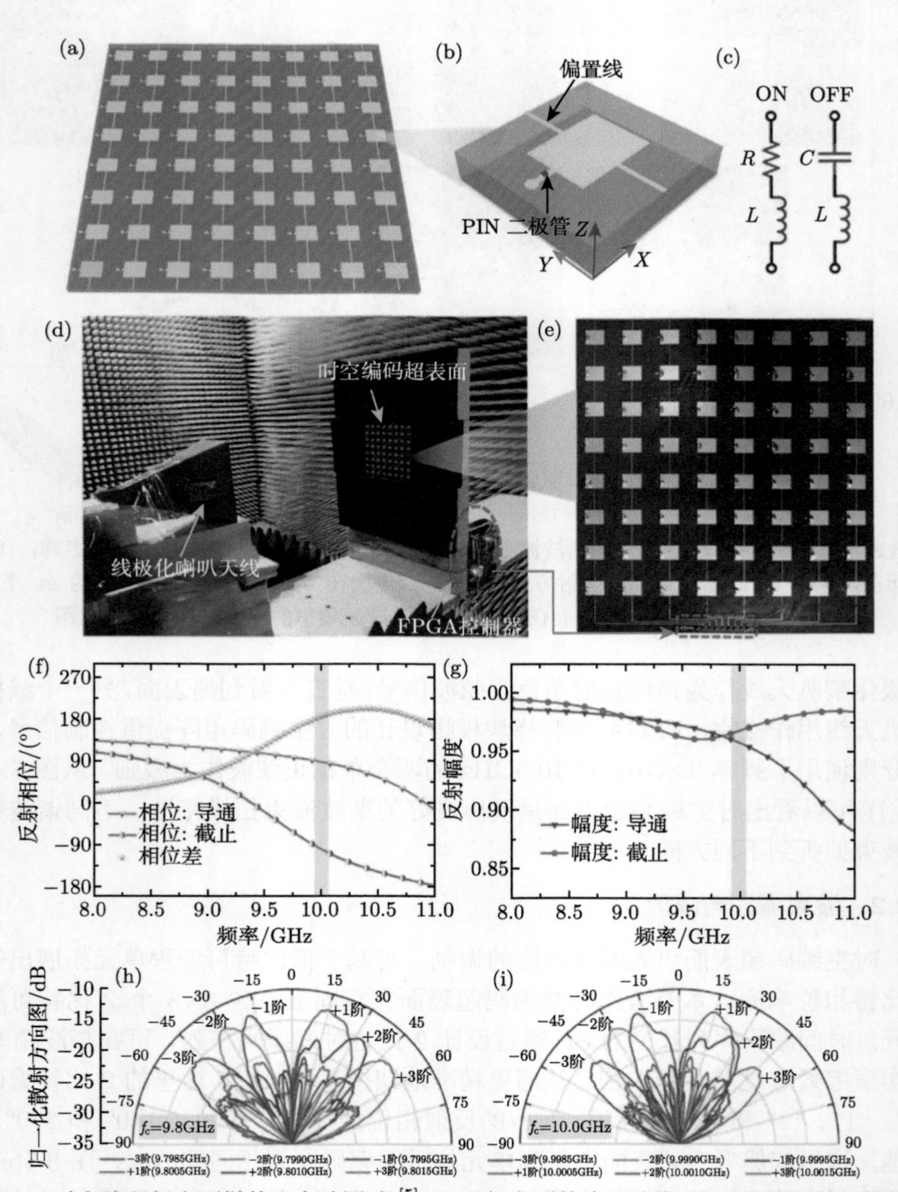

图 6.4　时空编码超表面样件及实验测试 [5]：(a) 超表面的阵列结构；(b) 可编程单元的结构示意图；(c) 开关二极管的等效电路模型；(d) 微波暗室实验测试环境；(e) 实际加工的超表面样件；(f) 和 (g) 可编程单元在编码 "0" 和 "1" 状态下的反射相位和反射幅度仿真结果；(h) 和 (i) 在 9.8GHz 和 10.0GHz 单色正弦波激励下，时空编码超表面的散射方向图测试结果

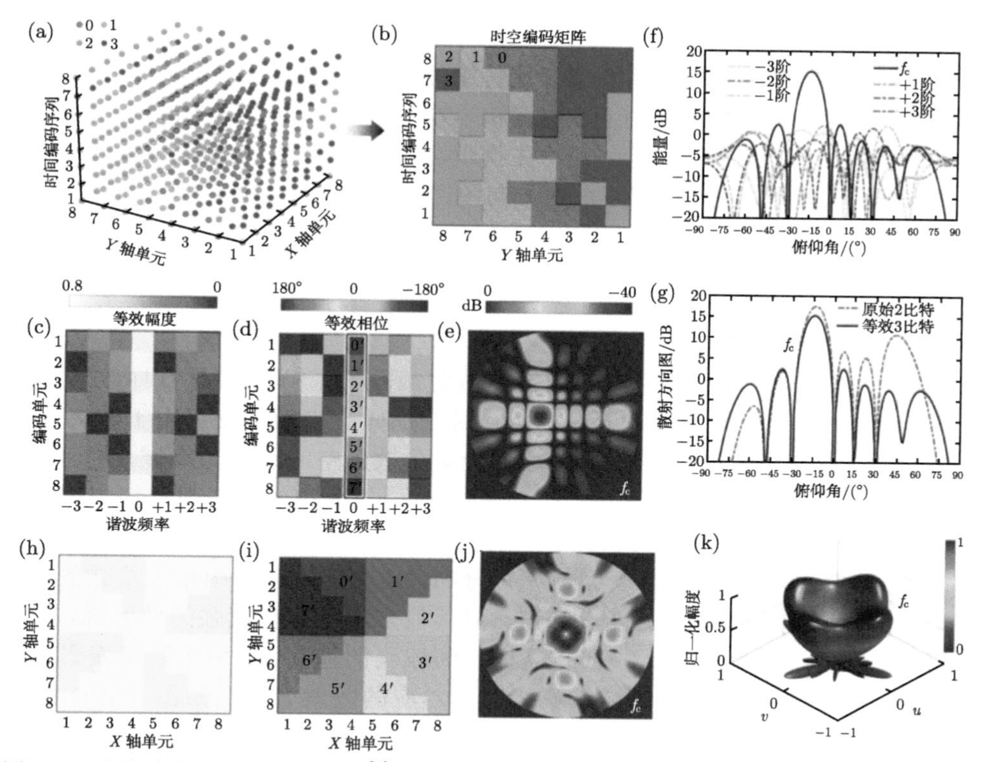

图 6.5　基波波束调控和波束成形 [5]。用于实现等效 3 比特基波波束偏折的 2 比特三维时空编码矩阵 (a) 和其简化的二维时空编码矩阵 (b)。(c) 和 (d)8 列单元在 $-3\sim+3$ 阶谐波频率的等效幅度和等效相位分布。(e) 超表面在基波频率处的 uv 平面散射方向图。(f) 超表面在 $-3\sim+3$ 阶谐波频率的归一化散射方向图。(g) 等效 3 比特与原始 2 比特编码实现波束偏折的效果对比。(h) 和 (i) 实现涡旋波束时超表面 8×8 个单元在基波频率的等效幅度和等效相位分布。对应在基波频率处的 uv 平面散射方向图 (j) 和三维空间散射方向图 (k)

等效幅度和等效相位如图 6.5(c) 和 (d) 所示，可以看出 8 列单元的等效相位呈现 3 比特相位梯度分布，且在基波频率处的等效幅度较高，而谐波处的等效幅度较低。

根据广义斯涅耳定律，平面波垂直入射到 3 比特相位梯度的超表面将会被偏折到 14.5° 的方向上，在基波频率处的二维散射方向图如图 6.5(e) 所示，$-3\sim+3$ 阶谐波频率的一维散射方向图如图 6.5(f) 所示，可以看出基波频率能量占据主导且波束偏折角为 $\theta=-14.5°$，而其他谐波能量被很好地抑制。图 6.5(g) 给出了原始 2 比特空间编码和等效 3 比特编码的波束偏折性能的对比，可看出二者均可实现 14.5° 左右的波束偏折效果，但原始 2 比特空间编码由于量化误差较大，散射方向图波束具有较大的副瓣；而等效 3 比特编码实现波束偏折的副瓣较低，可实现性能出色的波束调控，但同时增益也略微降低，这是由于少部分基波能量被转换成谐波能量。

时空编码超表面还可利用等效 3 比特编码生成涡旋波束。图 6.5(h) 和 (i) 给出了超表面在基波处所对应的等效幅度和等效相位分布，可以看出各个扇区相位呈现等效 3 比特旋转梯度分布，可产生携带轨道角动量的涡旋波束。图 6.5(j) 和 (k) 给出了超表面的二维和三维散射方向图，波束形状符合涡旋波特征。总而言之，借助时空编码策略，可编程超表面能实现更精细的等效高比特相位生成，降低相位量化误差，从而提升对电磁波束的调控能力。

6.2.3 散射能量缩减

雷达和隐身技术领域通常使用雷达散射截面 (RCS) 来衡量目标散射强度，减小目标 RCS 对于实现隐身至关重要。时空编码超表面不仅可用于波束调控，也可以用于散射能量缩减 [5]，可将散射能量分散到空间域和频率域，进而实现更出色的 RCS 缩减效果。图 6.6(a) 采用相位均匀分布的超表面来模拟同尺寸的金属板，当平面波垂直照射时，其垂直方向将存在一个强散射峰，图 6.6(f) 给出了散射方向图。若改变超表面的相位分布，采用图 6.6(b) 中棋盘格式的空间编码，可以降低垂直方向的能量峰值，但其他方向仍存在较强的散射峰，对应散射方向图如图 6.6(g) 所示。在棋盘格空间编码的基础上，引入时间编码 “01” 构造出如图 6.6(c) 所示的时空编码矩阵，对应的散射方向图如图 6.6(h) 所示，可看出散射能量在空间域有一定程度的降低，这是由于部分能量被分散到了频率域，与图 6.6(f) 中金属板的散射峰值相比，此时超表面在空间域和频率域上的最大散射能量降低了约 9.55dB。由于周期时间编码序列 “01” 的傅里叶变换特性，在频域的散射能量仅存在于奇次谐波，而在偶次谐波和基波处没有能量分布。

借助优化算法来获取时空编码矩阵，可进一步提升超表面的散射能量缩减性能。一组算法优化得到的空间编码排布如图 6.6(d) 所示，图 6.6(i) 给出了对应空间域的散射方向图，在优化后的空间编码调制下，超表面的散射能量被更均匀地分散到整个空间域。在此空间编码的基础上引入优化的时间编码序列 “10011010”，生成的时空编码矩阵如图 6.6(e) 所示，此时超表面可以将入射波能量更加均匀地分散到空间域和频率域。理论上这组时间编码序列可将入射波能量完全分配到谐波频率，而基波频率的能量为零。图 6.6(j) 展示了 +1∼+5 阶谐波频率处的散射方向图，可以看出谐波的散射峰值与金属板相比降低了 21.5dB 左右。通过精心设计时空编码矩阵，可以有效地将散射能量分散到空间域和频率域，进一步减小 RCS。

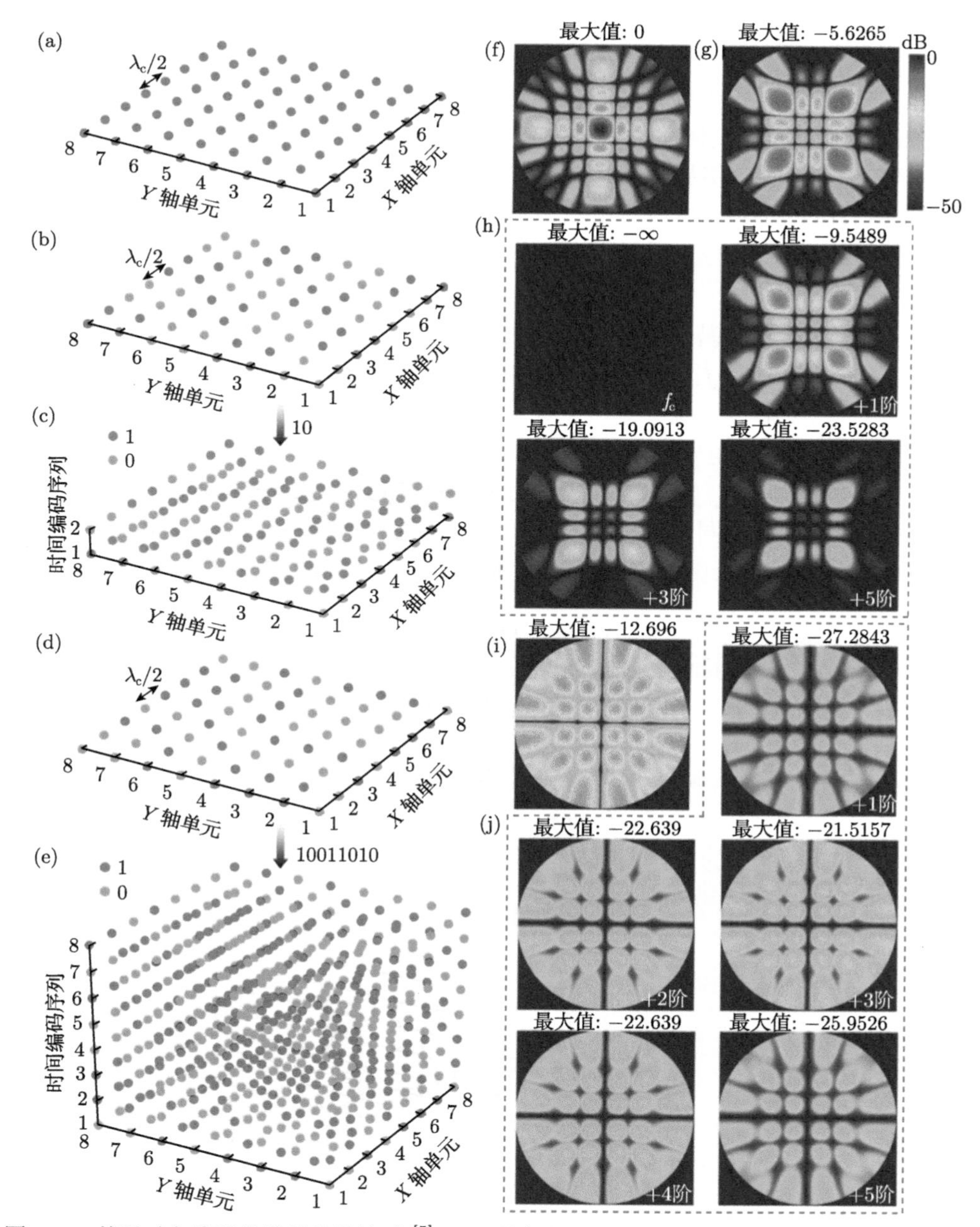

图 6.6 基于时空编码的散射能量缩减 [5]：(a) 均匀相位分布的空间编码矩阵；(b) 棋盘格形式的空间编码矩阵；(c) 在图 6.6(b) 空间编码的基础上引入时间编码 “01” 构成的时空编码矩阵；(d) 一组算法优化得到的空间编码矩阵；(e) 在图 6.6(d) 空间编码的基础上引入时间编码 “10011010” 构成的时空编码矩阵；(f) 图 6.6(a) 中空间编码对应的散射方向图；(g) 图 6.6(b) 中空间编码对应的散射方向图；(h) 图 6.6(c) 中时空编码对应的散射方向图；(i) 图 6.6(d) 中空间编码对应的散射方向图；(j) 图 6.6(e) 中时空编码对应的散射方向图

6.2.4 可编程非互易效应

打破互易性对于无线通信、能量收集、辐射制冷等领域都具有重要的作用。通常磁性材料 (如铁氧体)、非线性材料以及三极管等器件被用于实现非互易效应，但仍存在一些问题：例如磁性材料通常比较笨重、成本昂贵，并且难以集成和扩展到光学波段，而非线性材料虽然本身不受洛伦兹互易性的约束，但具有功率依赖性且需要高强度信号来激发。本节将介绍应用时空编码超表面打破互易性的方法和原理 [8]。

图 6.7(a) 给出了基于时空编码超表面实现非互易反射的原理示意图。在前向反射情形下，频率为 f_1 的平面波以角度 θ_1 斜入射到超表面，经过特定时空编码矩阵的调制，反射波的频率被转化成 f_2 且偏折角为 θ_2；在时间反演情形下，频率为 f_2 的平面波以角度 θ_2 斜入射到超表面，反射波频率被转化为 f_3 且偏折角为 θ_3。这里 $\theta_3 \neq \theta_1$，$f_3 \neq f_1$，表明时间反演情形下反射波的频率和偏折角与前向反射时的入射波不同，打破了时间反演对称性和洛伦兹互易性，说明非互易的异常反射可以通过设计优化时空编码矩阵实现，并实现了高效的频率转换。

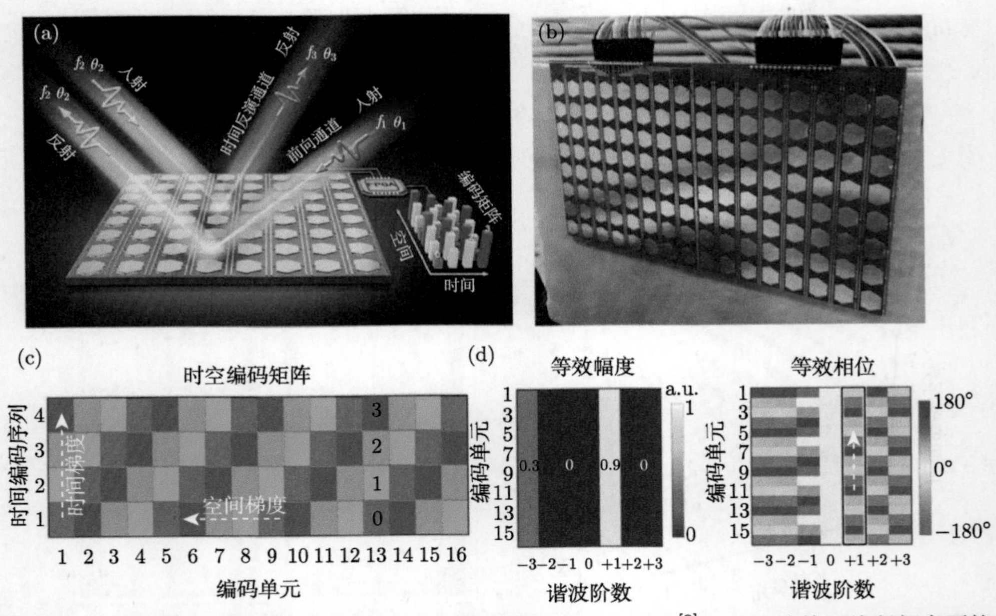

图 6.7 (a) 基于时空编码超表面实现非互易反射的原理示意图 [8]；(b)2 比特可编程超表面的实物图；(c) 用于实现非互易反射效应的时空编码矩阵：包含 16 列空间编码单元，每列单元的时间编码序列长度为 4；(d) 该时空编码矩阵所对应的等效幅度和等效相位分布

下面以 2 比特反射式时空编码超表面为例，依然假设同列单元具有相同的时

间编码序列。第 p 列单元的时间编码序列表示为周期函数 $\Gamma_p(t)=\sum_{n=1}^{L}\Gamma_p^n U_p^n(t)$，其中 $U_p^n(t)$ 代表一个周期为 T_0 的脉冲函数。当单色平面波 ($\mathrm{e}^{\mathrm{j}2\pi f_c t_c}$) 斜入射到超表面上 (入射角为 θ_i) 时，对应的时域远场散射方向图可以表示为

$$f(\theta,t)=\sum_{p=1}^{N}E_p(\theta)\Gamma_p(t)\exp\left[\mathrm{j}\frac{2\pi}{\lambda_\mathrm{c}}(p-1)d(\sin\theta+\sin\theta_\mathrm{i})\right] \tag{6.8}$$

其中，$E_p(\theta)=\cos\theta$ 是第 p 列单元在 f_c 处的散射方向图；$\lambda_\mathrm{c}=c/f_\mathrm{c}$ 是频率 f_c 对应的波长；d 是单元的空间周期长度。超表面在 m 阶谐波 $f_\mathrm{c}+mf_0$ 处的频域散射方向图可以表示为 [8]

$$F_m(\theta)=\sum_{p=1}^{N}E_p(\theta)a_p^m\exp\left[\mathrm{j}2\pi(p-1)d\left(\frac{\sin\theta}{\lambda_\mathrm{r}}+\frac{\sin\theta_\mathrm{i}}{\lambda_\mathrm{c}}\right)\right] \tag{6.9}$$

式中，$\lambda_\mathrm{r}=c/(f_\mathrm{c}+mf_0)$ 代表 m 阶谐波对应的波长；a_p^m 为 $\Gamma_p(t)$ 的傅里叶级数系数，可表示为

$$a_p^m=\sum_{n=1}^{L}\frac{\Gamma_p^n\sin(\pi m/L)}{\pi m}\exp\left[-\mathrm{j}\pi m(2n-1)/L\right] \tag{6.10}$$

时空编码超表面共有 16 列单元，如图 6.7(b) 所示，图 6.7(c) 展示了一个实现非互易反射效应的时空编码矩阵，其时间编码序列长度为 4。这 16 组时间编码序列实际上具有相同编码形式，第 1 列到第 16 列的时间编码序列依次时移 $T_0/4$，相邻列单元在 m 阶谐波 $f_\mathrm{c}+mf_0$ 处的相位差可以表示为

$$\Delta\psi_m=-2\pi mf_0(t_{p+1}-t_p)=-\frac{m\pi}{2} \tag{6.11}$$

因此在 +1 阶谐波频率处的等效空间梯度可以写作：

$$\frac{\partial\psi}{\partial x}=\frac{\Delta\psi_1}{d}=-\frac{\pi}{2d} \tag{6.12}$$

图 6.7(d) 展示了时空编码矩阵对应的等效幅度和等效相位分布。可以看出，入射波能量主要被转化为 +1 阶谐波能量，且 +1 阶谐波处的等效相位分布呈梯度递增的趋势，因此反射波能够精确地偏折到特定的方向上。

对于图 6.7(a) 中的前向反射情形，入射波的频率为 f_c，对应波数为 $k=2\pi f_\mathrm{c}/c$；而反射波主要为 +1 阶谐波，频率为 $f_\mathrm{c}+f_0$，对应波数为 $k+\Delta k=$

$2\pi(f_c + f_0)/c$。入射角 θ_1 和反射角 θ_2 的关系表示如下：

$$(k + \Delta k)\sin\theta_2 = k\sin\theta_1 + \frac{\partial\psi}{\partial x} \tag{6.13}$$

而对于时间反演情形，入射波频率为 $f_c + f_0$，对应波数为 $k + \Delta k = 2\pi(f_c + f_0)/c$；而反射波能量集中在频点 $f_c + 2f_0$，对应波数为 $k + 2\Delta k = 2\pi(f_c + 2f_0)/c$。入射角 θ_2 和反射角 θ_3 之间的关系可表示如下：

$$(k + 2\Delta k)\sin\theta_3 = (k + \Delta k)\sin\theta_2 - \frac{\partial\psi}{\partial x} \tag{6.14}$$

由上述两式可得出 θ_2、θ_3 与 θ_1 之间的关系如下：

$$\sin\theta_2 = \frac{k\sin\theta_1 + \dfrac{\partial\psi}{\partial x}}{k + \Delta k} = \frac{\sin\theta_1 - \dfrac{\lambda_c}{4d}}{1 + \dfrac{f_0}{f_c}} \tag{6.15}$$

$$\sin\theta_3 = \frac{k}{k + 2\Delta k}\sin\theta_1 = \frac{\sin\theta_1}{1 + \dfrac{2f_0}{f_c}} \tag{6.16}$$

为了更准确地描述时间反演情形下的反射波与初始入射波之间的角度偏差，这里引入偏离系数 δ，定义如下：

$$\delta = |\sin\theta_3 - \sin\theta_1| = \frac{\sin\theta_1}{1 + \dfrac{f_c}{2f_0}} \tag{6.17}$$

当初始入射角 $\theta_1 \neq 0$，偏离系数 $\delta \neq 0$ 时，表明经过时空编码矩阵调制后，时间反演情形下的反射波不再与初始斜入射的平面波沿着相同的路径传播，并伴随着 $2f_0$ 的频率偏移，从而在空间域和频率域都打破了时间反演对称性和洛伦兹互易性。从式 (6.17) 也可看出，θ_3 与 θ_1 之间的角度差与相对调制速率 f_0/f_c 及入射角 θ_1 成正比。若 f_0/f_c 很小，角度偏差将会非常小，难以通过实验观测。

下面给出两个基于时空编码超表面实现非互易反射的示例。第一个示例假设入射波频率为 $f_c = 5\text{GHz}$，调制频率 $f_0 = 250\text{MHz}$，单元周期长度 $d = \lambda_c/2$，采用图 6.7(c) 中的时空编码矩阵，对应的前向反射和时间反演情形下散射方向图则如图 6.8(a) 所示。可以看出，在前向反射情形下，初始入射角 $\theta_1 = 60°$，反射波主要集中在谐波 $f_c + f_0$ 处，出射角为 $-20.3°$；在时间反演情形下，入射波频率

为 $f_c + f_0$，角度为 $\theta_2 = 20.3°$，反射波束主要集中在谐波 $f_c + 2f_0$ 处，出射角 $\theta_3 = 51.2°$。可以看出，时间反演情形下的反射波与初始入射波传播方向存在明显的角度偏差，也伴随着 $2f_0$ 的频率转换。

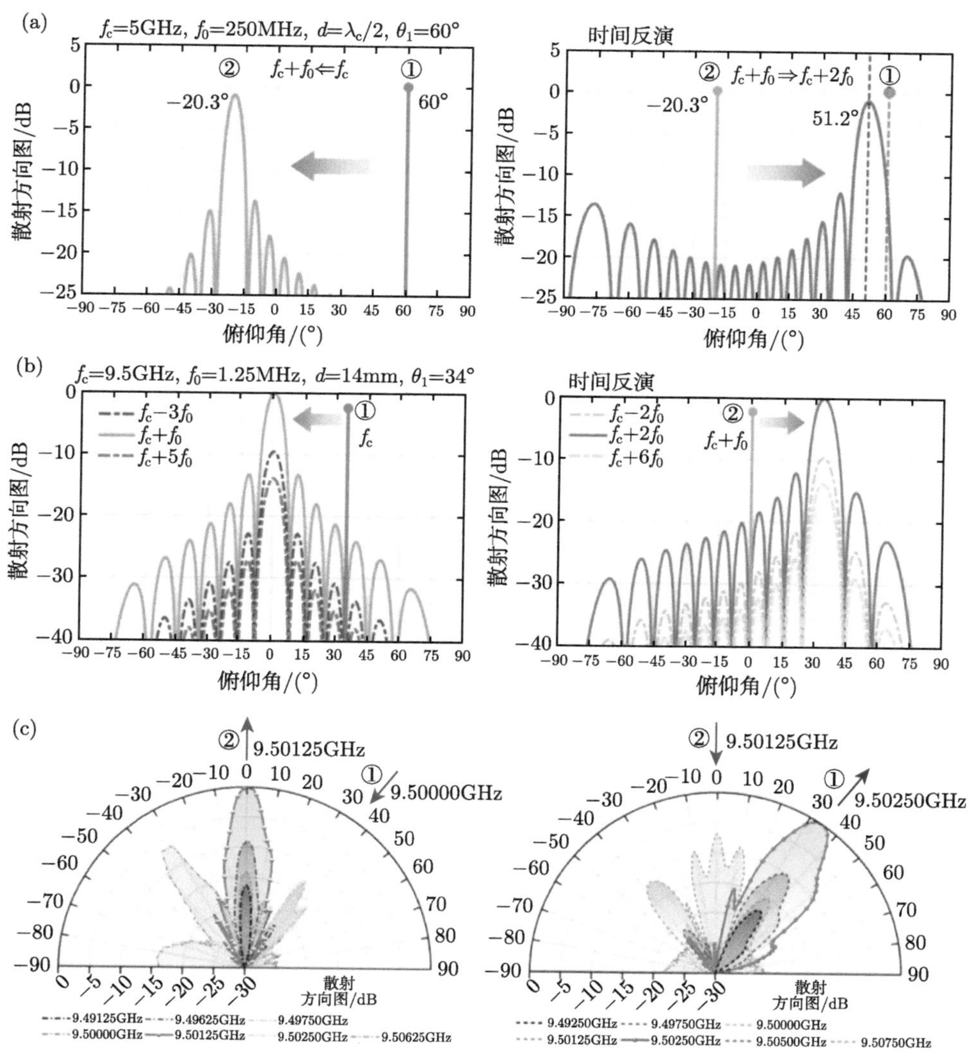

图 6.8 不同条件设置下的非互易反射结果 [8]：(a) 第一个示例中前向反射和时间反演情形下不同谐波频率处的散射方向图；(b) 第二个示例中前向反射和时间反演情形下不同谐波频率处的散射方向图；(c) 第二个示例中前向反射和时间反演情形下，在不同谐波频率处的散射方向图测试结果

考虑到商用二极管的实际调制速率，第二个示例的各参数如下：入射波频率

$f_c = 9.5\text{GHz}$，调制频率 $f_0 = 1.25\text{MHz}$，单元周期长度 $d = 14\text{mm}$，初始入射角 $\theta_1 = 34°$，对应的前向反射情形和时间反演情形下的散射方向图如图 6.8(b) 所示。可以看出，前向反射情形下，入射波 f_c 以 $\theta_1 = 34°$ 倾斜照射到超表面，反射波主要集中在谐波 $f_c + f_0 = 9.50125\text{GHz}$ 处，出射角 $\theta_2 = 0.27°$；而在时间反演情形下，入射波频率为 $f_c + f_0$、角度为 $\theta_2 = 0.27°$，反射波主要集中在谐波 $f_c + 2f_0 = 9.50250\text{GHz}$ 处，出射角为 $\theta_3 = 33.7°$，而在 $f_c = 9.5\text{GHz}$ 频率处没有散射能量。f_0/f_c 较小，使得角度偏差 $|\theta_3 - \theta_1| = 0.3°$ 非常小，在空间域很难分辨，但在频率域可以分辨出 $f_c = 9.5\text{GHz}$ 与 $f_c + 2f_0 = 9.50250\text{GHz}$。图 6.8(c) 给出了该示例的实验测试结果，波束偏折角度和谐波能量分布与理论分析都比较吻合，验证了时空编码超表面实现非互易反射的可行性。

此外，时空编码超表面还可以通过实时切换编码矩阵实现可编程非互易效应。例如，当时空编码矩阵切换为图 6.9(a) 中的编码时，可以实现不同的非互易反射效果。图 6.9(a) 中时空编码矩阵的时间维度 $L = 10$，图 6.9(b) 和 (c) 给出其在不同谐波频率处的等效幅度和等效相位。在此时空编码矩阵的作用下，超表面将频率为 f_c 的入射波主要转换到 +2 阶谐波频率 f_c+2f_0 上 (等效幅度为 0.84)；

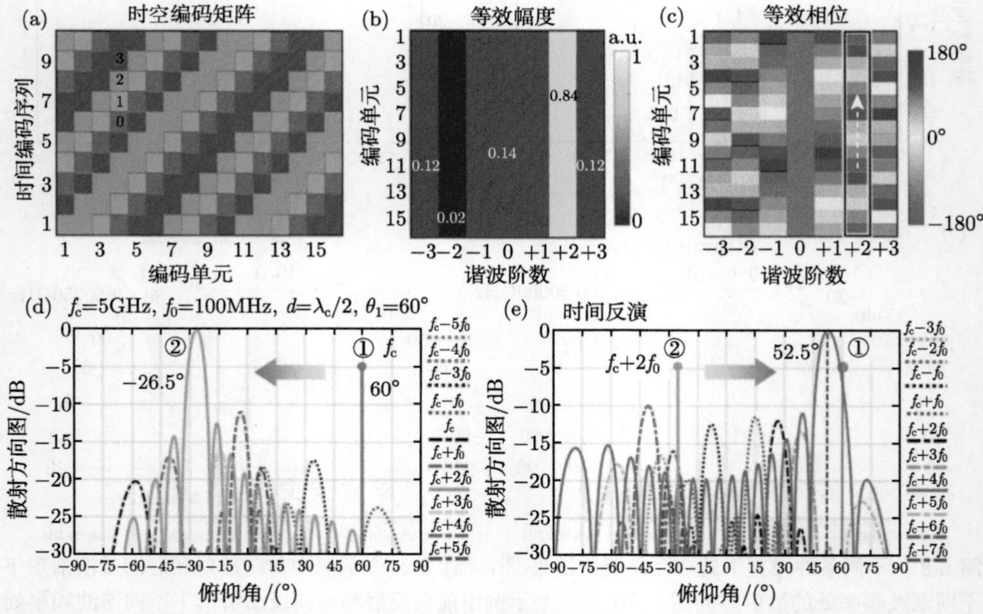

图 6.9　(a) 用于实现可编程非互易反射效应的时空编码矩阵：包含 16 列空间编码单元，每列单元的时间编码序列长度为 10；(b) 和 (c) 该时空编码矩阵所对应的等效幅度和等效相位分布；前向反射情形下 (d) 和时间反演情形下 (e) 不同谐波频率处的散射方向图 [8]

且在 +2 阶谐波频率处的等效相位分布呈现另一种相位梯度，可实现不同角度的异常反射。假设入射波频率为 $f_c = 5\text{GHz}$、调制频率 $f_0 = 100\text{MHz}$、单元周期长度 $d = \lambda_c/2$、初始入射角 $\theta_1 = 60°$，图 6.9(d) 和 (e) 展示了时空编码超表面在前向反射和时间反演情形下的散射方向图，可以看出通过切换不同的时空编码矩阵，时空编码超表面可以实时动态地调控时间反演情形下反射波的角度和频率，实现可编程非互易效应，该方法在隔离器、混频器、双工器、单向传输、无线通信和雷达系统等领域呈现出应用潜力。

6.2.5 任意多比特相位生成

与相控阵天线中移相器的原理类似，可编程超表面中单元的比特数越高，对应的相位量化误差越小，可以更精确地操控电磁波。然而，基于开关二极管的多比特 (大于 2 比特) 可编程单元设计具有挑战，比如 n 比特可编程单元通常需要集成 n 个开关二极管，以实现 2^n 种编码状态，导致单元的结构设计、直流偏置电路和控制系统都变得非常复杂。在微波频段，另一种实现多比特可编程单元设计的方法是使用变容二极管，但这会引入较大的能量损耗；且驱动变容二极管需要较高的反向偏置电压，需要定制额外的驱动电路，切换速率也会受到限制。目前也有一些研究工作尝试使用其他调控方法来设计可编程超表面，例如 MEMS 开关、石墨烯、液晶、二维电子气等技术。然而，这些手段实现的相位调控范围也受限，不能实现 360° 相位全覆盖。

本节介绍一种基于 2 比特时空编码超表面实现多比特相位覆盖的方法，使用矢量合成分析法设计任意比特的可编程相位 [9]。图 6.10(a) 展示了时空编码超表面调制入射电磁波的示意图，每个 2 比特可编程单元集成两个开关二极管，其反射相位可以在四种状态“φ_{00}”、“φ_{01}”、“φ_{10}”和“φ_{11}”之间动态切换。单元反射系数的等效幅度 A_{rn} 和相位 ψ_{rn} 可以通过复平面的矢量合成分析法计算得到。图 6.10(b) 绘制了四种 2 比特反射系数矢量 $e^{j\varphi_{00}}$、$e^{j\varphi_{01}}$、$e^{j\varphi_{10}}$ 和 $e^{j\varphi_{11}}$，用红色箭头表示。以时间编码序列“00-01-01-01”为例，其在基波频率处的等效反射系数是由两个矢量 $e^{j\varphi_{00}}/4$ 和 $3e^{j\varphi_{01}}/4$ 相加得到，合成新矢量 $0.79e^{j71.57°}$，对应等效反射相位 71.57°。类似地，时间编码序列“10-10-10-10-10-11-11-11”基波等效反射系数是由矢量 $5e^{j\varphi_{10}}/8$ 和 $3e^{j\varphi_{11}}/8$ 相加得到，合成新矢量 $0.73e^{j-149°}$，等效反射相位为 −149°。尽管 2 比特可编程单元的反射系数只有四种基本工作状态，但通过设计时间编码序列来合理地组合这些基本矢量，可以生成新的等效反射系数矢量 $A_{rn}e^{j\psi_{rn}}$，且等效反射相位 ψ_{rn} 能够覆盖 360° 相位区间。

图 6.11(a) 展示了 16 种长度为 8 的 2 比特时间编码序列，基波频率处的等效幅度和等效相位如图 6.11(b) 所示，产生了 4 比特等效相位分布，等效幅度均超过 0.7。谐波的等效复反射系数也可以采用矢量合成法进行分析，图 6.11(d) 呈

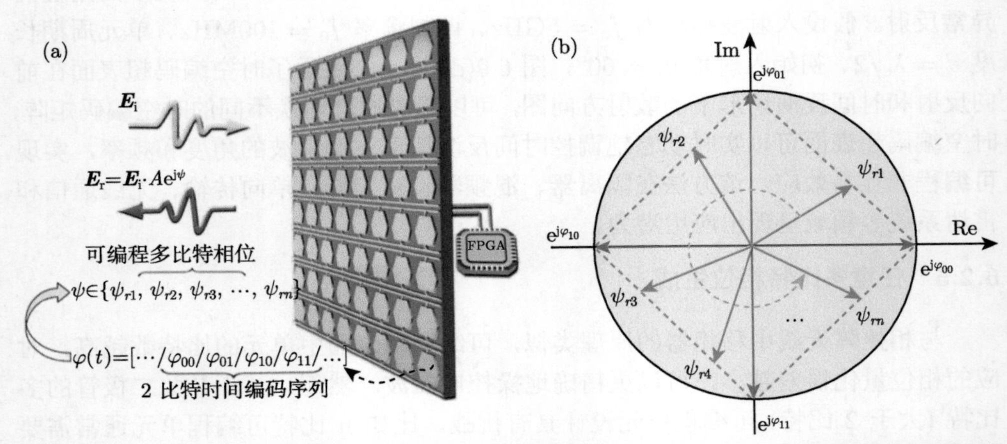

图 6.10　(a) 基于时空编码超表面实现任意多比特可编程相位的示意图；(b) 矢量合成分析法：复平面表示方法 [9]

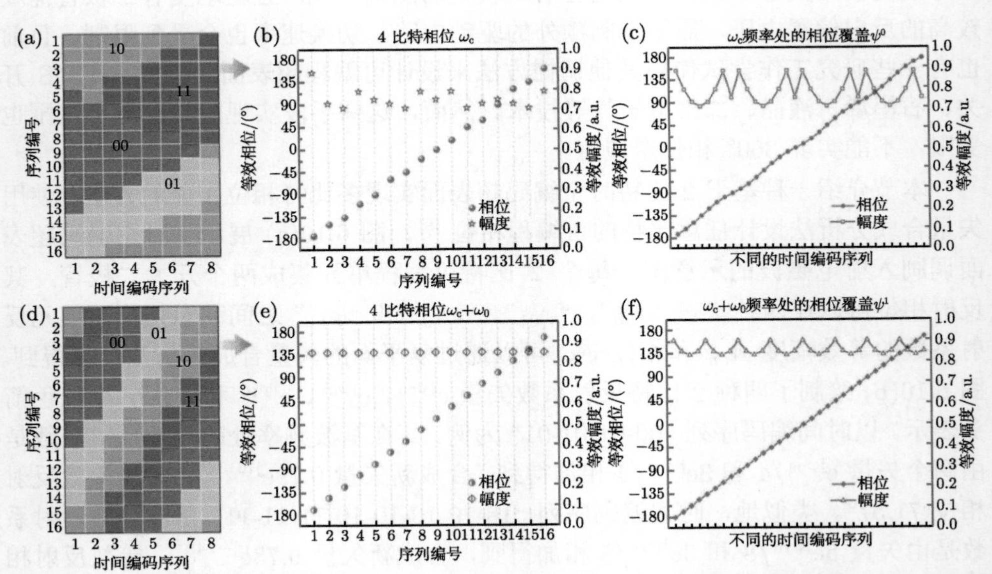

图 6.11　(a) 用于在基波频率处产生 4 比特等效相位的一组 2 比特时间编码序列；(b) 对应在基波频率处的等效幅度和等效相位值；(c) 不同的时间编码序列组合在基波频率处实现准连续的等效相位覆盖；(d) 用于在 +1 阶谐波频率处产生 4 比特等效相位的一组 2 比特时间编码序列；(e) 对应在 +1 阶谐波频率处的等效幅度和等效相位值；(f) 不同的时间编码序列组合在 +1 阶谐波频率处实现准连续的等效相位覆盖 [9]

现了另外 16 种长度为 8 的 2 比特时间编码序列，在 +1 阶谐波频率处的等效幅度和相位如图 6.11(e) 所示，等效相位呈现 4 比特分布且等效幅度均超过 0.83。此外，还有更多的时间编码序列组合，可以在基波频率和 +1 阶谐波频率处实现 360° 准连续等效相位覆盖，且保持较高的等效幅度，如图 6.11(c) 和 (f) 所示。

接下来采用图 6.11(a) 和 (d) 中的两组时间编码序列来展示高比特编码对波束调控性能的提升。首先考虑基波频率的波束偏折，依次将图 6.11(a) 中的 16 种时间编码序列赋予超表面的 16 列单元，使得各列单元对在基波频率的反射相位呈现等效 4 比特梯度相位分布。图 6.12(a) 展示了基波的一维空间散射方向图，该等效相位分布使得波束偏折角 $\theta = -8.1°$。为了对比，图 6.12(a) 和 (c) 还展示了超表面分别按照原始 1 比特、原始 2 比特以及等效 3 比特、等效 4 比特梯度相位

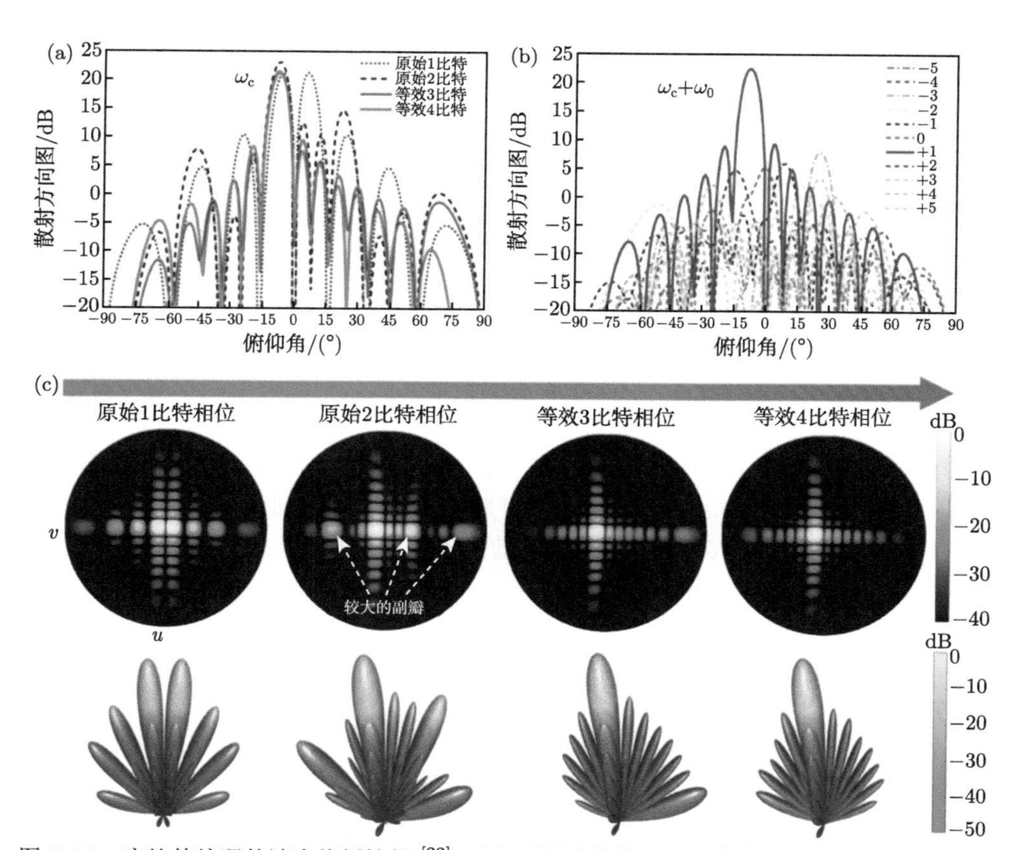

图 6.12 高比特编码的波束偏折性能 [22]：(a) 不同比特数编码在基波频率处实现波束偏折的一维方向图对比；(b) 等效 4 比特编码在 +1 阶谐波频率处实现波束偏折的方向图；(c) 原始 1 比特、原始 2 比特和等效 3 比特、等效 4 比特编码下实现波束偏折的二维和三维方向图 [22]

分布时的散射方向图。可以看出原始 1 比特和原始 2 比特相位分布对应的散射方向图有较大的副瓣，而利用等效 4 比特相位分布产生的波束偏折性能很好，副瓣电平很低。时空编码超表面同样可以在谐波处实现等效高比特编码，超表面单元依次应用图 6.11(d) 中的 16 种时间编码序列，在 +1 阶谐波频率处呈现等效 4 比特梯度相位分布，图 6.12(b) 给出了 +1 阶谐波的波束偏折效果，主波束指向 $\theta = -8.1°$，而其他谐波分量都被很好地抑制。

等效 4 比特或更高比特的可编程超表面为波束调控提供了更大的自由度和更高的精度。在传统相控阵天线领域，为了减小相位量化带来的副瓣电平高和波束指向误差大等问题，通常需要昂贵的高比特数字移相器和复杂的馈电系统。利用时间编码实现高比特可编程相位的方法为基于可编程超表面的新型相控阵天线设计提供了一种新的思路，减小了量化误差且无需传统高比特移相器，降低了系统复杂度。

6.2.6 多频率联合独立调控

时空编码超表面调制产生的多个谐波之间并非彼此独立，而是存在固有的相互纠缠特性，虽然可以利用优化算法实现对多个谐波频率的独立控制，但这需要复杂的计算且花费较长的时间 [5]。本节将介绍一种更通用的多谐波联合独立调控方法 [10]，通过巧妙地设计时间交织编码序列，可有效地解耦多个谐波，实现在多个频率处独立的相位调控与波束控制。

图 6.13(a) 展示了时空编码超表面实现多谐波联合独立波束调控的示意图，在多个谐波频率处实现不同功能。若要独立控制 Q 个频率 (包括基波和谐波，阶数 $v = 0, 1, \cdots, Q-1$)，需构造 Q 组长度为 P 的编码子序列，再将其交织排列为一组时间编码序列，图 6.13(b) 展示了这种时间交织编码序列的基本构造，图中相同颜色方块表示的子序列用于控制 v 阶谐波的幅度和相位。时间编码序列在周期 T_0 内的长度 $L = PQ$，可表示如下 [10]：

$$\Gamma_{q+1+pQ} = \Omega_{pq}\Gamma_{q+1}, \quad p = 0, \cdots, P-1, \quad q = 0, \cdots, Q-1 \tag{6.18}$$

其中，Ω_{pq} 为相移因子，Γ_{q+1} 为单元的反射相位编码。将式 (6.18) 代入式 (6.6) 可得

$$a_v = c_v \sum_{q=0}^{Q-1} \Gamma_{q+1}\alpha_{qv} \exp\left(-\frac{\mathrm{j}2\pi vq}{L}\right) \tag{6.19}$$

其中，$c_v = \dfrac{1}{L}\mathrm{sinc}\left(\dfrac{\pi v}{L}\right)\exp\left(\dfrac{-\mathrm{j}\pi v}{L}\right)$；$\alpha_{qv}$ 可以被看作数字滤波项，表示如

下 [10]：

$$\alpha_{qv}=\sum_{p=0}^{P-1}\varOmega_{pq}\exp\left(-\frac{\mathrm{j}2\pi vp}{P}\right) \tag{6.20}$$

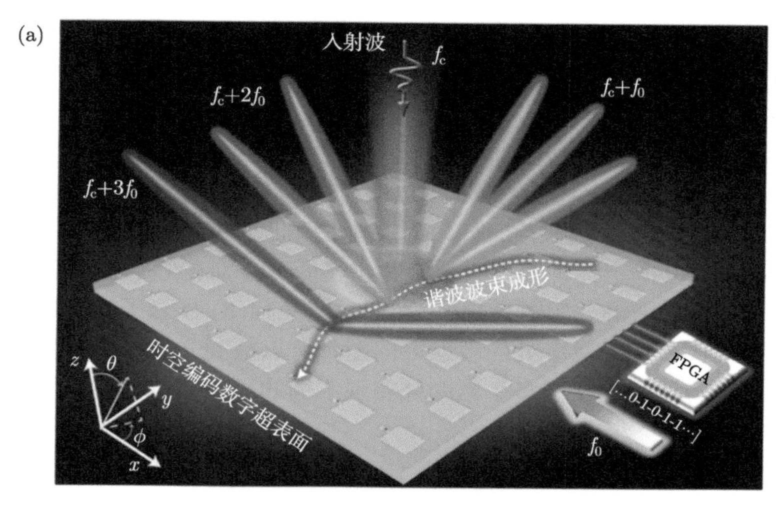

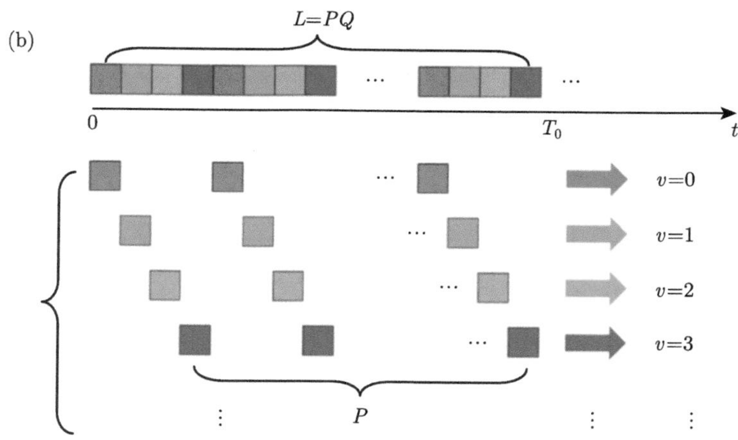

图 6.13 (a) 时空编码超表面实现多谐波联合独立波束调控的示意图 [10]；(b) 基于交织编码子序列进行联合多谐波综合的示意图，相同颜色表示的编码子序列只影响一个特定的谐波频率

为了实现对多个频率的解耦，使第 q 组编码子序列只影响第 v 阶谐波频率，需要精心选择相移因子 $\varOmega_{pq}$ 来设计 α_{qv}，满足 $\alpha_{qv}\propto\tilde{\delta}_{qv}$, 其中 $\tilde{\delta}_{qv}$ 为一个简化的克罗内克函数 (Kronecker delta)，表示如下：

$$\tilde{\delta}_{qv} = \begin{cases} 1, & q = v \\ 0, & q \neq v \end{cases}, \quad q, v = 0, \cdots, Q-1 \tag{6.21}$$

这里将可编程单元的编码量化数用 S 表示，例如 2 比特单元编码状态有四种，对应 S=4。当目标频率数 Q 不大于编码量化数 S 时，选取 $P = S$，$\Omega_{pq} = \exp\left(\frac{\mathrm{j}2\pi pq}{S}\right)$，可简化上述问题。

以一块由 16×16 个单元组成的 2 比特时空编码超表面为例，来阐释这种多频率解耦方法。为了实现严格的封闭解，选取目标频率数为 Q= 4，对应 $v = 0, 1, 2, 3$ 的谐波阶数，编码子序列长度 $P = S = 4$，因此时间交织编码序列的总长度为 $L = PQ = 16$。基于上述理论，时空编码超表面可分别在 0~+3 阶谐波频率处产生四种独立的相位分布，如图 6.14(a) 所示。图 6.14(b) 展示了对应频率处的二维远场散射方向图，四个频率处的散射方向图都可以被独立控制，包括主波束的数量和方向。该方法可用于在多个频率处实现不同的电磁功能，如漫散射、涡旋波束合成等。

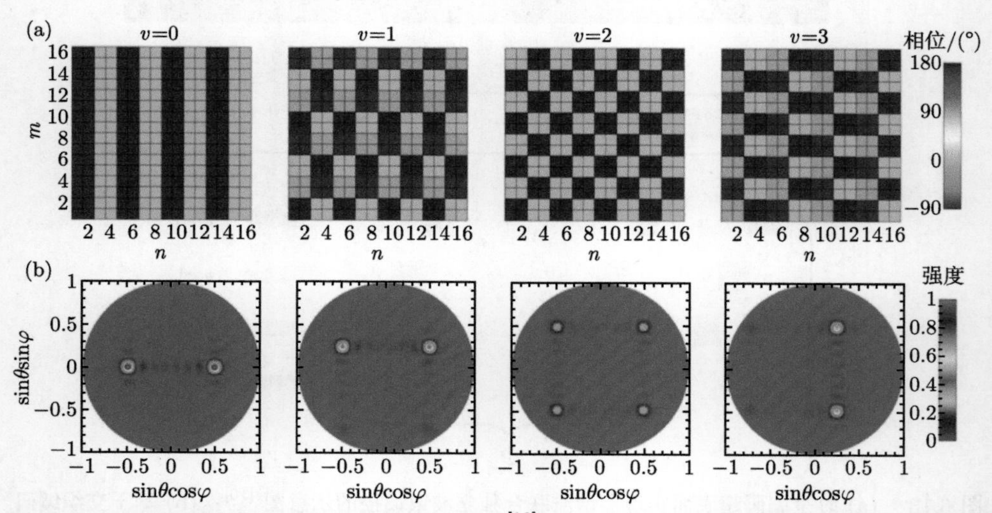

图 6.14　多谐波频率进行联合波束调控的示例 [10]：(a) 分别对应于谐波阶数 v = 0，1，2，3 的编码相位分布图；(b) 对应的远场散射方向图

时间交织编码序列的设计方法无需耗时的优化过程，而是通过严格的数学解析方法实现了对不同频率电磁波的解耦，可使超表面同时在多个频率处具备独立的散射特性，从而实现不同的电磁功能。这种时间交织编码序列的调制方案提升了时空编码超表面对电磁波的多维度调控能力，为新体制无线通信、雷达、成像

等信息系统的发展提供了更多可能性和更大的潜力。

6.2.7 波达方向估计

波达方向 (direction of arrival, DOA) 估计是研究确定空间内存在的若干信号源所处位置的技术，作为一种重要的监测、侦查、勘探手段，在各个领域都被广泛地研究与应用 [12,13]。2022 年，东南大学崔铁军院士、程强教授团队提出了一种基于时空编码超表面谐波特性分析的 DOA 估计方法 [12]，既可以实现入射波角度估计，还可以对反射波进行调控。该方法使用单射频通道接收信号，降低了硬件系统的复杂度，且信号处理的计算量和传统算法相比有所降低，这为低成本、低延迟的智能测向技术估计提供了一种新的思路。

图 6.15 展示了一块反射式时空编码超表面用于 DOA 估计和电磁调控的示意图，该超表面由 N 列 1 比特可编程单元构成。单色平面波 $E_{\rm i}(t) = \exp({\rm j}2\pi f_{\rm c}t)$ 以入射角 $\theta_{\rm i}$ 照射到超表面上，在法线方向 ($\theta = 0°$) 上放置一个接收天线，接收到的 m 阶谐波分量可表示为 [12]

$$F_m(0°) = \sum_{p=1}^{N} a_p^m \exp\left[{\rm j}2\pi(p-1)d\frac{\sin\theta_{\rm i}}{\lambda_{\rm c}}\right] \tag{6.22}$$

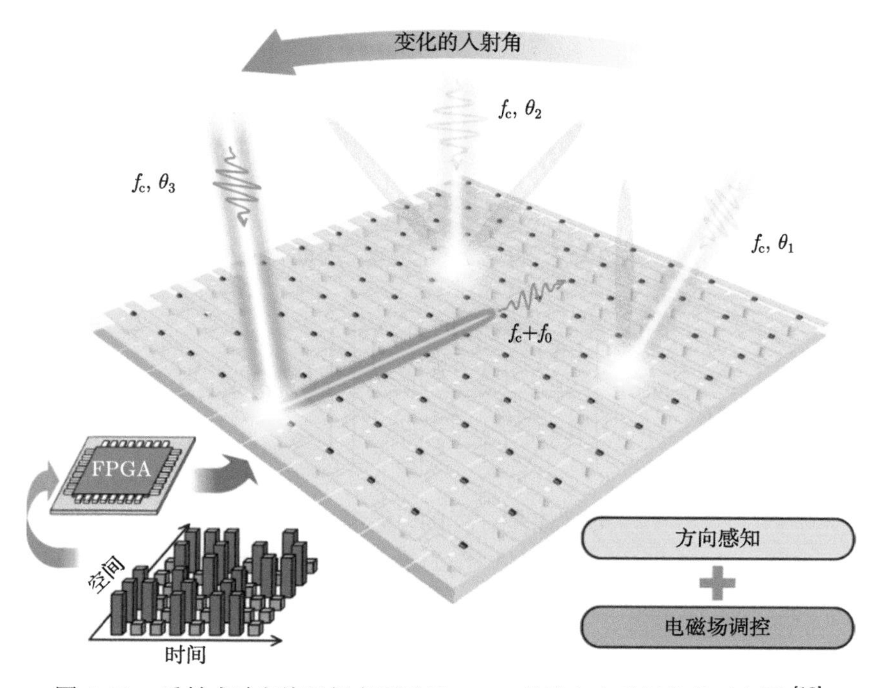

图 6.15 反射式时空编码超表面用于 DOA 估计和电磁调控的示意图 [12]

选择 M 组谐波，对应阶数表示为 $m_1, m_2, m_3, \cdots, m_M$，分别代入式 (6.22) 中并以矩阵形式表示如下：

$$\begin{bmatrix} F_{m_1}(0°) \\ F_{m_2}(0°) \\ \vdots \\ F_{m_M}(0°) \end{bmatrix} = \begin{bmatrix} a_1^{m_1} & a_2^{m_1} & \cdots & a_N^{m_1} \\ a_1^{m_2} & a_2^{m_2} & \cdots & a_N^{m_2} \\ \vdots & \vdots & & \vdots \\ a_1^{m_M} & a_2^{m_M} & \cdots & a_N^{m_M} \end{bmatrix} \begin{bmatrix} 1 \\ \exp\left(\mathrm{j}2\pi d \dfrac{\sin\theta_\mathrm{i}}{\lambda_\mathrm{c}}\right) \\ \vdots \\ \exp\left[\mathrm{j}2\pi(N-1)d\dfrac{\sin\theta_\mathrm{i}}{\lambda_\mathrm{c}}\right] \end{bmatrix} \tag{6.23}$$

式 (6.23) 可以简写为 $\boldsymbol{F} = \boldsymbol{A\theta}$，其中 $\boldsymbol{F} \in \boldsymbol{C}^{M\times 1}$，代表接收到的谐波信号；$\boldsymbol{A} \in \boldsymbol{C}^{M\times N}$ 表示谐波空间系数；$\boldsymbol{\theta} \in \boldsymbol{C}^{N\times 1}$ 是包含入射角 θ_i 信息的空间相位向量。假设 $\boldsymbol{A}$ 有一个广义的逆矩阵 $\boldsymbol{A}^{-1}$，$\boldsymbol{A}^{-1} \in \boldsymbol{C}^{N\times M}$，那么 $\boldsymbol{\theta}$ 可以表示成如下形式：

$$\boldsymbol{\theta} = \boldsymbol{A}^{-1}\boldsymbol{F} \tag{6.24}$$

$\boldsymbol{\theta}$ 是一个等比级数组成的向量，其公比可以表示为

$$\exp\left(\mathrm{j}2\pi d\frac{\sin\theta_\mathrm{i}}{\lambda_\mathrm{c}}\right) = \frac{\exp\left[\mathrm{j}2\pi(N-1)d\dfrac{\sin\theta_\mathrm{i}}{\lambda_\mathrm{c}}\right]}{\exp\left[\mathrm{j}2\pi(N-2)d\dfrac{\sin\theta_\mathrm{i}}{\lambda_\mathrm{c}}\right]} = \frac{(\boldsymbol{A}^{-1}\boldsymbol{F})_N}{(\boldsymbol{A}^{-1}\boldsymbol{F})_{N-1}} = \cdots = \frac{(\boldsymbol{A}^{-1}\boldsymbol{F})_2}{(\boldsymbol{A}^{-1}\boldsymbol{F})_1} \tag{6.25}$$

其中，$[\boldsymbol{A}^{-1}\boldsymbol{F}]_n$ 表示矢量 $\boldsymbol{A}^{-1}\boldsymbol{F}$ 的第 n 个元素。因此，入射角 θ_i^n 可进一步表示为

$$\theta_\mathrm{i}^n = \arcsin\left\{\frac{\lambda_\mathrm{c}}{2\pi d}\arctan\left[\frac{\mathrm{Im}\left(\dfrac{[\boldsymbol{A}^{-1}\boldsymbol{F}]_{n+1}}{[\boldsymbol{A}^{-1}\boldsymbol{F}]_n}\right)}{\mathrm{Re}\left(\dfrac{[\boldsymbol{A}^{-1}\boldsymbol{F}]_{n+1}}{[\boldsymbol{A}^{-1}\boldsymbol{F}]_n}\right)}\right]\right\}, \quad n = 1, 2, \cdots, N-1 \tag{6.26}$$

理论上，θ_i^n 的 $N-1$ 个结果应该是一样的，但考虑到实际测试中设备和环境带来的噪声和干扰，可将 θ_i^n 的平均值 θ_e 作为最终角度估计值：

$$\theta_\mathrm{e} = \frac{\sum\limits_{n=1}^{N-1}\theta_\mathrm{i}^n}{N-1} \tag{6.27}$$

此外，式 (6.25) 中指数函数的相位项 $2\pi d\dfrac{\sin\theta_{\rm i}}{\lambda_{\rm c}}$ 存在角度不明确的问题，因此做出如下限定：

$$-\pi \leqslant 2\pi d\frac{\sin\theta_{\rm i}}{\lambda_{\rm c}} \leqslant \pi \tag{6.28}$$

图 6.16(a) 分别给出了 I、Ⅱ 和 Ⅲ 三种时空编码矩阵，用于 DOA 估计和不同功能的反射波调控，产生的频谱幅度分布如图 6.16(b) 所示，可根据需要选择相应的时空编码矩阵。时空编码超表面由 10 列单元组成，因此选取 $-9\sim+9$ 阶中 10 个奇次谐波分量使得式 (6.23) 中的矩阵 $\boldsymbol{A}$ 为方阵。图 6.16(c) 给出了这三组时空编码矩阵分别在入射角 45°、−30° 和 30° 的平面波照射下对应的谐波散射方向图计算结果，其中绿色虚线表示超表面在没有时空编码调制时的基波散射方向图。可以看出，使用矩阵 I 的超表面在 45° 入射波照射下，+1 阶谐波在 0° 方向形成单波束；使用矩阵 Ⅱ 的超表面在 −30° 入射波照射下，+1 阶和 −1 阶谐波分别形成两个单波束，关于 30° 方向对称；使用矩阵 Ⅲ 的超表面在 30° 入射波照射下，各个谐波频率处的反射波能量较低，呈现出低散射的特性。

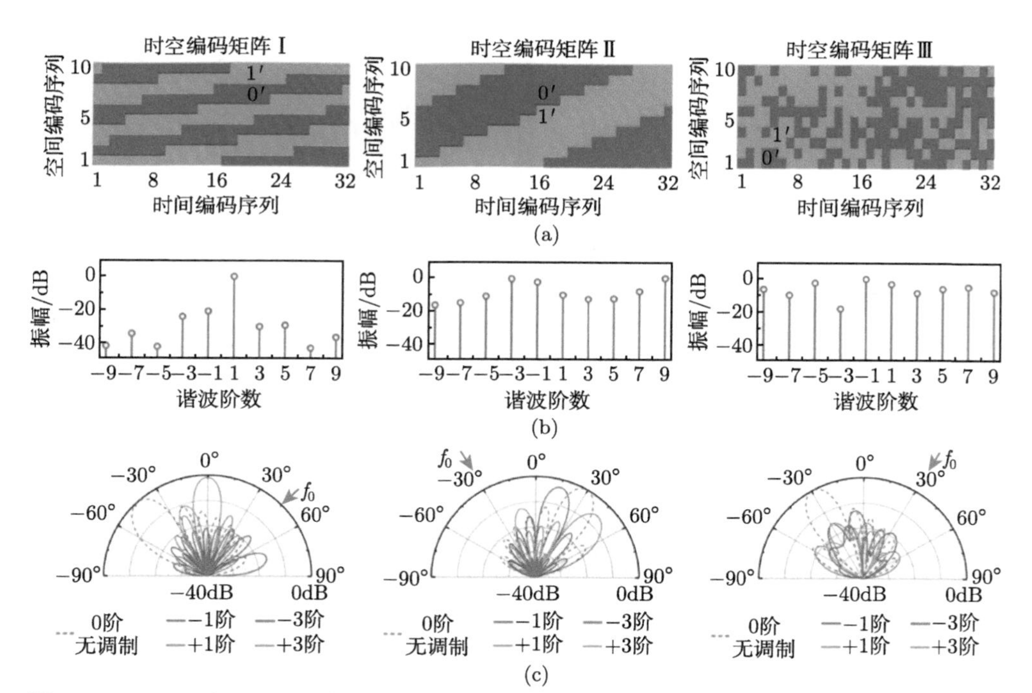

图 6.16 (a) 三种不同时空编码矩阵 I、Ⅱ 和 Ⅲ，用于入射波从 45°、−30° 和 30° 三种角度照射到超表面；(b) 对应法线方向接收的频谱幅度分布计算结果；(c) 对应谐波方向图计算结果 [12]

图 6.17(a) 展示了用于 DOA 估计的时空编码超表面阵列及单元结构，该单元在 23 ～ 25GHz 频率范围内呈现良好的 1 比特相位特性。实验测试环境如图 6.17(b) 所示：接收天线放置于超表面垂直方向上，发射天线向超表面发射单色信号，模拟来自远场的平面波；FPGA 控制模块、超表面和接收天线均固定在转台上。开关二极管的切换速率为 2MHz，时空编码序列的长度为 32，对应时间周期为 16μs、谐波间隔为 62.5kHz。对以上三种时空编码矩阵进行测试，入射角范围设为 $-90°$ ～ $90°$ (间隔为 3°)，测量反射信号的频谱，并利用式 (6.27) 计算得到入射角估计值。图 6.17(c) 给出了使用这三种时空编码矩阵的 DOA 估计值，图 6.17(d) 给出了估计值的绝对误差。可以看出，对于较小的入射角，DOA 估计结果与实际值误差很小，绝对误差在 3° 以内；而对于较大的入射角，DOA 估计的绝对误差将增大。这是由于随着入射角增大，超表面的反射性能下降，且

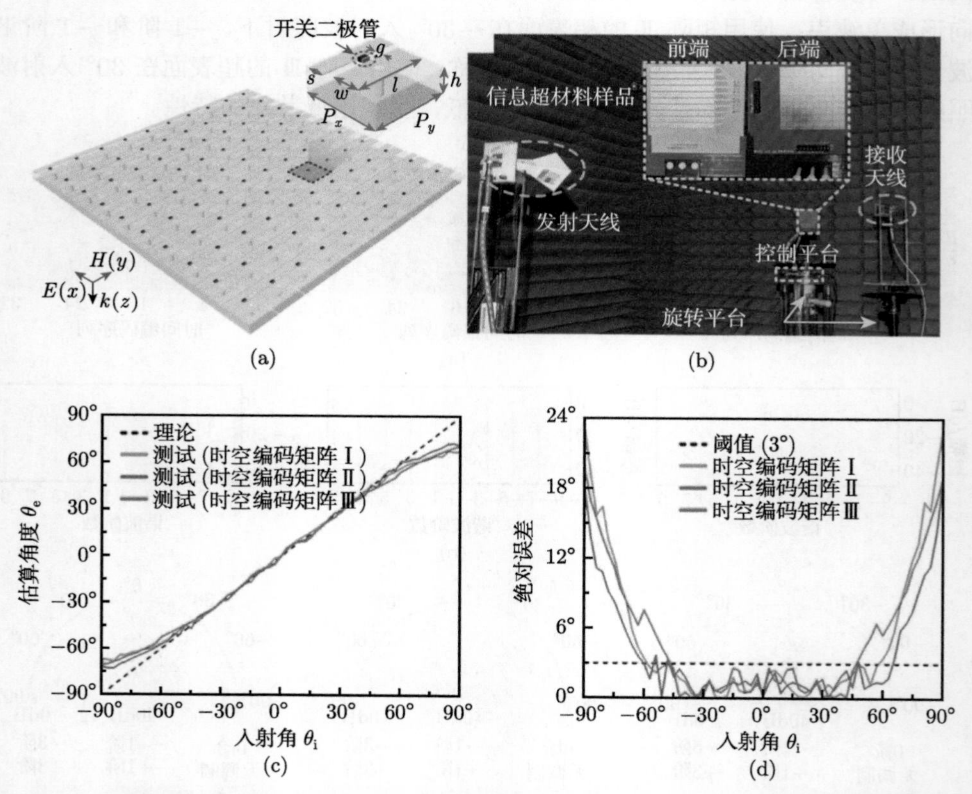

图 6.17 时空编码超表面的结构示意图、测试场景及测试结果 [12]：(a) 超表面阵列及单元结构；(b) 测试场景图；(c) 不同时空编码矩阵下 DOA 估计值；(d) 不同时空编码矩阵下 DOA 估计绝对误差分析

接收到的谐波能量减少，导致信噪比降低，从而降低了 DOA 估计精度。图 6.17(d) 中设置绝对误差 3° 的阈值线，该阈值内的估计值误差较小，可以看出时空编码矩阵 I、II 和 III 可以分别在 $[-60°, 60°]$、$[-60°, 60°]$ 和 $[-45°, 45°]$ 的角度范围实现精确的 DOA 估计。实验结果验证了这种基于时空编码超表面谐波特性分析的 DOA 估计方法具有较高的精度，同时具备低成本、低时延的优点。

6.3 小　　结

时空编码超表面的概念自 2018 年提出以来便引起了国内外学者的广泛追踪与深入研究，时空联合编码方法可同时在时间域、空间域、频率域和极化域进行电磁物理调控和信息处理，拓展了信息超材料的应用范围。目前，时空编码超表面已经成功应用于谐波波束扫描和波束成形、多域散射能量缩减、可编程非互易效应、任意多比特相位生成、多谐波独立调控、波达方向估计、任意极化调控、模拟信号处理、新架构无线发射机、智能反射表面、新型天线设计、无线通信复用技术、雷达波形生成、电磁感知等多方面 [5−29]，在未来新体制无线通信、雷达、成像、自适应波束成形等领域具有极大的应用潜力。

参 考 文 献

[1] Yu Z, Fan S. Complete optical isolation created by indirect interband photonic transitions[J]. Nature Photonics, 2009, 3(2): 91-94.

[2] Shaltout A, Kildishev A, Shalaev V. Time-varying metasurfaces and Lorentz nonreciprocity[J]. Optical Materials Express, 2015, 5(11): 2459-2467.

[3] Hadad Y, Sounas D L, Alu A. Space-time gradient metasurfaces[J]. Physical Review B, 2015, 92(10): 100304.

[4] Rogov A, Narimanov E. Space-time metamaterials[J]. ACS Photonics, 2018, 5(7): 2868-2877.

[5] Zhang L, Chen X Q, Liu S, et al. Space-time-coding digital metasurfaces[J]. Nature Communications, 2018, 9(1): 4334.

[6] 张磊. 时空编码数字超表面及应用 [D]. 南京: 东南大学, 2020.

[7] Zhang L, Cui T J. Space-time-coding digital metasurfaces: principles and applications[J]. Research, 2021, 2021: 9802673.

[8] Zhang L, Chen X Q, Shao R W, et al. Breaking reciprocity with space-time-coding digital metasurfaces[J]. Advanced Materials, 2019, 31(41): 1904069.

[9] Zhang L, Wang Z X, Shao R W, et al. Dynamically realizing arbitrary multi-bit programmable phases using a 2-bit time-domain coding metasurface[J]. IEEE Transactions on Antennas and Propagation, 2019, 68(4): 2984-2992.

[10] Castaldi G, Zhang L, Moccia M, et al. Joint multi-frequency beam shaping and steering via space-time-coding digital metasurfaces[J]. Advanced Functional Materials, 2021, 31(6): 2007620.

[11] Chen X Q, Zhang L, Cui T J. Intelligent autoencoder for space-time-coding digital metasurfaces[J]. Applied Physics Letters, 2023, 122(16): 161702.

[12] Dai J Y, Tang W, Wang M, et al. Simultaneous in situ direction finding and field manipulation based on space-time-coding digital metasurface[J]. IEEE Transactions on Antennas and Propagation, 2022, 70(6): 4774-4783.

[13] Chen X Q, Zhang L, Liu S, et al. Artificial neural network for direction-of-arrival estimation and secure wireless communications via space-time-coding digital metasurfaces[J]. Advanced Optical Materials, 2022, 10(23): 2201900.

[14] Han J, Wang T, Chen S, et al. Utilization of harmonics in phaseless near-field microwave computational imaging based on space-time-coding transmissive metasurface[J]. Applied Physics Letters, 2023, 122(3): 031701.

[15] Rajabalipanah H, Abdolali A, Iqbal S, et al. Analog signal processing through space-time digital metasurfaces[J]. Nanophotonics, 2021, 10(6): 1753-1764.

[16] Xia D, Guan L, Liu H, et al. MetaBreath: multitarget respiration detection based on space-time-coding digital metasurface[J]. IEEE Transactions on Microwave Theory and Techniques, 2024, 72(2): 1433-1443.

[17] Zhang L, Chen M Z, Tang W, et al. A wireless communication scheme based on space- and frequency-division multiplexing using digital metasurfaces[J]. Nature Electronics, 2021, 4(3): 218-227.

[18] Dai J Y, Tang W, Chen M Z, et al. Wireless communication based on information metasurfaces[J]. IEEE Transactions on Microwave Theory and Techniques, 2021, 69(3): 1493-1510.

[19] Di Renzo M, Zappone A, Debbah M, et al. Smart radio environments empowered by reconfigurable intelligent surfaces: how it works, state of research, and the road ahead[J]. IEEE Journal on Selected Areas in Communications, 2020, 38(11): 2450-2525.

[20] Wang S R, Chen M Z, Ke J C, et al. Asynchronous space-time-coding digital metasurface[J]. Advanced Science, 2022, 9(24): 2200106.

[21] Wang S R, Dai J Y, Zhou Q Y, et al. Manipulations of multi-frequency waves and signals via multi-partition asynchronous space-time-coding digital metasurface[J]. Nature Communications, 2023, 14(1): 5377.

[22] Wang X, Han J, Tian S, et al. Amplification and manipulation of nonlinear electromagnetic waves and enhanced nonreciprocity using transmissive space-time-coding metasurface[J]. Advanced Science, 2022, 9(11): 2105960.

[23] Zhang L, Huang Z R, Chen X Q, et al. Co-prime modulation for space-time-coding digital metasurfaces with ultralow-scattering characteristics[J]. Advanced Functional Materials, 2024, 34(21): 2314110.

[24] Hu Q, Chen K, Zhao J, et al. On-demand dynamic polarization meta-transformer[J].

Laser & Photonics Reviews, 2023, 17(1): 2200479.

[25] Ke J C, Chen X, Tang W, et al. Space-frequency-polarization-division multiplexed wireless communication system using anisotropic space-time-coding digital metasurface[J]. National Science Review, 2022, 9(11): nwac225.

[26] Ke J C, Dai J Y, Zhang J W, et al. Frequency-modulated continuous waves controlled by space-time-coding metasurface with nonlinearly periodic phases[J]. Light: Science & Applications, 2022, 11(1): 273.

[27] Zhu X, Qian C, Zhang J, et al. On-demand Doppler-offset beamforming with intelligent spatiotemporal metasurfaces[J]. Nanophotonics, 2024, 13(8): 1351-1360.

[28] Wu G B, Dai J Y, Cheng Q, et al. Sideband-free space-time-coding metasurface antennas[J]. Nature Electronics, 2022, 5(11): 808-819.

[29] Wu G B, Dai J Y, Shum K M, et al. A universal metasurface antenna to manipulate all fundamental characteristics of electromagnetic waves[J]. Nature Communications, 2023, 14(1): 5155.

第 7 章 信息超材料在无线通信中的应用

信息超材料融合了电磁理论和信息科学，可在时–空–频–极化域实现对电磁波的多维度调控，在电磁波物理世界和数字世界之间搭建起桥梁。信息超材料凭借强大的电磁波调控能力以及低成本、低功耗、易部署等优点，在学术界和工业界受到了国内外同行的广泛关注，基于信息超材料的智能超表面 (reconfigurable intelligent surface, RIS) 技术被认为是下一代 6G 移动通信的候选方案之一。本章首先将阐述无线通信中信息超材料的基本原理，然后展示其在无线通信中的代表性应用，最后介绍超表面自由空间的路径损耗模型。

7.1 无线通信中超材料的工作原理

信息超材料能够实时调控电磁波前并直接调制数字信息，可改变传统随机的无线信道，并创造一个智能可控的无线传播环境，为下一代移动通信提供全新的思路 [1,2]。本节将介绍基于信息超材料的波束调控和信息调制的基本原理。

7.1.1 波束调控原理

对单元的反射/透射相位进行编码，信息超材料可以灵活控制自由空间中电磁波的传播，实现波束动态调控 [2,3]。信息超材料可以提供可控的人造无线信道，重新定义无线传播环境。图 7.1 展示了一种基于信息超表面的新型无线环境，通过部署信息超表面来对空间中的基站信号进行二次调制，建立用户与超表面之间的视距传输，有效规避了由障碍物引起的信号衰落，可显著提高信号质量，解决信号覆盖盲区的问题，丰富信道散射特性，增强无线通信系统的空间复用增益。

此外，信息超表面辅助的新型无线通信系统能够在不引入自干扰的情况下，实现全双工通信，在以下场景中具有应用潜力 [1,2,5,6,7]：

(1) 克服非视距传输：在传统无线通信系统中，起伏的地形和建筑等障碍物会对电磁波产生遮挡，导致传输信号的衰落，影响通信质量。而引入信息超表面，通过波束成形等手段在基站和用户间创建虚拟的视距传输路径，可减少由障碍物导致的信号衰减。

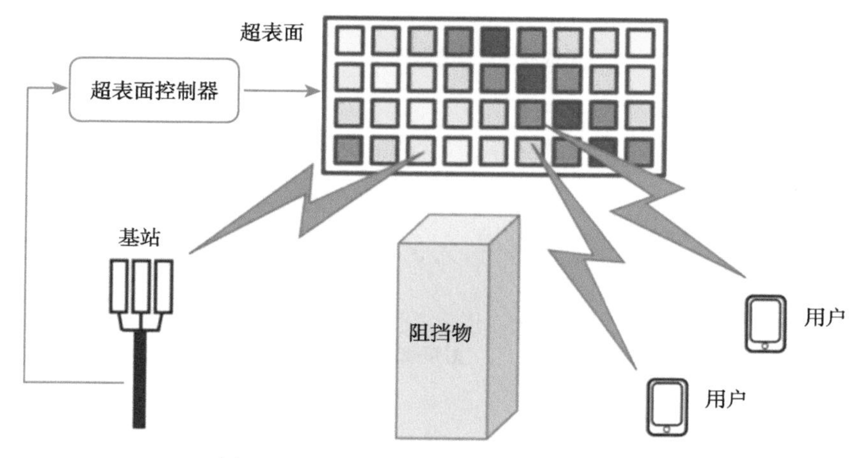

图 7.1 基于信息超表面的新型无线环境

(2) 增强通信安全：信息超表面可在特定方向上人为地消除反射信号，极大减少信息的泄露。此外，信息超表面也可具有主动吸波特性，可减小电磁污染、阻断窃听链路。

(3) 提升信号覆盖：借助信息超表面对电磁波进行偏折和聚焦，可补盲基站信号盲区，弥补信号局部覆盖漏洞，提高通信系统容量。

(4) 服务边缘用户：位于基站边缘的用户可能遭遇严重的信号衰减以及相邻基站的同频信号干扰。通过在小区边缘部署信息超表面，可以提高信号功率，同时抑制同频干扰，提高通信质量。

(5) 感知定位：集成大量单元的信息超表面具有较高的空间分辨率，可实现高精度定位和辅助电磁环境感知，有助于构建通信感知一体化系统。

7.1.2 信息调制原理

本节将介绍基于信息超表面的信息调制原理，以及基于该调制方式的新型无线通信发射机架构。图 7.2 给出了传统数字通信系统发射机的框架图，其工作流程如下：将需要传递的信息转换成二进制码流，通过振幅键控 (amplitude shift keying, ASK)、频移键控 (frequency shift keying, FSK)、相移键控 (phase shift keying, PSK) 等数字调制方式将信息调制到参考载波上，然后经过数模转换器 (digital to analog converter, DAC) 转换为模拟波形。基带信号通过混频器上变频至射频 (radio frequency, RF) 频段，最后通过 RF 链路经由天线辐射至自由空间 [6]。

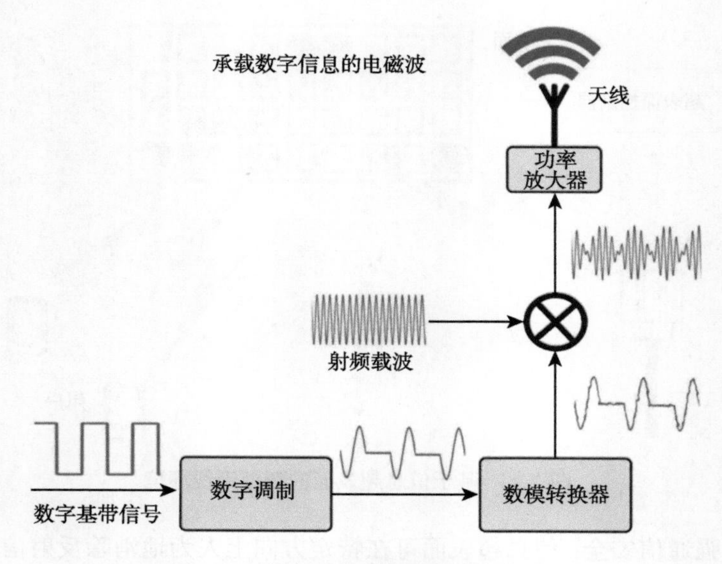

图 7.2 数字通信系统发射机框架图

然而，对于处理能力和带宽要求较高的无线通信系统来说，这类传统架构往往需要大量高性能 RF 链路和天线，面临成本高和能耗大等问题。前几章中介绍的数字编码与可编程信息超表面展现出了对空间电磁波幅度、相位、方向图等参数的实时调控能力，可作为一种新的信息调制手段。下面以反射型信息超表面为例，讨论其信息调制的原理。假设超表面所有单元具有同一反射系数 $\varGamma(t)$，表示如下 [8]：

$$\varGamma(t) = A(t) \cdot \mathrm{e}^{\mathrm{j}\left[2\pi \int_0^t f(\tau)\mathrm{d}\tau + \varphi(t)\right]} \tag{7.1}$$

其中，$A(t)$、$f(\tau)$、$\varphi(t)$ 分别表示反射系数的幅度、频率和相位。当幅度为 1、频率为 f_c 的单色信号正入射到超表面上时，反射波可表示为

$$E_\mathrm{r}(t) = E_\mathrm{i}(t) \cdot \varGamma(t) = A(t) \cdot \mathrm{e}^{\mathrm{j}\left\{2\pi\left[f_\mathrm{c}t + \int_0^t f(\tau)\mathrm{d}\tau\right] + \varphi(t)\right\}} \tag{7.2}$$

上式表明反射波的幅度、频率和相位可由超表面单元的反射系数来控制，等效地实现了模拟调制中的幅度调制 (AM)、频率调制 (FM) 或相位调制 (PM)。与传统发射机架构不同，这种基于信息超表面的调制方法是将一个单色载波信号空馈给超表面来直接实现变频与调制，且反射波信号与传统发射机信号在形式上并无区别。

在基于信息超表面的发射机架构中，信息调制的关键在于如何将信息数据映射至反射系数 $\varGamma(t)$ 上。图 7.3 为基于编码超表面的无线通信系统框图，发射机部分如图 7.3(a) 所示，将信源比特映射为相应的控制信号后，通过控制信号调控超表面的反射系数 $\varGamma(t)$，从而实现对电磁波的实时调制。

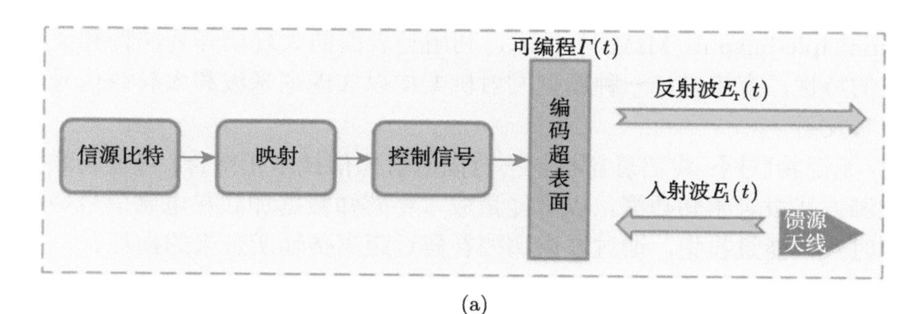

(a)

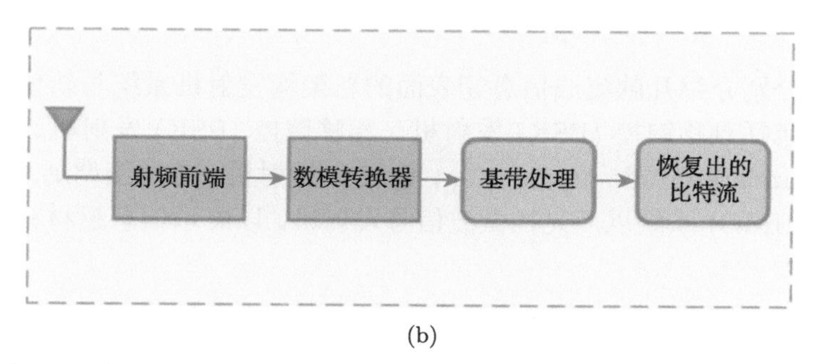

(b)

图 7.3 基于编码超表面的无线通信系统框图：发射机 (a)；接收机 (b)

携带信源数据的超表面反射系数 $\Gamma(t)$ 可写作

$$\Gamma(t)=\Gamma_m(t)\cdot g(t),\quad 0\leqslant t\leqslant T,\quad \Gamma_m(t)\in M \tag{7.3}$$

其中，$\Gamma_m(t)$ 是信源信号映射形成的复反射系数，$g(t)$ 是基本脉冲函数，T 是信息符号的持续时间。M 是一组基为 $|M|$ 的星座点集，每一个信息符号 $\Gamma_m(t)$ 包含 $\log_2|M|$ 个信息比特。以正交相移键控 (quadrature PSK，QPSK) 调制为例，其星座点集可写为

$$\Gamma_m(t)\in M=\{00,01,10,11\},\quad |M|=4,\quad m=0,1,2,3 \tag{7.4}$$

其中，反射系数共存在四种取值 Γ_0、Γ_1、Γ_2、Γ_3，分别代表编码 “00”、“01”、“10”、“11”。若需要发射的消息是 “00100111”，则所需的反射系数序列为 “$\Gamma_0\Gamma_2\Gamma_1\Gamma_3$”。如此构建信息符号与反射系数的映射关系后，便可以实现信息直接调制，从而实现一种基于数字编码超表面的新型发射机架构。

区别于传统发射机通过传输线将载波信号传递给混频器以实现变频的方式，这种新型发射机架构无需混频器和滤波器组成的射频链路，具有低复杂度、低成本、低功耗、低散热等优点，可应用于以下场景中 [7−10]：

(1) 大规模发射机：若信息超表面的单元独立可控，则借助时间和空间域的联合编码，可在信息调制的同时实现波束调控。进一步结合多输入多输出 (multiple-

input multiple-output, MIMO) 技术，利用超表面的大规模阵列结构和灵活调控电磁波的特性，有望设计一种新型发射机架构以实现毫米波和太赫兹信号的大功率生成与发射。

(2) 无源物联网：将信息超材料与背向散射通信技术相结合，可使物联网设备通过无源方式报告感知数据，以零能量成本将感知数据加载在电磁信号中进行通信，同时实现能量收集，通过波束调控补偿远距离传输所带来的损耗。

7.2　新架构发射机与无线通信系统

本节将分别介绍几款集成信息超表面的新架构发射机系统与新体制无线通信系统原型，包括频移键控 (FSK) 发射机、相移键控 (PSK) 发射机、正交振幅调制 (quadrature amplitude modulation，QAM) 发射机、方向图调制发射机、多输入多输出 (MIMO) 系统以及光控微波信号发射机，以展示信息超材料在无线通信中的应用潜力 [10]。

7.2.1　频移键控发射机

本节将首先介绍一款基于信息超表面的二进制频移键控 (binary frequency shift keying, BFSK) 简化架构发射机 [11]。基于式 (7.3) 建立消息符号与反射系数时域波形的映射关系，得到 BFSK 调制的星座点集为

$$\varGamma_m(t) = \mathrm{e}^{\mathrm{j}2\pi f_m t}, \quad f_m \in M = \{f_0, f_1\} \tag{7.5}$$

其中，f_0 和 f_1 代表反射系数频率的两种取值，这两个不同的频率用于基带调制。考虑 2 比特时间编码序列 “00-01-10-11-$\cdots$” 与 “11-10-01-00-$\cdots$”，其对应超表面的反射波会分别产生较强的 $+1$ 阶与 -1 阶谐波频率分量，故使用 ± 1 阶谐波频率来实现 BFSK 调制。而稳定的 ± 1 阶谐波频率需要在时间编码序列持续一定周期时间，为了使生成的谐波具有稳定性同时减少截断效应带来的影响，持续时间必须为编码序列周期的整数倍。具体而言，例如传递信息 “001” 时需要的反射系数相位的时域波形如图 7.4 所示，考虑到传输速度与质量的需要，设定持续时间 $T = 4T'$(其中 T' 为时间编码序列的周期)。

依照上述原理，超表面简化架构发射机的系统框架如图 7.5(a) 所示，其信息调制的具体步骤为 [11]：

(1) 信源编码：将语音、图片、视频等需要传递的信息，编码为二进制数据流 ($\cdots 11001001 \cdots$)。

(2) 数据映射：将步骤 (1) 中得到的二进制数据流映射为星座点 $\varGamma_m(t)$ 从而得到反射系数的时域波形。

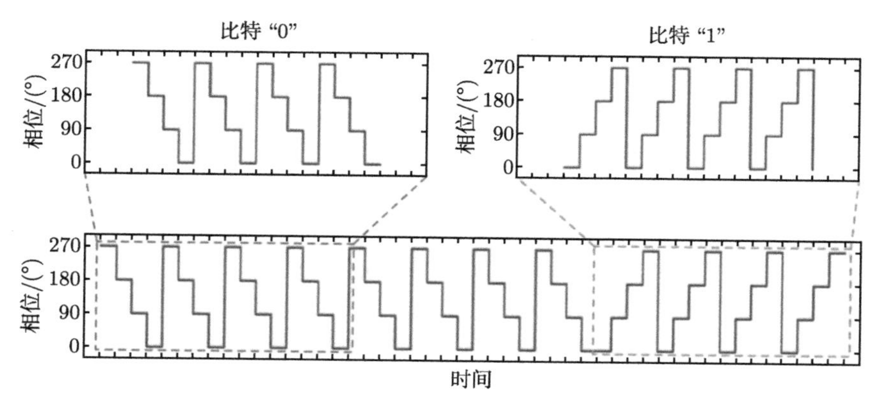

图 7.4 传输二进制信息 "001" 时所需的反射系数相位时域波形 [11]

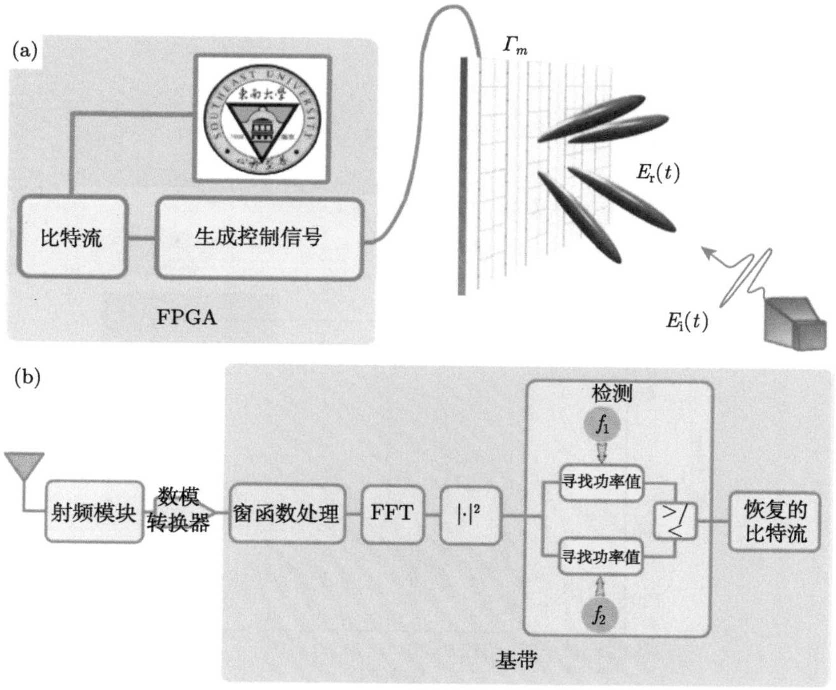

图 7.5 (a) 基于时间编码超表面的 BFSK 调制无线通信发射机系统框图；(b) SDR 接收机解调过程的系统框图 [11]

(3) 控制信号生成：根据步骤 (2) 中得到的反射系数波形，生成相应的控制信号序列，并对时间编码超表面进行控制，使单色载波经超表面反射后成为携带信息的已调制波。

接收端使用一款商用软件无线电 (software defined radio, SDR) 平台对已调制的反射波进行接收与解调。

在微波暗室中对该原型系统进行验证，具体实验环境如图 7.6(a) 所示。信号源提供所需载波，其频率设定为 3.6GHz。馈源使用宽带双脊喇叭天线，接收天线为偶极子天线，两者分别与信号源和 SDR 接收机相连，接收机位于样品正前方 6.25m 处。实验中 ±1 阶谐波的频率为 3.6GHz±312.5kHz，对应编码序列周期为 3.2μs，消息符号持续时间为 12.8μs。图 7.6(b) 展示了原型系统传输数据 “0” 时，接收信号经下变频后的频谱分布。可以看到接收信号的载波频率 (下变频后为 0Hz) 能量非常高。造成这种现象的主要原因有：① SDR 接收机性能不及频谱分析仪；② 零中频接收机存在直流偏移的现象；③ 接收机混频器处的载波泄漏导致 0Hz 处的频率分量变高。然而，这种现象并不影响 BFSK 消息符号的解调，接收机依然可以准确恢复出发射机所发送的二进制数据。

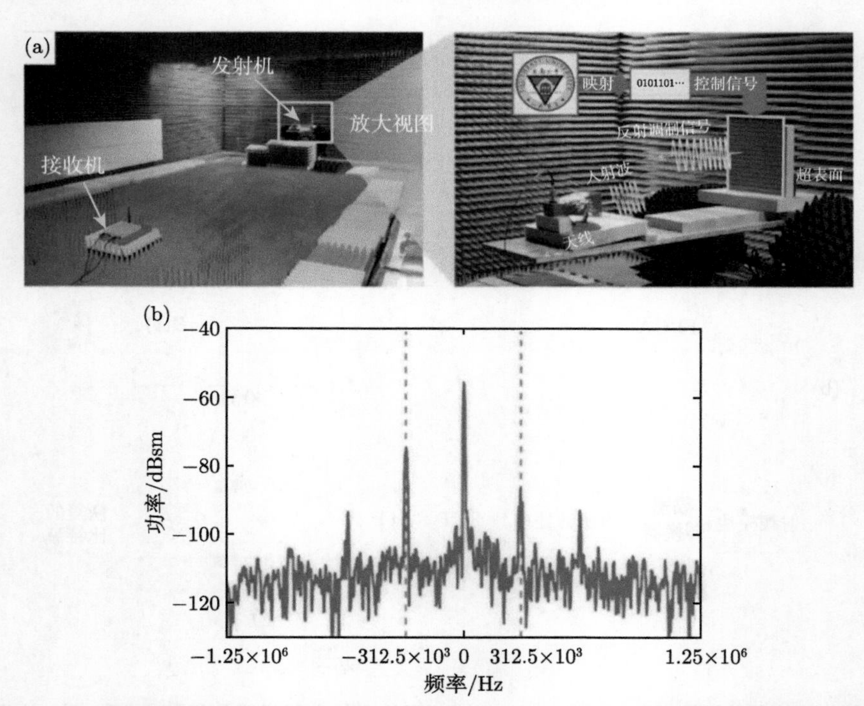

图 7.6 (a) 时间编码超表面信息传输暗室测试图；(b) 接收机接收二进制数据 “0” 时对应的频谱图 [11]

为进一步验证发射机的性能，对该系统进行了图片传输测试。图 7.7 展示了不同情况下的图片传输结果，可以看出，不管是发射机和接收机存在夹角还是有其他频率信号干扰，接收机均实现了信息的无损传输，说明发射机具有较强的稳定性。

图 7.8 给出了在不同通信距离、夹角以及馈源天线发射功率下测得的无线通信链路的误比特率 (bit error rate, BER), 可以发现结果与传统发射机类似: 当通信距离

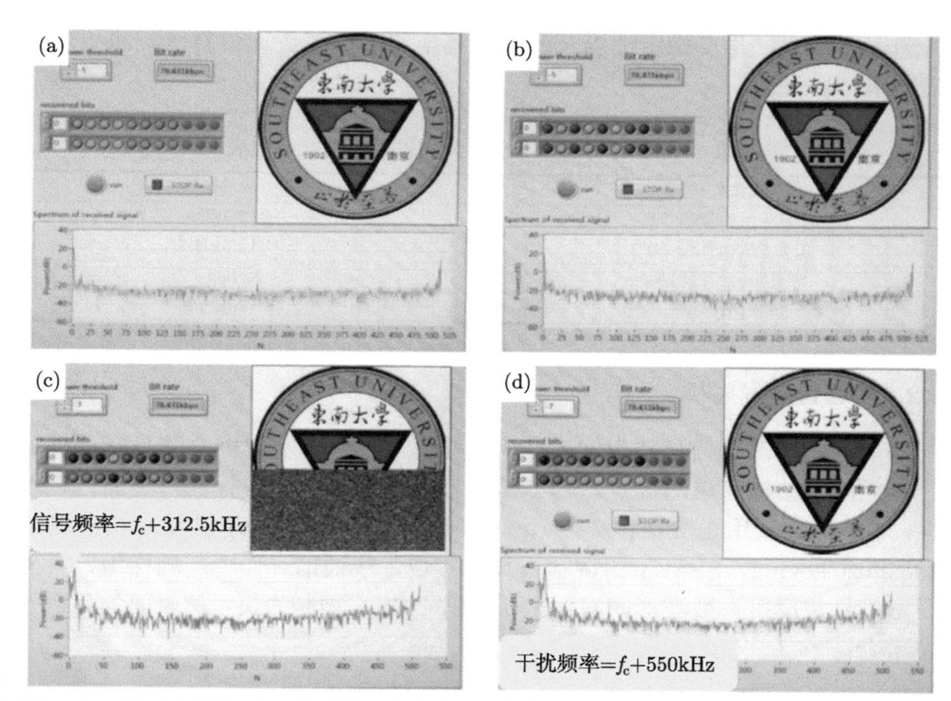

图 7.7 (a) 和 (b) 接收机与发射机夹角分别为 0° 和 30° 时的图片传输结果; (c) 和 (d) 在干扰频率信号 f_c+550kHz 存在时接收图片的结果 [11]

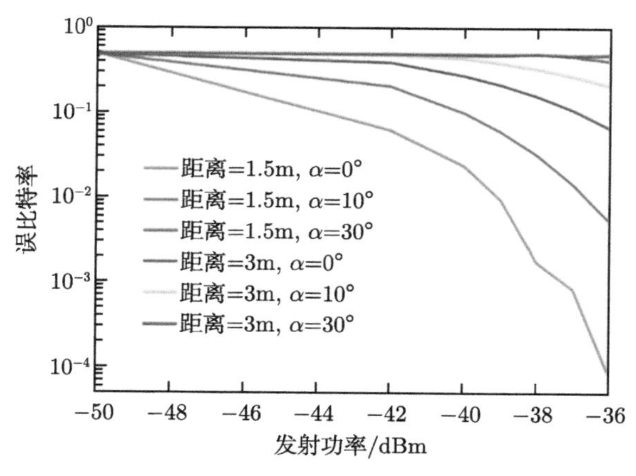

图 7.8 基于超表面的 BFSK 发射机在不同情形下的误比特率曲线 [11]

越小、夹角越小、发射功率越大时，误比特率越小；反之误比特率会增大。该发射机的各项参数指标由表 7.1 给出。相较于传统的通信发射机，集成信息超表面的无线通信发射机无需额外的射频模块，简化了发射机的架构。后续研究可通过提升超表面带宽、角度稳定性以及升级控制电路或者改进通信算法，进一步提升通信速率与质量。

表 7.1 基于超表面 BFSK 调制发射机性能参数表 [11]

载波频率	3.6GHz
+1 阶频率 (比特 “1”)	+312.5kHz
−1 阶频率 (比特 “0”)	−312.5kHz
消息符号持续时间	12.8μs
传输比特速率	78.125kbps

7.2.2 相移键控发射机

本节将介绍基于信息超表面的 PSK 调制无线通信发射机，其具有硬件成本低、能耗低、结构简单的优点。为了验证该发射机架构的可行性、可靠性以及稳定性，本节分别采用正交相移键控 (quadrature PSK，QPSK) 以及 8 相移键控 (8 phase shift keying，8PSK) 的调制方案来实现无线通信 [12−14]。同样地，首先建立消息符号与反射系数波形的映射关系，以 QPSK 调制为例，超表面的反射系数可表示为

$$\Gamma_m(t) \in M = \left\{ \mathrm{e}^{\mathrm{j}(-225^\circ)},\ \mathrm{e}^{\mathrm{j}(-135^\circ)},\ \mathrm{e}^{\mathrm{j}(-45^\circ)},\ \mathrm{e}^{\mathrm{j}(45^\circ)} \right\}, \quad |M| = 4,\ m = 0,1,2 \tag{7.6}$$

表 7.2 给出了二进制数据与反射系数之间的映射关系，本例中反射系数的相位取值分别为 −225°、−135°、−45° 和 45°，进一步细分可得到 8PSK 的映射关系。

表 7.2 QPSK 调制方案下二进制数据与反射系数之间映射关系表

消息符号	反射系数	二进制数据
$\Gamma_0(t)$	$\mathrm{e}^{\mathrm{j}(-225^\circ)}$	00
$\Gamma_1(t)$	$\mathrm{e}^{\mathrm{j}(-135^\circ)}$	01
$\Gamma_2(t)$	$\mathrm{e}^{\mathrm{j}(-45^\circ)}$	11
$\Gamma_3(t)$	$\mathrm{e}^{\mathrm{j}(45^\circ)}$	10

为实现 QPSK 与 8PSK 调制，分别使用两款工作在 4GHz 和 4.25GHz 的数字编码超表面制作原型系统 [12,13]。超表面单元集成了变容二极管，加载控制电压可改变单元的反射系数相位，反射波的相位也随之改变。因此，QPSK 需要 4 个

相位状态、8PSK 需要 8 个相位状态，分别被映射为相应的控制电压信号。图 7.9 展示了 PSK 调制无线通信系统框图，由数字编码超表面、控制电路板、若干板卡硬件模块、SDR 平台和天线构成。下面通过视频流空口实时传输实验来验证该 PSK 发射机方案的可行性。基于数字编码超表面发射机的 QPSK 和 8PSK 无线通信原型系统如图 7.10 所示，主要模块均已在图中注明。

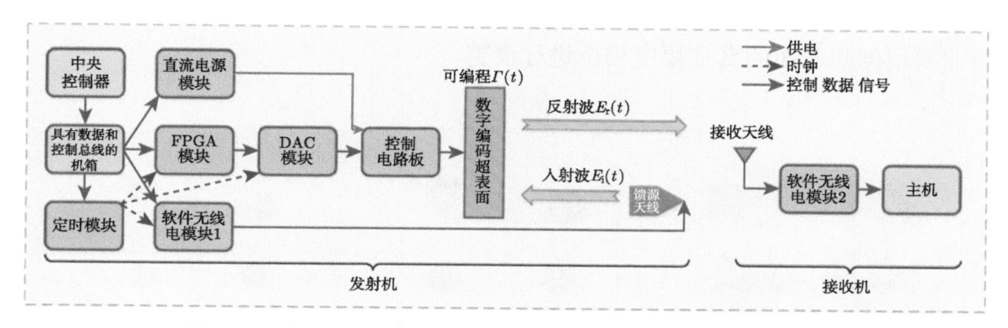

图 7.9 基于数字编码超表面的 PSK 调制无线通信系统框图

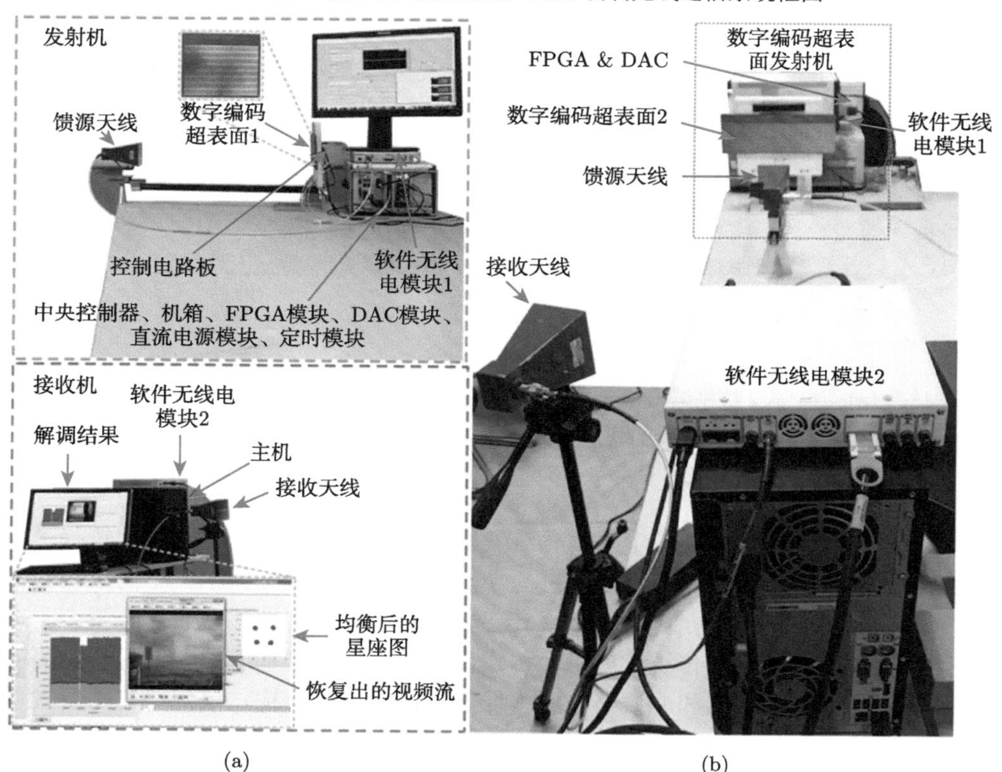

图 7.10 基于数字编码超表面的 QPSK (a) 与 8PSK (b) 无线通信原型系统 [12,13]

上述 PSK 发射机通信实验在缺少信道编码的情况下依然得到了清晰稳定的星座图，实现了流畅的视频流空口传输，有力地证明了该发射机架构的可行性。图 7.11 展示了两个原型系统在不同发射功率下测得的星座图，可以看到星座点的集中程度随发射功率的增强而提高，与传统通信架构相类似，更高的发射功率意味着能够得到更稳定的解调符号的幅相信息以及更好的 BER 性能。需要指出的是，由于超表面单元幅度和相位之间的耦合，发射星座图并不标准，因此解调策略需要根据超表面的真实幅度相位进行调整。

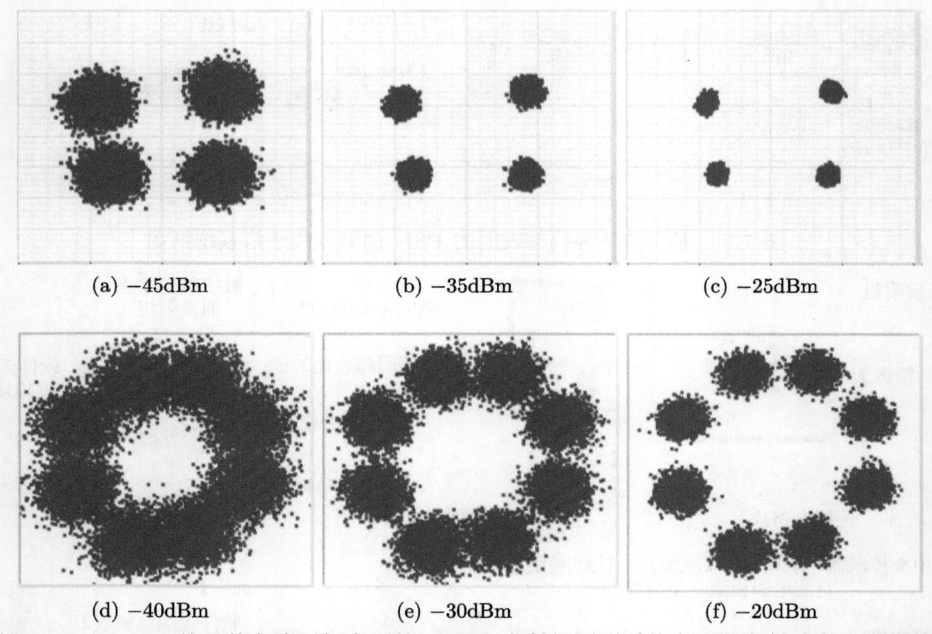

图 7.11　(a)~(c) 基于数字编码超表面的 QPSK 发射机原型系统在不同发射功率下测得的星座图；(d)~(f) 基于数字编码超表面的 8PSK 发射机原型系统在不同发射功率下测得的星座图

此外，在相同实验环境下采用传统发射机架构进行通信实验，以比较基于数字编码超表面的发射机和传统发射机的性能。以 8PSK 调制为例，不同信噪比下两种架构的 BER 测量结果如图 7.12 所示，可以看到两者曲线几乎完全重合，表明该新型发射机架构与传统发射机的传输性能几乎一样。基于数字编码超表面的发射机架构无需混频器和滤波器，成本低于传统发射机架构，该优势在需要大量射频链路的通信系统中尤为突出。

表 7.3 总结了上述原型系统的主要性能参数，包括载波频率、调制方案、符号速率与传输速率。这两款无线通信原型系统分别以 1.25Mbaud 的 QPSK 符号

速率和 2.5Mbaud 的 8PSK 符号速率，实现了 2.048Mbps 和 6.144Mbps 的实时空口传输速率。通过增加系统的符号速率以及调制阶数，可以进一步提高其传输速率。

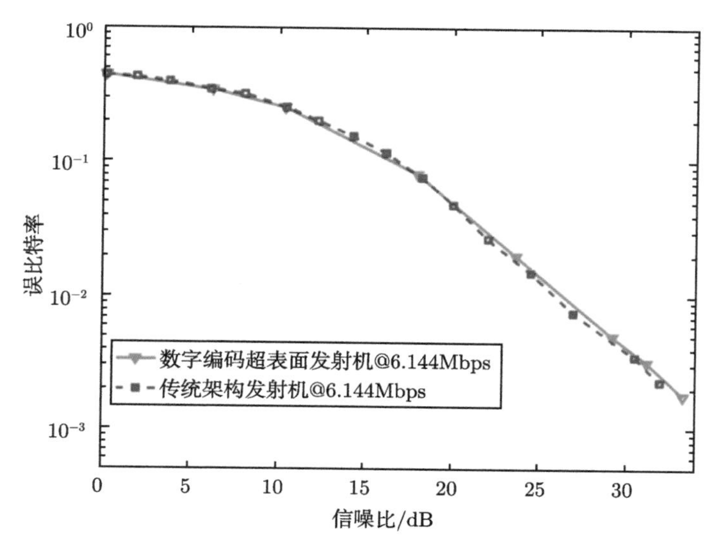

图 7.12 基于数字编码超表面的发射机与传统发射机的 BER 性能比较

表 7.3 基于数字编码超表面的 PSK 无线通信原型系统主要参数

系统编号	载波频率	调制方案	符号速率	传输速率
原型 1	4GHz	QPSK	1.25Mbaud	2.048Mbps
原型 2	4.25GHz	8PSK	2.5Mbaud	6.144Mbps

7.2.3 正交振幅调制发射机

基于上述 FSK 和 PSK 发射机的设计思路，可进一步实现 QAM 调制，该调制方案相比 FSK 和 PSK 具有更高的传输速率和调制效率 [14,15]。然而，若要在载波频率处实现 QAM 调制，超表面单元需要能够对载波的幅度和相位进行独立调控，这使得超表面单元的设计具有很大挑战。

针对上述难点，参考时间编码超表面对谐波幅相独立调控的思路，可在谐波频率上调控反射信号的幅度和相位 [16]，以此来建立消息符号与单元幅相之间的映射关系，实现 QAM 调制。下面将介绍一种基于时间编码超表面的 QAM 调制发射机实现方案 [14]，以 16QAM 调制为例，其星座点集可表示为

$$
\Gamma_m(t) \in M = \left\{ \begin{array}{llll} \mathrm{e}^{\mathrm{j}(-0.75\pi)}, & \mathrm{e}^{\mathrm{j}(-0.25\pi)}, & \mathrm{e}^{\mathrm{j}(0.25\pi)}, & \mathrm{e}^{\mathrm{j}(0.75\pi)} \\ \frac{1}{3}\mathrm{e}^{\mathrm{j}(-0.75\pi)}, & \frac{1}{3}\mathrm{e}^{\mathrm{j}(-0.25\pi)}, & \frac{1}{3}\mathrm{e}^{\mathrm{j}(0.25\pi)}, & \frac{1}{3}\mathrm{e}^{\mathrm{j}(0.75\pi)} \\ \frac{\sqrt{5}}{3}\mathrm{e}^{\mathrm{j}(0.9\pi)}, & \frac{\sqrt{5}}{3}\mathrm{e}^{\mathrm{j}(0.6\pi)}, & \frac{\sqrt{5}}{3}\mathrm{e}^{\mathrm{j}(0.4\pi)}, & \frac{\sqrt{5}}{3}\mathrm{e}^{\mathrm{j}(0.1\pi)} \\ \frac{\sqrt{5}}{3}\mathrm{e}^{\mathrm{j}(-0.9\pi)}, & \frac{\sqrt{5}}{3}\mathrm{e}^{\mathrm{j}(-0.6\pi)}, & \frac{\sqrt{5}}{3}\mathrm{e}^{\mathrm{j}(-0.4\pi)}, & \frac{\sqrt{5}}{3}\mathrm{e}^{\mathrm{j}(-0.1\pi)} \end{array} \right\}
$$

$$
|M| = 16, \quad m = 0, 1, \cdots, 14, 15 \tag{7.7}
$$

图 7.13 展示了 16QAM 调制的标准星座图分布，表 7.4 展示了二进制数据与超表面反射系数之间的映射关系。图 7.13 与表 7.4 表明，对于 16QAM 调制方案，单个消息符号持续时间内的星座点所对应的反射系数可表示为 [14]

$$
\Gamma_m(t) = A \cdot \mathrm{e}^{\mathrm{j}\Phi}, \quad 0 \leqslant t \leqslant T \tag{7.8}
$$

其中，A 与 Φ 分别代表反射系数的幅度与相位。

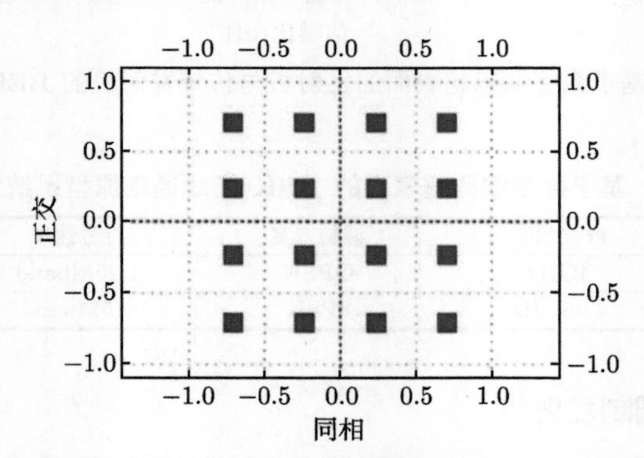

图 7.13 16QAM 调制方案标准星座图分布 [14]

为了在谐波频率处实现 16QAM 调制，式 (7.8) 中的反射系数可以写作如下形式：

$$
\Gamma_m(t) = A \cdot \mathrm{e}^{\mathrm{j}\left(\frac{\Phi}{T}t\right)}, \quad 0 \leqslant t \leqslant T \tag{7.9}
$$

在消息符号持续时间内，反射系数幅度 A 保持不变，相位由 0 线性变化到 Φ。设 $A = 1$，则式 (7.9) 经过傅里叶变换如下 [14]:

$$
\Gamma_m(f) = \int_{-\infty}^{+\infty} \Gamma_m(t)\mathrm{e}^{-\mathrm{j}2\pi f t}\mathrm{d}t
$$

$$= TSa\left(\frac{\Phi}{2} - \pi f T\right) \mathrm{e}^{\mathrm{j}\left(\frac{\Phi}{2} - \pi f T\right)}$$

$$\xrightarrow{f=1/T} = TSa\left(\frac{\Phi}{2} - \pi\right) \mathrm{e}^{\mathrm{j}\left(\frac{\Phi}{2} - \pi\right)}$$

$$= \left|TSa\left(\frac{\Phi}{2} - \pi\right)\right| \mathrm{e}^{\mathrm{j}\left(\frac{\Phi}{2} - \pi + \bmod\left(\left\lfloor\frac{\Phi}{2\pi} - 1\right\rfloor, 2\right)\cdot\pi + \varepsilon(2\pi - \Phi)\cdot\pi\right)} \tag{7.10}$$

表 7.4　16QAM 调制方案下二进制数据与超表面反射系数之间映射关系表 [14]

调制方案	16QAM			
反射系数	$\Gamma_0(t)$ $\mathrm{e}^{\mathrm{j}(-0.75\pi)}$	$\Gamma_1(t)$ $\mathrm{e}^{\mathrm{j}(-0.25\pi)}$	$\Gamma_2(t)$ $\mathrm{e}^{\mathrm{j}(0.25\pi)}$	$\Gamma_3(t)$ $\mathrm{e}^{\mathrm{j}(0.75\pi)}$
传输信息	0000	0010	1010	1000
反射系数	$\Gamma_4(t)$ $\mathrm{e}^{\mathrm{j}(-0.75\pi)}/3$	$\Gamma_5(t)$ $\mathrm{e}^{\mathrm{j}(-0.25\pi)}/3$	$\Gamma_6(t)$ $\mathrm{e}^{\mathrm{j}(0.25\pi)}/3$	$\Gamma_7(t)$ $\mathrm{e}^{\mathrm{j}(0.75\pi)}/3$
传输信息	0101	0111	1111	1101
反射系数	$\Gamma_8(t)$ $\sqrt{5}\mathrm{e}^{\mathrm{j}(0.9\pi)}/3$	$\Gamma_9(t)$ $\sqrt{5}\mathrm{e}^{\mathrm{j}(0.6\pi)}/3$	$\Gamma_{10}(t)$ $\sqrt{5}\mathrm{e}^{\mathrm{j}(0.4\pi)}/3$	$\Gamma_{11}(t)$ $\sqrt{5}\mathrm{e}^{\mathrm{j}(0.1\pi)}/3$
传输信息	1100	1001	1011	1110
反射系数	$\Gamma_{12}(t)$ $\sqrt{5}\mathrm{e}^{\mathrm{j}(-0.9\pi)}/3$	$\Gamma_{13}(t)$ $\sqrt{5}\mathrm{e}^{\mathrm{j}(-0.6\pi)}/3$	$\Gamma_{14}(t)$ $\sqrt{5}\mathrm{e}^{\mathrm{j}(-0.4\pi)}/3$	$\Gamma_{15}(t)$ $\sqrt{5}\mathrm{e}^{\mathrm{j}(-0.1\pi)}/3$
传输信息	0100	0001	0011	0110

式 (7.10) 表明，可以通过改变 Φ 来调控反射系数在频域的幅度和相位分布。图 7.14(a) 展示了 +1 阶谐波频率处归一化反射幅度与相位随 Φ 变化的计算曲线。值得注意的是，当 $\Phi = 2\pi$ 时，+1 阶谐波的反射系数为 1，即入射波的能量被全部转换至 +1 阶谐波处。

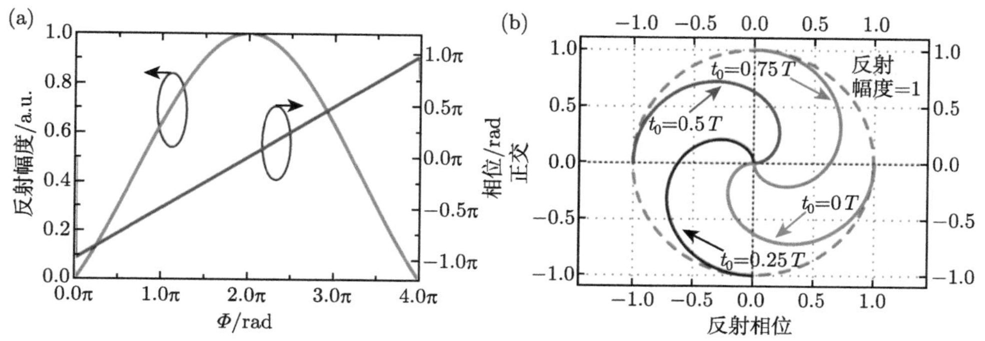

图 7.14　(a) 不同 Φ 下 +1 阶谐波频率处的归一化反射幅度与相位；(b) 当 Φ 从 0 逐渐变化到 2π，t_0 分别取 $0T$、$0.25T$、$0.5T$、$0.75T$ 时，同相/正交 (I/Q) 平面内反射系数在 $f = 1/T$ 处对应的变化轨迹图 [14]

通过式 (7.10) 和图 7.14(a)，可以发现 +1 阶谐波处的反射幅度和相位之间存在一定的耦合效应。为了实现对幅度和相位的独立调控，在反射系数 $\Gamma_m(t)$ 中引入循环时移 t_0，即

$$\Gamma'_m(t)=\begin{cases}\Gamma_m(t-t_0), & t_0\leqslant t\leqslant T\\ \Gamma_m(t+T-t_0), & 0\leqslant t\leqslant t_0\end{cases}\tag{7.11}$$

将式 (7.9) 代入上式并进行傅里叶变换可得

$$\begin{aligned}\Gamma'_m(f)&=\int_0^{t_0}\Gamma_m\left(t+T-t_0\right)\mathrm{e}^{-\mathrm{j}2\pi ft}\mathrm{d}t+\int_{t_0}^{T}\Gamma_m\left(t-t_0\right)\mathrm{e}^{-\mathrm{j}2\pi ft}\mathrm{d}t\\&=\mathrm{e}^{\mathrm{j}2\pi f(T-t_0)}\int_{T-t_0}^{T}\Gamma_m(t)\mathrm{e}^{-\mathrm{j}2\pi ft}\mathrm{d}t+\mathrm{e}^{-\mathrm{j}2\pi ft_0}\int_0^{T-t_0}\Gamma_m(t)\mathrm{e}^{-\mathrm{j}2\pi ft}\mathrm{d}t\\&\xrightarrow{f=1/T}=\mathrm{e}^{-\mathrm{j}2\pi\frac{t_0}{T}}\int_0^{T}\Gamma_m(t)\mathrm{e}^{-\mathrm{j}2\pi ft}\mathrm{d}t\\&=\mathrm{e}^{-\mathrm{j}2\pi\frac{t_0}{T}}\Gamma_m(f)\end{aligned}\tag{7.12}$$

上式表明循环时移 t_0 可在保持幅度不变的同时引入额外的相移 $2\pi t_0/T$，从而实现反射幅度和相位的解耦。图 7.14(b) 展示了当 Φ 从 0 到 2π 变化，t_0 分别取 $0T$、$0.25T$、$0.5T$、$0.75T$ 时，在 I/Q 平面内反射系数在 +1 阶谐波处对应的变化轨迹图。选择合适的 Φ 与 t_0，即可在半径为 1 的单位圆内综合出符合图 7.13 要求的 16QAM 星座点。这里定义一个参量 $\gamma_{t_0}^{\Phi}$ 为

$$\gamma_{t_0}^{\Phi}=\begin{cases}\mathrm{e}^{\mathrm{j}\frac{\Phi}{T}(t+T-t_0)}, & 0\leqslant t\leqslant t_0\\ \mathrm{e}^{\mathrm{j}\frac{\Phi}{T}(t-t_0)}, & t_0\leqslant t\leqslant T\end{cases}\tag{7.13}$$

则 +1 阶谐波处的 16QAM 星座点集可表示如下:

$$\begin{aligned}&\Gamma_m(t)\in M=\begin{Bmatrix}\gamma_{0.375T}^{2\pi}, & \gamma_{0.125T}^{2\pi}, & \gamma_{0.875T}^{2\pi}, & \gamma_{0.625T}^{2\pi}\\ \gamma_{0.012T}^{0.549\pi}, & \gamma_{0.762T}^{0.549\pi}, & \gamma_{0.512T}^{0.549\pi}, & \gamma_{0.262T}^{0.549\pi}\\ \gamma_{0.345T}^{1.180\pi}, & \gamma_{0.495T}^{1.180\pi}, & \gamma_{0.595T}^{1.180\pi}, & \gamma_{0.745T}^{1.180\pi}\\ \gamma_{0.245T}^{1.180\pi}, & \gamma_{0.095T}^{1.180\pi}, & \gamma_{0.995T}^{1.180\pi}, & \gamma_{0.845T}^{1.180\pi}\end{Bmatrix}\\&|M|=16,\ m=0,1,\cdots,14,15\end{aligned}\tag{7.14}$$

作为验证，使用一块反射相位覆盖 $0 \sim 2\pi$ 区间的可编程信息超表面搭建原型系统，进行无线通信实验。基于式 (7.14) 得到各星座点对应的控制信号，然后生成信息流对应的控制信号序列，并加载至超表面，实现对入射单色信号的调制。最后，在接收端对已调制信号进行解调，并提取 +1 阶谐波处的幅度和相位，生成接收的星座图。实验选取 10μs、1μs、0.5μs 以及 0.4μs 四种不同的消息符号持续时间，分别对应谐波频率间隔 100kHz、1MHz、2MHz 和 2.5MHz。图 7.15 展示了在不同消息符号持续时间下，在 +1 阶谐波处解调得到的星座图结果；图 7.16 给出了不同发射功率下发射机的 BER 性能，可以看出该原型系统的实测结果与图 7.13 所展示的理论计算结果吻合较好。表 7.5 展示了不同消息符号速率下所对应的谐波频率与信息传输速率，其中最高信息传输速率为 10Mbps。

与前述 FSK 与 PSK 发射机相比，基于信息超材料的 QAM 发射机在传输速率、BER 等关键指标上具有明显的优势。更重要的是，借助谐波调制的思路有效避免了对超表面幅相独立可控的设计要求，通过常用的相位编码超表面实现了高阶 QAM 调制方案，扩展了超表面无线通信发射机的设计思路。

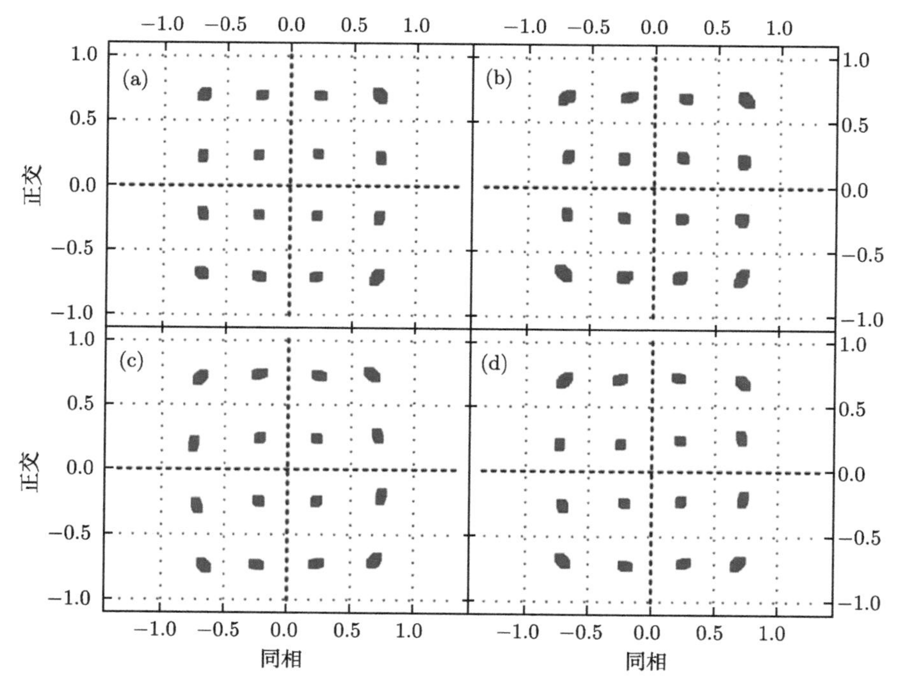

图 7.15 消息符号持续时间分别为 10μs (a)、1μs (b)、0.5μs (c) 以及 0.4μs (d) 时采用 16QAM 调制方案所测得的星座图 [14]

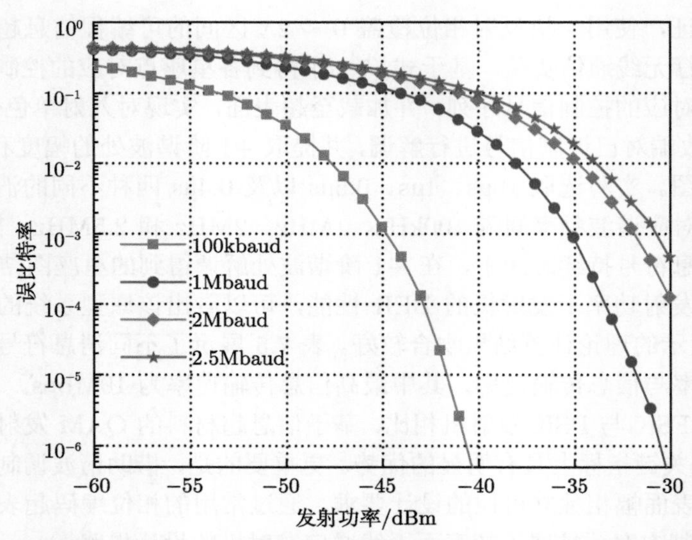

图 7.16 不同发射功率与消息符号速率下 16QAM 发射机的 BER 性能测量结果 [14]

表 7.5 不同消息符号速率下对应的谐波频率与信息传输速率 [14]

调制方案	符号速率	谐波频率	传输速率
16QAM	100kbaud	100kHz	400kbps
	1Mbaud	1MHz	4Mbps
	2Mbaud	2MHz	8Mbps
	2.5Mbaud	2.5MHz	10Mbps

7.2.4 方向图调制发射机

本节将提出一种不同于传统数字或模拟调制的信息调制方式，即利用信息超材料将信息加载到远场方向图上，构建一种基于信息超表面的方向图调制发射机，在窄带内具备物理层数据加密特性 [17]。图 7.17 展示的方向图调制方法与 ASK、FSK 和 PSK 类似，将不同的符号映射为不同的远场方向图。以二进制编码为例，基带信号“0”和“1”分别被映射为单波束和双波束的远场方向图，以此实现二进制码流的传输。

图 7.18 展示了该方向图调制发射机的基本架构，以 1 比特相位编码超表面为例来阐释主要工作流程 [17]：

(1) 信息编码：将信源信息转换为二进制码流，例如“01011111···”，称为信息码。

(2) 硬件编码：将信息码中每一位映射为长度为 N 的二进制编码，例如“010101”，称为硬件码。

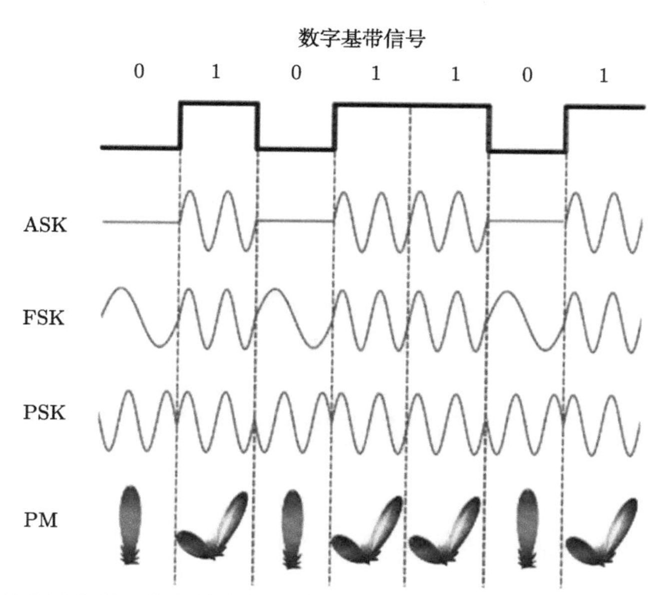

图 7.17 现代数字通信系统常用的数字调制方式：ASK、FSK、PSK 以及远场方向图调制 (pattern modulation，PM) 方案 [17]

(3) 信息传输：在每个符号传输周期内，根据硬件码对超表面施加相应的控制信号，从而形成对应的远场方向图，以此实现方向图调制。

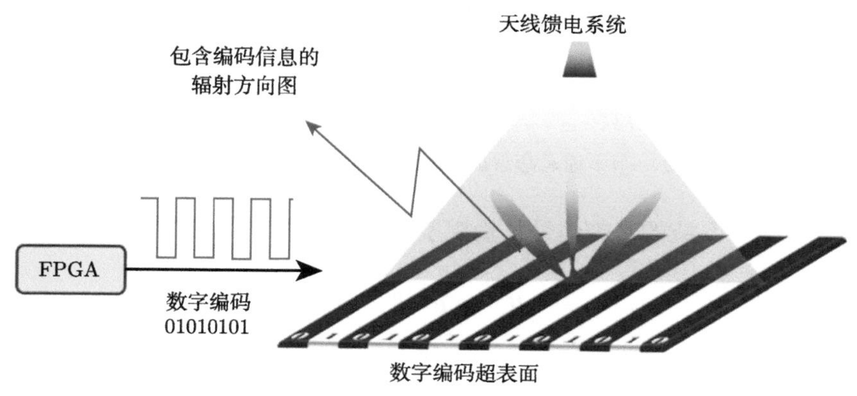

图 7.18 方向图调制发射机的架构示意图 [17]

该发射机实现了信息到远场方向图的直接调制，简化了系统架构，接收端可接收特定方向上的反射信号，并根据接收到的信号强度来实现信息解调。此外，得益于极窄的带宽，该发射机可利用可在多个频点独立工作的多频段信息超表面来实现传输速率的提升。考虑到信息被调制到远场方向图上，因此只有同时并完整地获取指定方向上的信号强度，传输的信息才能被正确解调，因此该调制方案具有天然的保密性，在窄带通信与保密通信方面具有一定优势。

7.2.5 多输入多输出系统

为了满足不断增长的网络容量需求，太赫兹通信和超大规模 MIMO 技术已成为关键使能技术 [18−20]。然而，在传统发射机体系下，这两项技术分别需要极高的载波频率源和大量的射频链路，增加了通信系统的功耗和经济成本。因此，无需传统射频链路的基于超表面的简化架构发射机引起了工程界和学术界的广泛关注。下面将介绍一种基于信息超表面的 MIMO-QAM 无线传输方案 [21]。

基于信息超表面的 MIMO 无线通信系统框图如图 7.19 所示，超表面中每个单元由专用的 DAC 控制。入射波为单色平面波 (频率为 f)，接收端天线数为 K，且所有接收天线具有相同的归一化功率辐射方向图和天线增益。

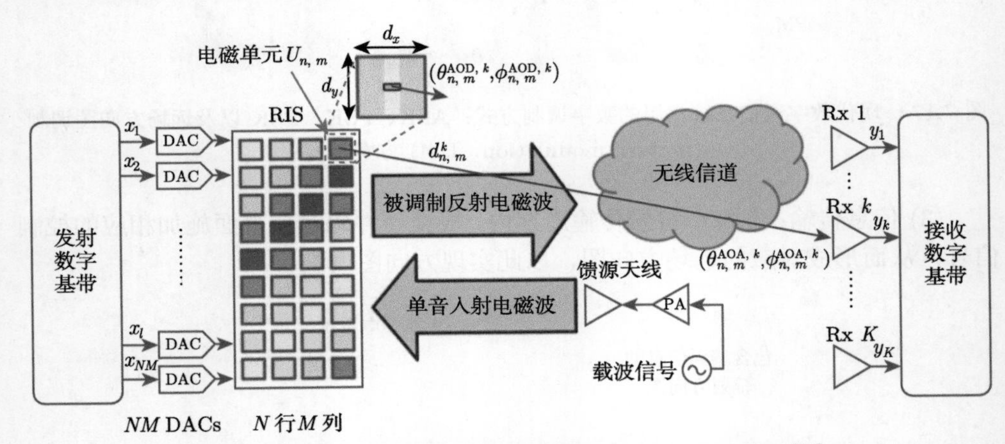

图 7.19 基于信息超表面的 MIMO 无线通信系统框图 [21]

该无线通信系统的基带信号传输模型可表示为 [21]

$$\boldsymbol{y} = \sqrt{p}\boldsymbol{H}\boldsymbol{x} + \boldsymbol{n} \tag{7.15}$$

其中，$\boldsymbol{y} = [y_1, \cdots, y_K]^{\mathrm{T}} \in \mathbb{C}^{K\times 1}$ 为接收信号向量，$\boldsymbol{H} = [h_1, \cdots, h_K]^{\mathrm{T}} \in \mathbb{C}^{K\times NM}$ 为超表面和接收机之间的无线信道，$\boldsymbol{n} \in \mathbb{C}^{K\times 1}$ 为噪声向量。式 (7.15) 表明新体制传输系统和传统 MIMO 系统虽然在硬件架构上不同，但两者都是将调制后的信号经过无线信道传输至多通道接收机，接收信号的基本数学表达式是相同的。因此，基于信息超表面的 MIMO 系统可直接应用传统 MIMO 传输方案和算法，具有相同的分集和编码增益，在能耗、成本、硬件复杂度上具有优势。

假设超表面单元的反射幅度恒定 (即 $\boldsymbol{A}_{n,m}=1$) 且反射相位可灵活调控，基带信号模型可以转换为恒包络的 MIMO 传输模型，可写作：

$$\boldsymbol{x}=\left[\mathrm{e}^{\mathrm{j}\varphi_{1,1}},\cdots,\mathrm{e}^{\mathrm{j}\varphi_{1,m}},\cdots,\mathrm{e}^{\mathrm{j}\varphi_{n,m}},\cdots,\mathrm{e}^{\mathrm{j}\varphi_{N,M}}\right]^{\mathrm{T}} \tag{7.16}$$

利用之前 QAM 发射机的调制原理，引入循环时移 t_0，可将基带符号表示为

$$S_{n,m}=\mathrm{e}^{\mathrm{j}\varphi_{n,m}(t)}=\begin{cases}\mathrm{e}^{\mathrm{j}\frac{\Delta\varphi}{T_s}(t+T_s-t_0)}, & t\in[0,t_0]\\ \mathrm{e}^{\mathrm{j}\frac{\Delta\varphi}{T_s}(t-t_0)}, & t\in[t_0,T_s]\end{cases} \tag{7.17}$$

信息超表面引入波束成形所需的空间相位分布后，式 (7.16) 中的发射基带信号可表示为

$$\begin{aligned}\boldsymbol{x}&=\left[\mathrm{e}^{\mathrm{j}\varphi_{1,1}^{\mathrm{beam}}}s_{1,1},\mathrm{e}^{\mathrm{j}\varphi_{1,2}^{\mathrm{beam}}}s_{1,2},\cdots,\mathrm{e}^{\mathrm{j}\varphi_{1,M}^{\mathrm{beam}}}s_{1,M},\cdots,\mathrm{e}^{\mathrm{j}\varphi_{N,M}^{\mathrm{beam}}}s_{N,M}\right]^{\mathrm{T}}\\&=\boldsymbol{\Phi}_{\mathrm{beam}}\boldsymbol{S}\end{aligned} \tag{7.18}$$

其中，$\varphi_{n,m}^{\mathrm{beam}}$ 表示单元 $U_{n,m}$ 所需的附加相位。将式 (7.18) 代入式 (7.15) 可得

$$\boldsymbol{y}=\sqrt{p}\boldsymbol{\Phi}_{\mathrm{beam}}\boldsymbol{S}+\boldsymbol{n} \tag{7.19}$$

上式表明超表面发射机在恒包络约束下可同时实现高阶调制和波束成形。

下面构建原型系统进行实验验证，如图 7.20 所示，其中左侧为超表面 MIMO

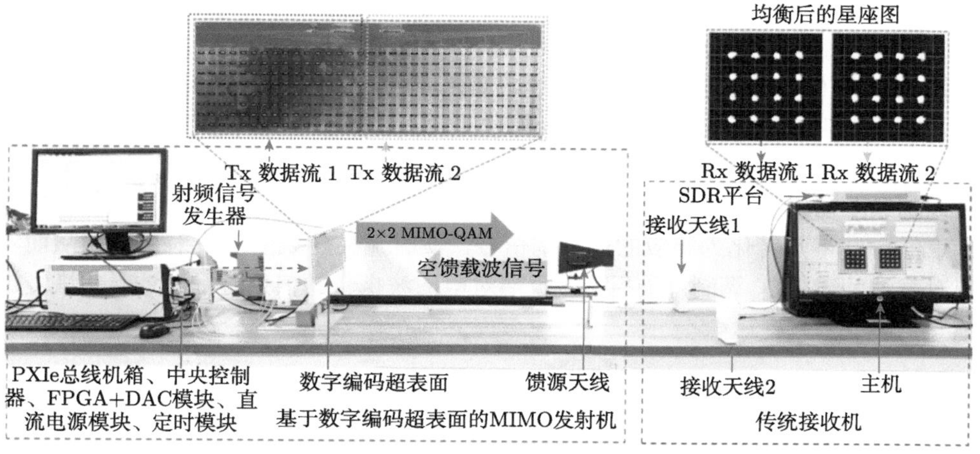

图 7.20 基于信息超表面的 2×2 MIMO-QAM 无线通信原型系统实物图 [21]

发射机，右侧为接收机，发射机与接收天线的距离约为 1.5m。超表面被分为两部分，每部分由一个 DAC 独立控制，用于同时传输两路基带数据，接收天线数 $K=2$。图 7.20 的右上角展示了两个通道的接收星座图，清晰的星座图体现了良好的 BER 性能，表明该系统实现了 16QAM 调制和 2×2-MIMO 传输。表 7.6 展示了该系统的主要参数，上述实验结果证明了基于信息超表面实现 MIMO 技术的可行性。未来，通过提升 MIMO 规模、调制阶数和符号速率等手段，传输速率还可以得到进一步的提高。

表 7.6　基于信息超表面的 2×2MIMO-QAM 无线通信系统主要参数 [21]

载波频率	传输方案	调制方案	符号速率	传输速度	功耗
4.25GHz	2×2MIMO	16QAM	2.5Mbaud	19.05Mbps	0.7W

7.2.6　光控微波信号发射机

第 3 章中介绍的光控可编程超表面，利用可见光来调控微波信号。下面将介绍一种基于信息超表面的光控微波信号无线发射机，结合时间编码和光控可编程超表面，构造一种光波微波混合的通信系统 [22,23]。

图 7.21(a) 展示了一种基于 BFSK 调制的光波微波混合通信系统架构，包含可见光通信链路和微波通信链路两部分，光控可编程时间调制超表面将二者连接起来。超表面接收经过调制的可见光信号，然后将光信号中包含的信息调制到微波反射信号上；接收端则通过微波通信链路，接收并解调出原始信息。该系统的核心是光控可编程时间调制超表面的设计以及构造可见光信号到微波信号的映射方法 [22,23]。

对于光控可编程时间调制超表面，时变光强会激发时变的控制电压从而产生时变的反射相位，进而实现超表面对微波信号的频谱搬移。因此，通过设计可见光信号 (即 “0” 或 “1”) 对应光强的时域变化，即可控制反射波的频谱分布。根据上述原理，可构建一种基于光控可编程时间调制超表面的光波微波混合通信系统，系统结构框图如图 7.21(b) 所示。首先，将原始信息编码为二进制序列，并通过光调制和驱动模块加载在光信号上发射出去；然后，超表面通过光接收模块接收光信号，并将其转化为相应的电控制信号，实时调控超表面的反射系数，从而实现对载波的 BFSK 调制；最后，接收端对电磁波携带的信号进行解调，并恢复出原始信息。

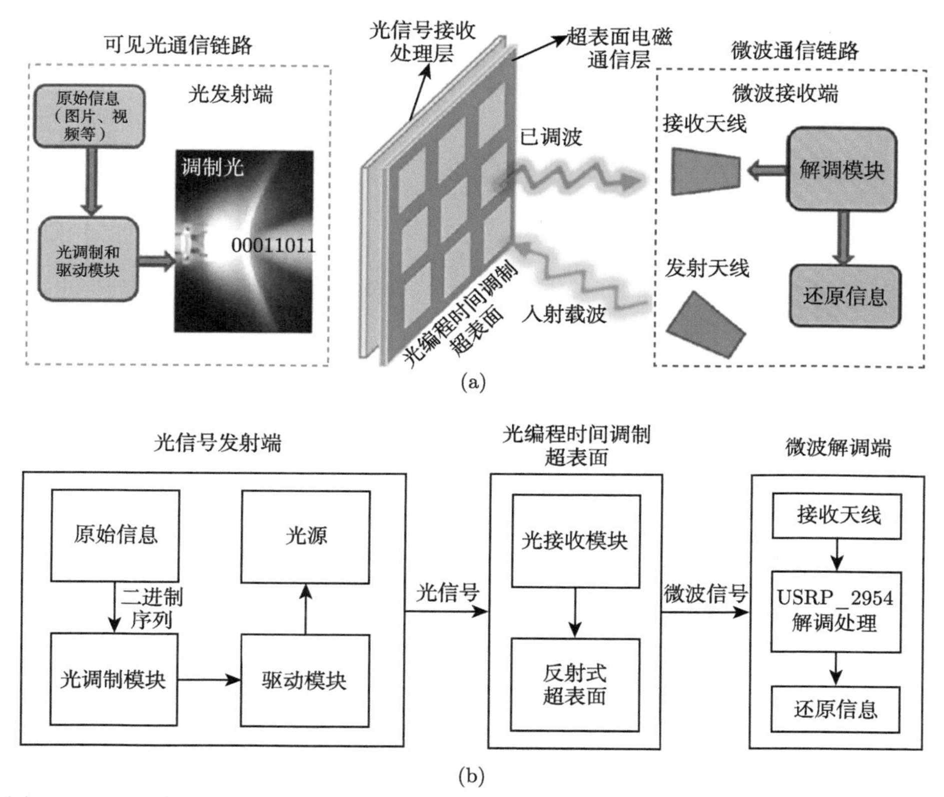

图 7.21 (a) 基于光控可编程时间调制超表面的光波微波混合通信架构示意图；(b) 基于 BFSK 调制方案的通信系统结构框图 [22,23]

利用时间编码超表面的色散特性也可实现一种频分复用 (frequency division multiplexing, FDM) 的双通道光控无线通信发射机，其工作原理如图 7.22(a) 所示。该超表面的实测反射相位与光强之间具有较强的非线性关系，对于特定的光强，反射相位会随入射波频率的轻微变化而显著改变。利用超表面的色散特性，设计双通道无线通信发射机架构方案：对于两组不同频率的入射单色载波，假定调制后反射波不发生频移对应符号 “0”，发生频移对应符号 “1”，设计四种入射光信号波形 W_1、W_2、W_3、W_4 使得反射波信号能实现 00、10、01、11 四种符号的传输组合情况，即可实现基于 FDM 的双通道 BFSK 发射机。该发射机的光控时间调制超表面样品如图 7.22(b) 所示，集成了具有微秒级切换速度的高灵敏光电检测电路，以及集成了级联跨阻放大电路和光电池，与直接使用光电池来驱动变容管的方案相比，切换速度得到了提升。图 7.23 展示了四种入射光信号的时域波形以及对应的反射波信号频谱。

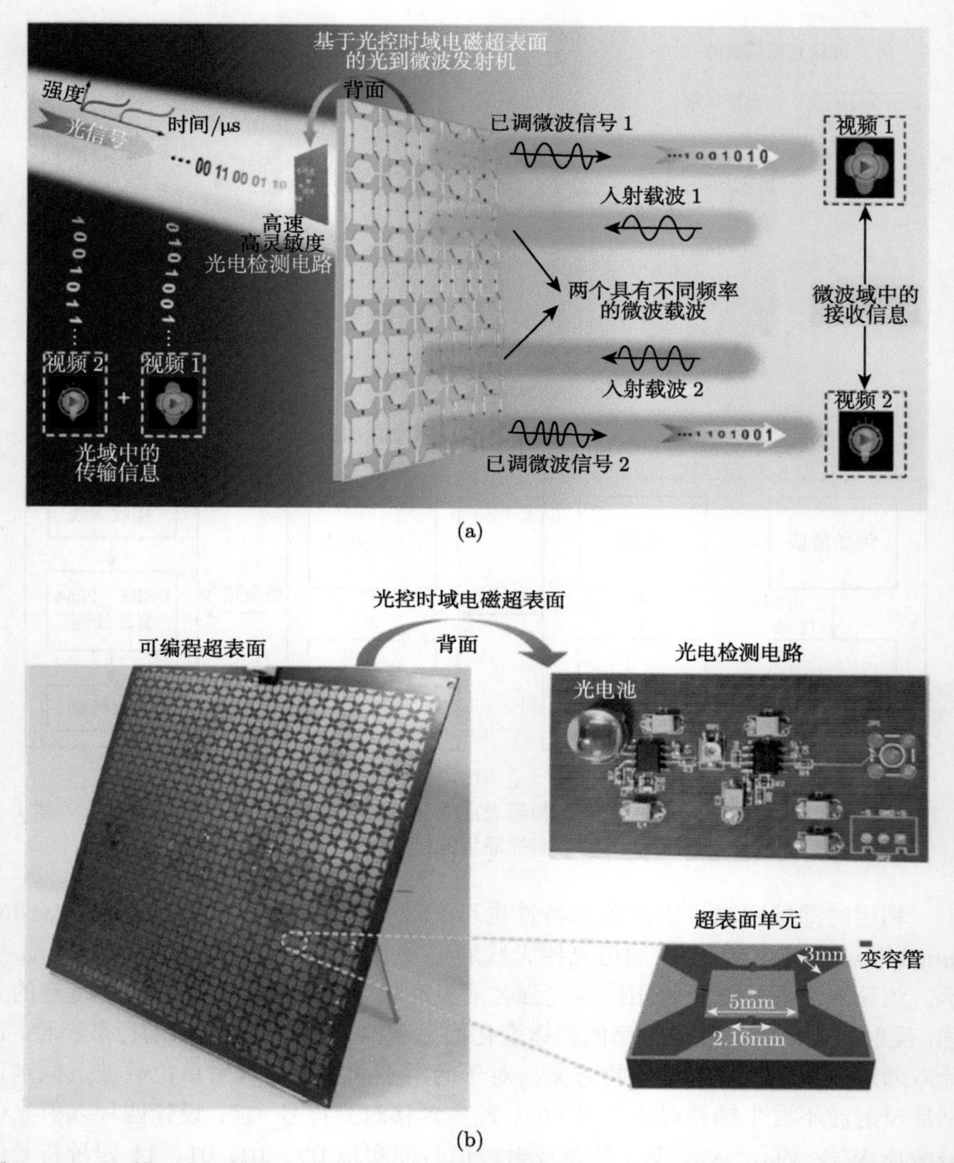

图 7.22　(a) 基于光控时间调制超表面的光波微波混合发射机的工作示意图；(b) 光控时间调制超表面的实物图及单元构造 [22,23]

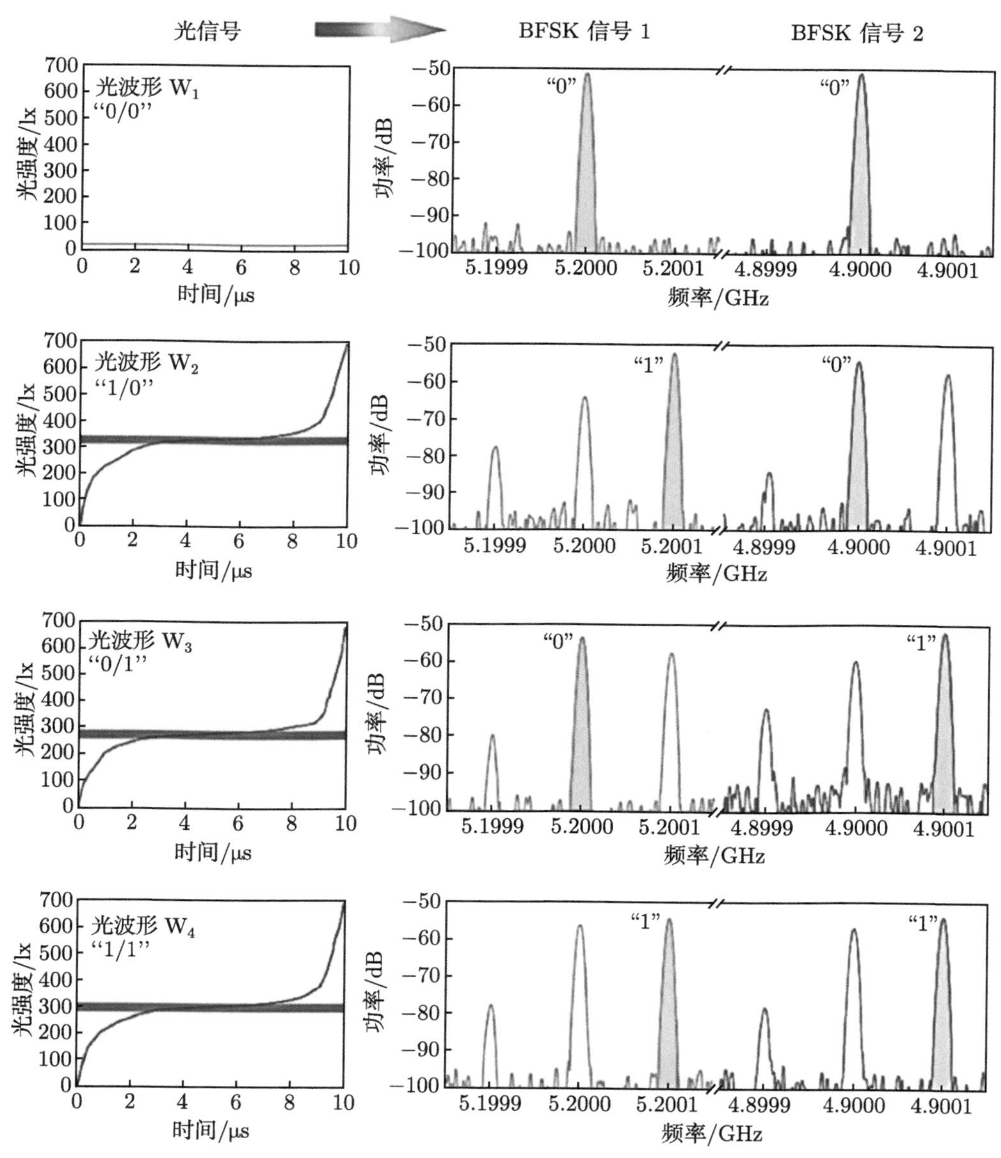

图 7.23 四种入射光信号的时域波形以及对应的反射波信号频谱 [22,23]

基于上述方案搭建一套双通道的光波微波混合无线通信系统，包括可见光发射模块、光控时间调制超表面以及微波接收模块，如图 7.24 所示。在实验中，将两路视频信息调制为可见光信号，由光控时间调制超表面分别映射至两个不同频率的入射载波上，最后被微波接收模块接收并解调出原始信息。实验结果证明，该混合无线通信系统能通过可见光链路和微波链路分别发射和接收信息，实现了双路视频信号的实时独立传输。

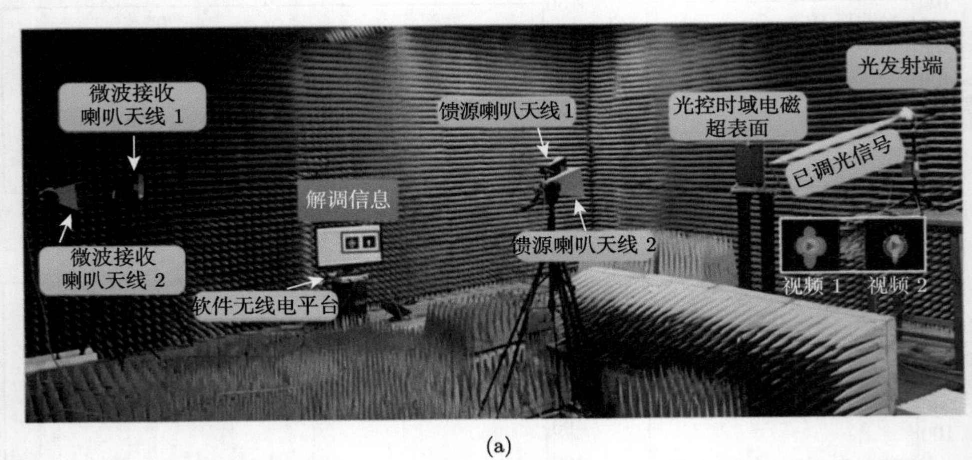

(a)

(b) (c)

图 7.24 (a) 搭建的双通道光波微波混合无线通信系统；(b) 发射的双路视频信息；(c) 接收解调的双路视频信息 [22,23]

7.3 多维复用无线通信方法

基于时间编码超表面的无线通信系统仅在时间域对电磁波进行调控，没有联合空间域编码对电磁波和数字信息进行调制。因此，此类无线通信发射机在空间不同方向上传输的信号仅有功率大小和时间延迟的区别 [11−15]，理论上灵敏度够高的接收机在空间多个位置都能够解调出正确的信息；并且此类发射机无法同时、独立地向空间不同位置的多个用户传输多通道信息。时空编码超表面可在空间域和时间域进行联合编码，同时在时间、空间、频率维度操控电磁波、编码和处理信息，可构建多维复用的无线通信新体制。

另外，未来通信系统对硬件架构中的射频链路和大规模天线阵列提出了较高的性能要求，在成本、性能、功耗、集成度等方面具有很多挑战。在通信领域，复用技术已经被广泛应用于信息传输，在同一个物理媒质中将多个信号合成一个信号进行传输，可以在发射机和接收机之间建立起多个独立的通道，从而提升通信容量。在过去的几十年间，频分复用、时分复用、码分复用、空分复用、极化复用和轨道角动量模式复用等技术被研究用于无线通信 [24]。频分复用技术通常需要高性能的滤波器来划分频率区间，形成多个子频带并建立保护频带；而空分复用技术通常需要多个天线构成阵列，其中每个天线都需要一个射频链路，这就导致了整个空分复用系统的成本和复杂度较高。然而，时空编码超表面具有成本低、结构简单、易于构造等优势，可以同时调控电磁波的空间谱和频率谱特征，适用于实现无线通信中的空分和频分复用，而无需天线阵列、滤波器和混频器等部件。

本节将介绍一种基于时空编码超表面的空分–频分复用多通道无线通信系统，提出一种新型信息编码方案，在超表面层面直接编码信息，可以同时向空间不同位置的多个用户独立地传递不同信息 [25]。这种复用无线通信方法拓展了信息超材料的应用范围，未来在新体制无线通信、保密通信及雷达系统中具有潜在的应用。

这里考虑一款反射式时空编码超表面，包含 16×8 个 2 比特可编程单元，采用频率为 f_c 的单色平面波垂直照射。时空编码超表面具备在空间域和时间域操控电磁波的能力，可同时控制电磁波的空间传播方向和谐波频谱分布。因此，可以利用时空编码机制来构建一种空间和频率复用的无线通信方法，实现同时、独立地向空间不同位置的多个用户直接传递信息。

优化不同的时空编码矩阵来直接编码多通道信息，并存储在 FPGA 控制模块中。当超表面按照相应的时空编码矩阵 (调制周期为 $T_0 = 1/f_0$) 切换时，原始信息就加载在超表面反射波的空间谱和频率谱特性上，不需要额外的数模转换和混频等操作。图 7.25 给出了基于时空编码超表面的空分–频分复用多通道无线通信系统示意图，具备空分和频分复用的特性。超表面在 FPGA 的控制下按照设计好的时空编码矩阵进行切换，能够将不同的数据流信息 (如文字、图片、视频等) 直接传递给空间不同位置的多个指定用户 (如用户 #1、#2、#3、#4)，实现多用户同时、独立且无干扰的直接信息传输。该系统具有极简的硬件架构，FPGA 模块提供基带信号，超表面在物理层同时充当信息调制器和能量辐射器，无需传统的滤波器和混频器等部件。在实际应用中，空间不同位置的指定用户 #1、#2、#3、#4 分别拥有不同谐波频率的独立接收通道，接收端解调之后即可恢复原始信息。此外，这种空分–频分无线通信系统具备方向调制特性，非目标方向上的其他用户将无法成功解调信息，从而达到保密通信的目的。

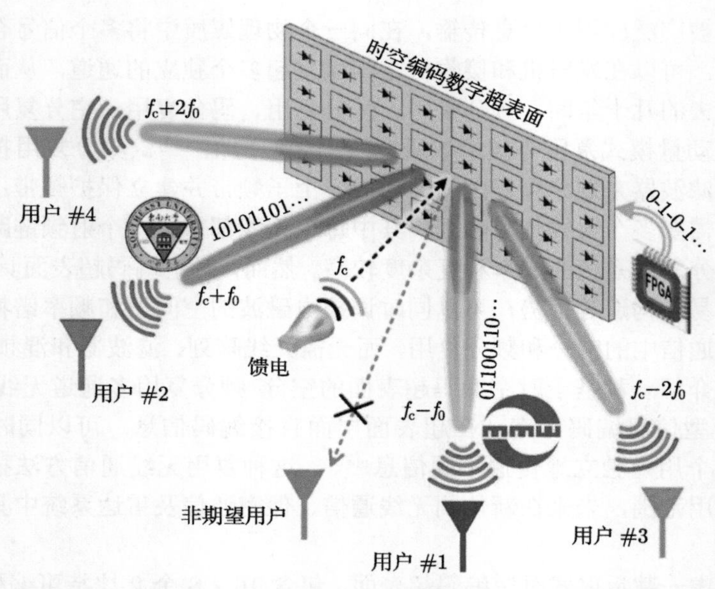

图 7.25　基于时空编码超表面的空分–频分复用多通道无线通信系统示意图 [25]

下面以双通道直接信息传输为例阐述空分–频分复用无线通信系统的编码方案。这里采用开关键控 (on-off keying, OOK) 的调制方式，位于超表面不同方向上的两个用户 (用户 #1、用户 #2) 分别通过 −1 阶和 +1 阶谐波 (对应频率 $f_c - f_0$ 和 $f_c + f_0$) 来接收相应的调制信号，并且根据对应频率的谐波能量高低来判断接收到的信息符号。若用户 #1(用户 #2) 接收到 −1 阶 (+1 阶) 谐波能量较高，则判断为 “1”，反之则判断为 “0”。时空编码超表面按列控制，对 16 列单元进行时空调制，每列时间编码序列的长度为 8，因此时空编码矩阵维度为 (16, 8)。通过优化算法获取时空编码矩阵，可使 ±1 阶谐波的反射波束指向目标方向的用户。以超表面远场区域内 $\theta = -34^\circ$ 和 $\theta = 34^\circ$ 方向上的两个用户 #1 和 #2 为例，分别接收 −1 阶和 +1 阶谐波信号。图 7.26 给出了优化的四组时空编码矩阵以及对应的远场散射方向图和频谱能量分布。超表面在不同编码矩阵 $M_3 \sim M_0$ 调制下，用户 #1 和 #2 接收的 −1 阶和 +1 阶谐波能量可被独立调控，从而实现对两个用户同时、独立传输不同的 OOK 调制信号。在此基础上，通过 FPGA 控制编码矩阵 $M_3 \sim M_0$ 实时切换，时空编码超表面可连续地向两个用户传输数字符号。基于这种信息编码方案，可以借助时空编码超表面实现空间和频率复用的双通道无线通信系统，在不借助传统的 DAC、混频器和天线阵的情况下，同时、独立地向两个指定用户直接传输信息。

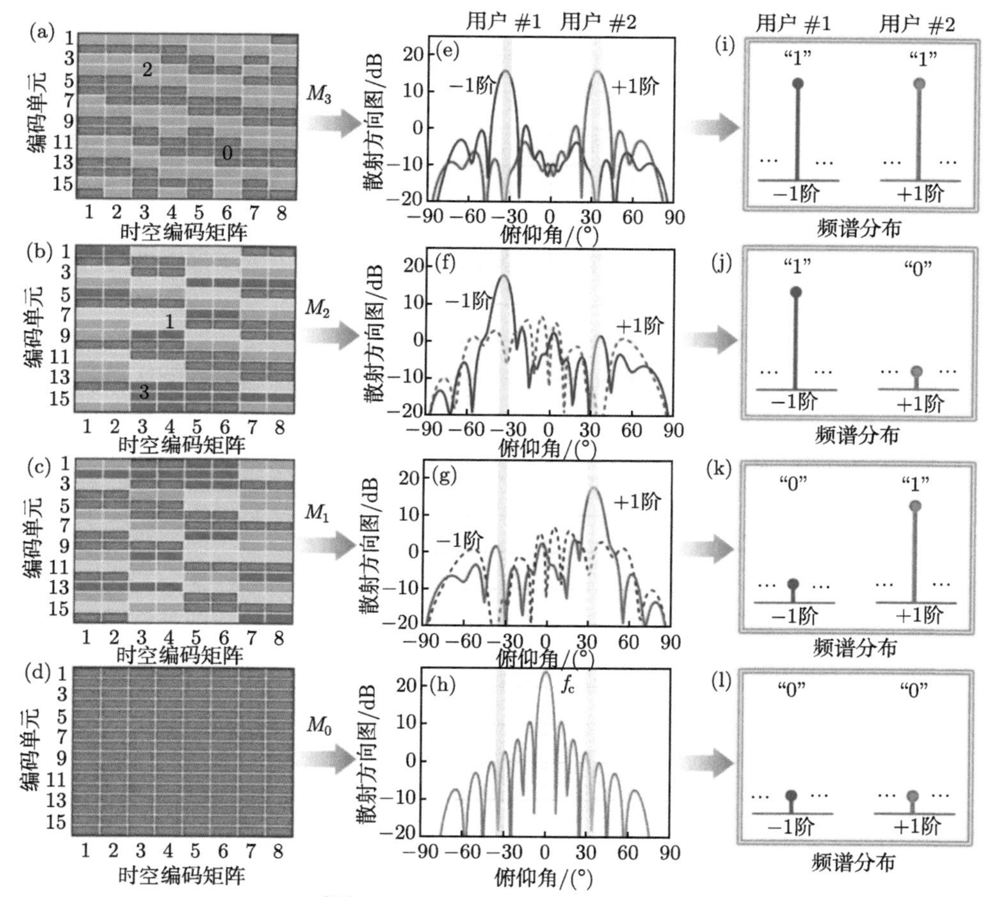

图 7.26 新型信息编码方案 [25]：(a)∼(d) 优化的四组时空编码矩阵 M_3、M_2、M_1 和 M_0；(e)∼(h) 对应不同谐波频率处的远场散射方向图计算结果；(i)∼(l) 两个用户接收的频谱能量分布示意图

下面介绍基于时空编码超表面实现双通道直接信息传输的发射和接收流程。图 7.27(a) 展示了发射流程，其中时空编码超表面与 FPGA 基带模块充当系统的发射机部分。以两幅图片 (数据 #1 和 #2) 为例，具体工作流程如下 [25]：

(1) 通过 FPGA 基带处理模块将数据 #1 和 #2 转换成两组二进制码流 "0110011···" 和 "1010110···"；

(2) 将两组二进制码流直接映射为时空编码矩阵 "M_1-M_2-M_3-M_0-M_1-M_3-M_2-···"；

(3) 在频率为 $f_c = 9.5\text{GHz}$ 的单色平面波垂直照射激励下，超表面实时切换时空编码矩阵，直接调制入射载波并使之携带相应的数字信息。

图 7.27(b) 给出了空间不同位置的两个用户独立解调信息的流程图。时空编码超表面将原始信息直接加载在电磁波的空间波束和谐波频率上，指定方向的两位用户将会接收到不同谐波频率的 OOK 调制信号。经过下变频的信号被 SDR 平台 (USRP-2943R) 接收，并分析两个谐波频率 $f_c \pm f_0$ 处的能量高低进行 OOK 判决并解调。判决过程为：在一个符号周期内，若特定谐波频率处的信号能量高于阈值，则判定传输的数字符号为 “1”；反之为 “0”。最终得到二进制码流 “0110011· · · ” 和 “1010110· · · ”，并成功恢复出两路原始信息，即两个目标用户能同时且独立地

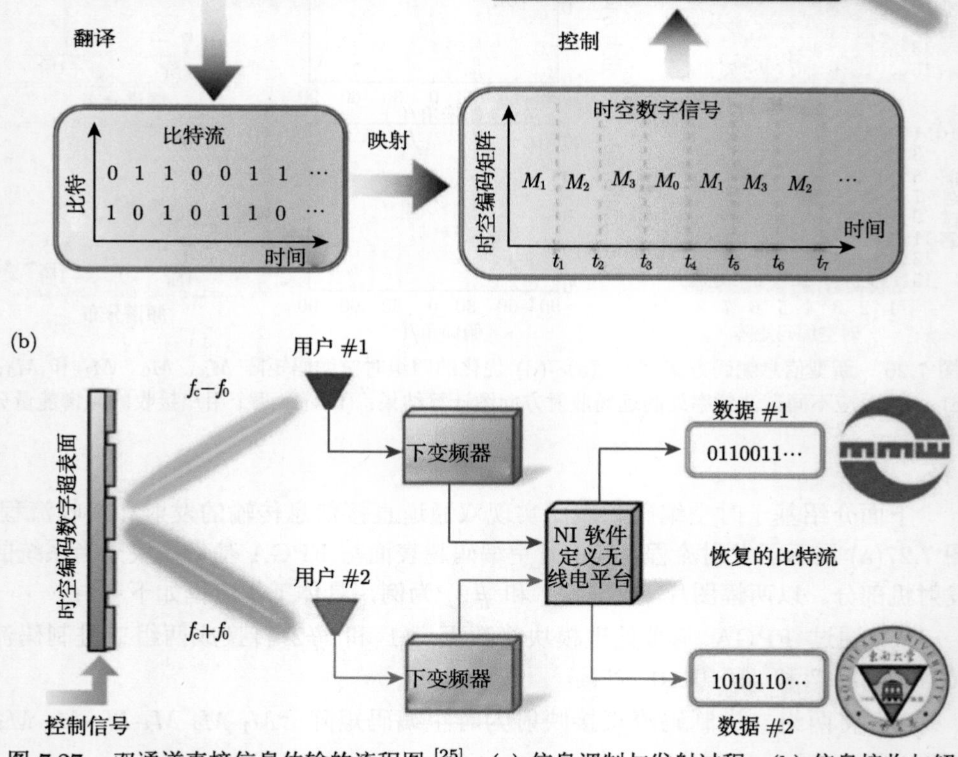

图 7.27　双通道直接信息传输的流程图 [25]：(a) 信息调制与发射过程；(b) 信息接收与解调过程

接收两幅图片。该系统具备空分和频分复用特性，空间不同位置的用户拥有独立的谐波接收通道，有效减少了由空间电磁波反射带来的用户之间的干扰。时空编码超表面可以精确调控电磁波束和非线性频谱，未来可以进一步开发多载波通信和跳频通信系统。此外，这种通信机制具有方向调制特性，即空间不同位置的信息不同，位于非指定位置的窃听者，即便拥有高灵敏度的接收机也无法成功解调出正确信息，基于时空编码超表面的多维复用无线通信方法为构建保密通信发射机提供了新思路。

为了验证上述概念和方法，在室内场景下搭建原型系统，如图 7.28(a) 所示。实验中使用的 2 比特时空编码超表面中心工作频率为 $f_c = 9.5$GHz，时空编码矩阵采用的调制频率为 $f_0 = 10$MHz，对应的开关二极管切换速率为 80MHz。图 7.28(b) 展示了该系统的发射机架构，主要由控制机箱、信号源、时空编码超

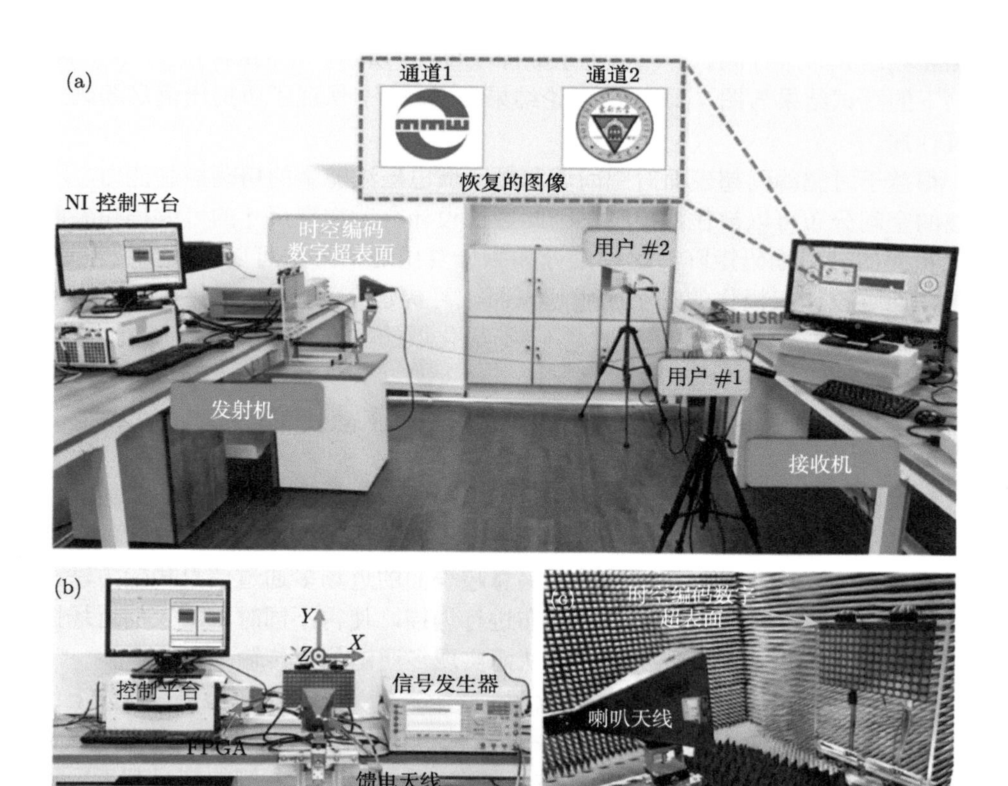

图 7.28 新体制多通道无线通信系统 [25]：(a) 室内场景的原型系统；(b) 基于时空编码超表面的发射机架构；(c) 微波暗室中远场方向图的测试场景

表面组成。图 7.28(a) 的右边展示了接收机组成，主要包含两个线极化喇叭天线(作为两个用户来接收信号)、下变频模块、USRP-2943R 以及计算机。超表面与两个喇叭天线之间的直线距离约为 2.5m，两个喇叭天线分别位于超表面方位水平面内 $\theta = \pm 34°$ 的方向上。

超表面由一个线极化喇叭天线提供 9.5GHz 激励信号，两幅图片首先被翻译为相应的二进制码流，随后映射为对应的时空编码矩阵序列，并由控制机箱中的 FPGA 模块来驱动超表面，对入射电磁波进行直接调制。时空编码超表面产生的反射波信号被指定位置的两个喇叭天线接收，然后下变频进入 USRP-2943R 进行解调并恢复出原始的两幅图片，结果如图 7.28(a) 中插图所示。此外，若将代表用户 #1 的喇叭天线从 $\theta = -34°$ 的方向移到 $\theta = 0°$ 的方向，则接收到的电磁波信号将无法被成功解调，即使提高发射功率，也不能恢复出正确的原始信息，从而验证了时空编码超表面的方向调制特性。在微波暗室中对时空编码超表面的谐波方向图和频谱分布进行测试，测试场景如图 7.28(c) 所示。不同编码矩阵 $M_0 \sim M_3$ 调制下的测试结果与图 7.26 中的理论结果吻合较好，保证了所提出信息编码方案的可行性。

得益于时空编码超表面对空间域和频率域电磁波能量的精确控制能力，不同谐波的空间分布可以被任意控制，因此通过设计合适物理尺寸的可编程超表面并优化相应的时空编码矩阵，这种空分和频分复用通信方法可以拓展至更多通道。此外，通过设计双极化的时空编码超表面，可构建空间-频率-极化多维复用的无线通信系统 [26]，实现对电磁波时–空–频–极化域的多维联合调控。

7.4 近场多通道直接信息传输

随着物联网的兴起和第五代移动通信应用的普及，通信对象从人扩展到了物，通信设备的数量与日俱增。为了改善频谱利用率、拓展网络容量，研究新的通信方式具有重要意义。本节介绍一种基于信息超表面的近场多通道信息传输方法，通过二进制相位编码对超表面的近场分布进行调控，使得不同时刻超表面近场图案的形状和强度在目标点处发生变化，从而实现多通道信息传输 [27]。

图 7.29 展示了该方法的工作示意图，其中左侧为相位编码矩阵，矩阵上的每一个元素色块代表超表面单元的反射相位 (白色代表 0°、蓝色代表 180°)，该相位编码矩阵以数字 “0” 和 “1” 的形式被存储在 FPGA 中；右侧的信息超表面通过调制空间中的电磁波，可使得在近场平面内出现六个聚焦点。不同时刻采用对应的编码矩阵，聚焦点处的场强大小随着改变，可用于传输不同的二进制码流，实现近场多通道直接信息传输。图 7.30(a) 展示了一种由六个聚焦点组成的目标近场图案，所需的编码矩阵如图 7.30(b) 所示，计算得到对应的二维和三维归一化

近场图案分别如图 7.30(c) 和 (d) 所示。

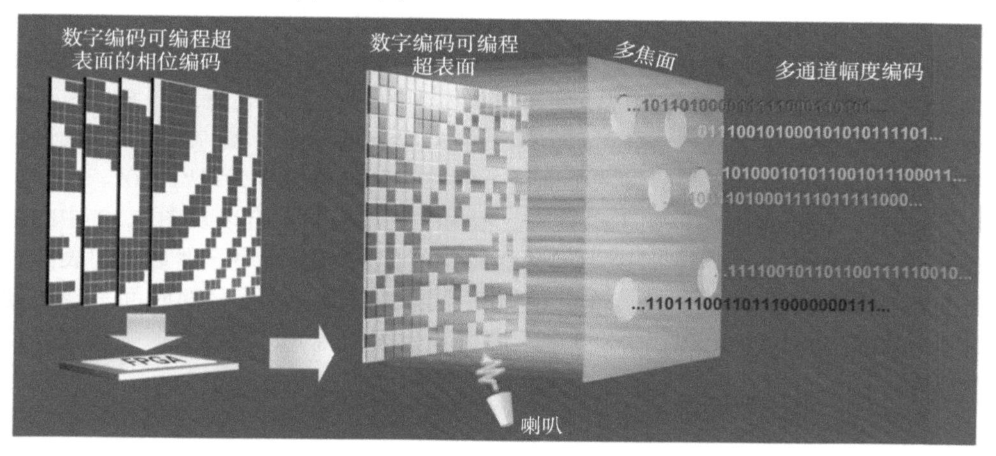

图 7.29 基于信息超表面的近场多通道信息传输示意图 [27]

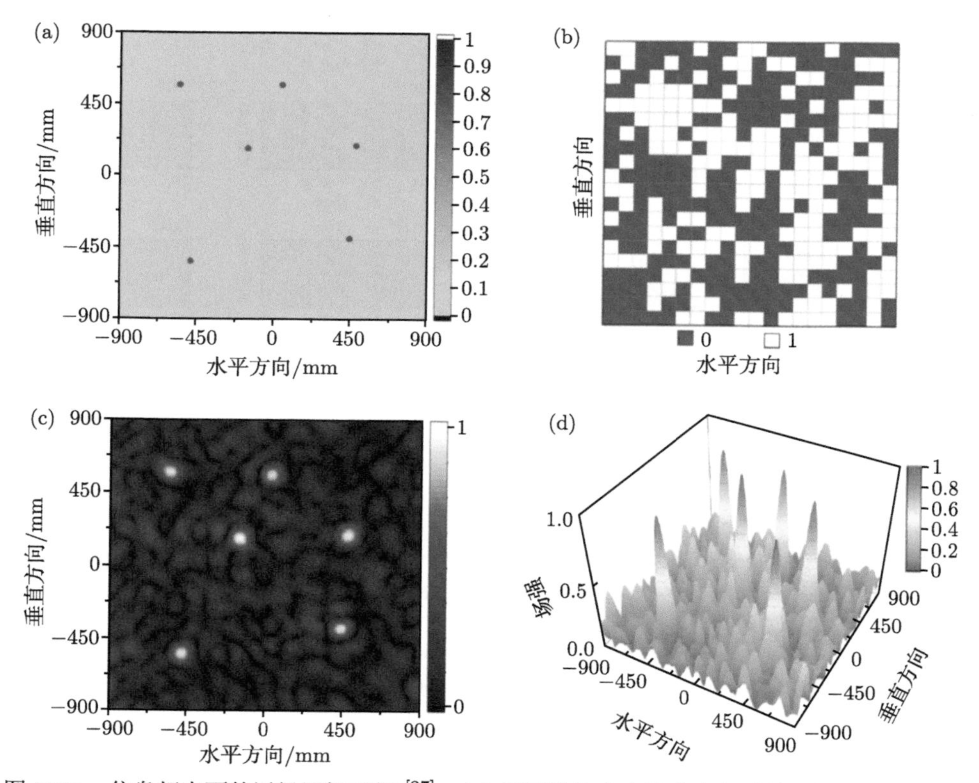

图 7.30 信息超表面的近场调控示例 [27]：(a) 随机选取六个聚焦点组成的近场图案；(b) 所对应的二进制相位编码矩阵；(c) 和 (d) 计算得到的二维和三维归一化近场图案

下面以一个独立三通道的通信系统为例来阐释近场信息传输过程。假定 3 个通信目标位置固定，目标点的信息传输通过聚焦点的场强高低来表征，则超表面所需的近场图案组合数为 $2^3 = 8$，不同符号组合对应近场图案的仿真和实测结果如图 7.31 所示。其中，左边两列为仿真得到的 8 组归一化近场图案，右边两列为实测得到的 8 组归一化近场图案。这 8 组近场图案与图 7.32 中的二进制相位编码矩阵一一对应。假设三个通道上的二进制信号分别为："1010"、"0110" 和 "0001"。信息调制流程如下：首先，根据二进制信号组合以及图 7.32 中的编码矩阵，得到在 $t_1 \sim t_8$ 时隙中编码矩阵随时间的切换顺序；然后，超表面根据对应的编码矩阵调控近场分布，使得三个通道中正弦波信号随时间呈现幅度调制，如图 7.33 所示。在该示例中，高振幅代表信号 "1"，而低振幅则代表信号 "0"。

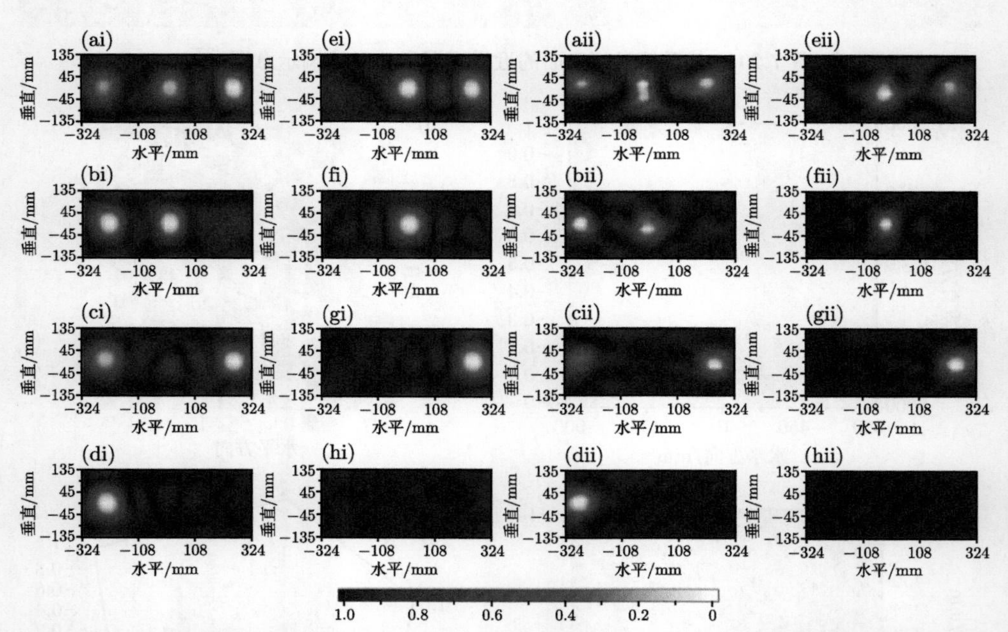

图 7.31　三通道传输系统中不同符号组合的近场图案 [27]：(ai)~(hi) 近场图案的仿真结果；(aii)~(hii) 近场图案的测试结果

最后搭建通信实验来验证上述三通道近场信息传输的可行性。为了接收多通道传输的二进制比特流，实验中使用定制的信号处理模块对三个独立通道的正弦波信号进行解调分析。为了便于对信号进行采样分析，每个通道的接收信号首先经过下变频模块，解调结果如图 7.34 所示。图 7.34 给出了三个通道接收到的采样信号及处理结果，其中左侧一列代表三个通道的采样信号，中间一列代表采样信号经过希尔伯特变换后信号的包络，右侧一列代表对信号的包络进行阈值判决和二值化的结果。从实验结果可以看出，基于信息超表面在近场范围内实现了三个通道独立的信息传输，未来其在近场信息处理和大规模通信等领域具有应用潜力。

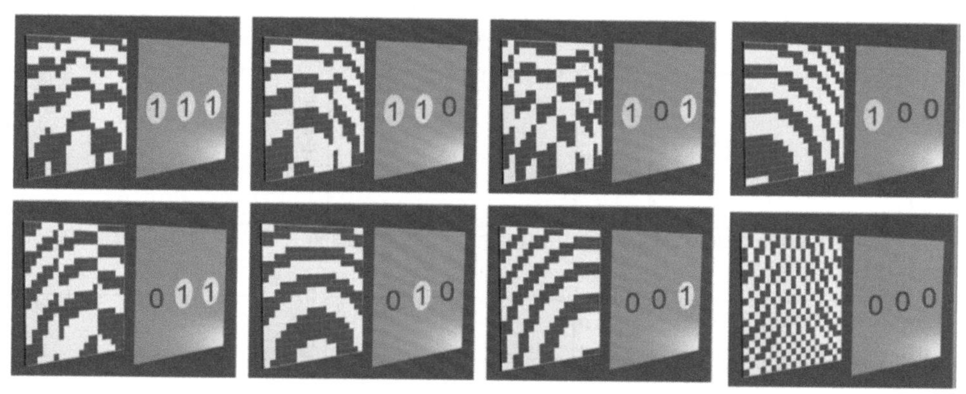

图 7.32 三通道传输系统中不同符号组合所对应的二进制相位编码矩阵 [27]

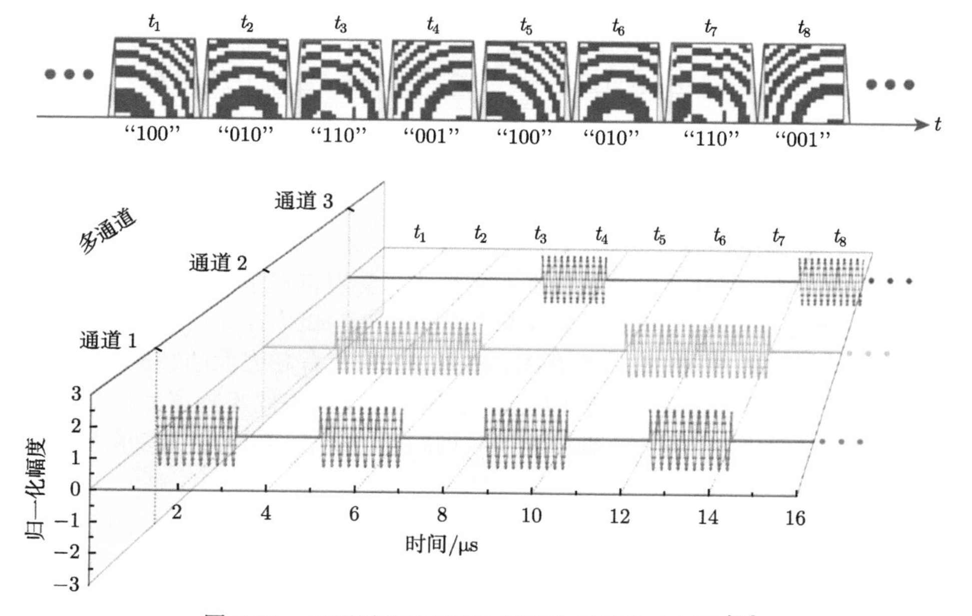

图 7.33 三通道传输系统比特流信息传输示意图 [27]

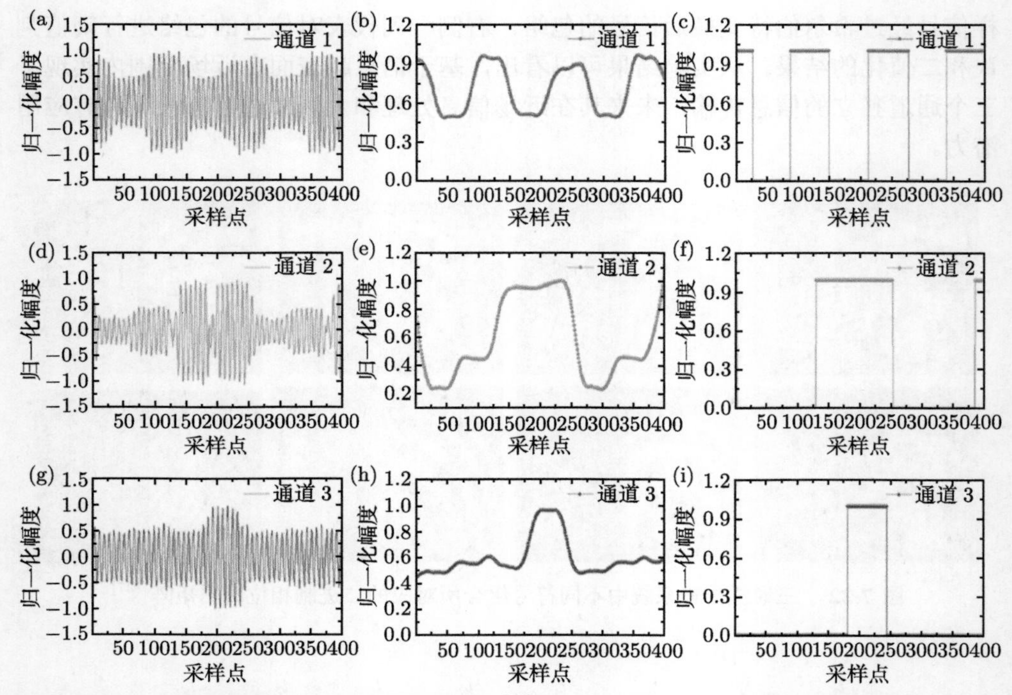

图 7.34　三通道接收的采样信号及处理结果 [27]：(a)、(d)、(g) 三通道正弦采样信号；(b)、(e)、(h) 三通道采样信号包络提取结果；(c)、(f)、(i) 三通道包络信号阈值判决二值化结果

7.5　无源背向散射通信

本节将介绍一种基于信息超表面的大规模无源背向散射通信 (massive backscatter wireless communication, MBWC) 方法 [28]。如图 7.35 所示，该方法利用室内商用 Wi-Fi 路由器发出的 2.4GHz 信号作为可编程超表面的馈源，用于模拟环境杂波；发射端 (Alice) 通过 FPGA 中预先设定的编码矩阵序列控制超表面，使得三个接收端 (Bob) 同时、独立地接收调制后的杂波信号，并成功解调出相应的数字信息。

图 7.36(b) 展示了传统有源无线通信系统架构，发射端和接收端往往需要主动地产生高频本振信号来进行信息的调制和解调，这种通信方式一般被称为有源无线通信 (active wireless communication，AWC)。图 7.36(a) 给出了无源背向散射通信的系统原理框图：在发射端 (Alice)，二进制比特流通过 FPGA 转化为编码矩阵序列，通过该序列控制可编程超表面将数字信息调制到环境中的高频杂波上，从而实现频谱资源的二次利用。在接收端 (Bob)，接收天线分为主/从天线两

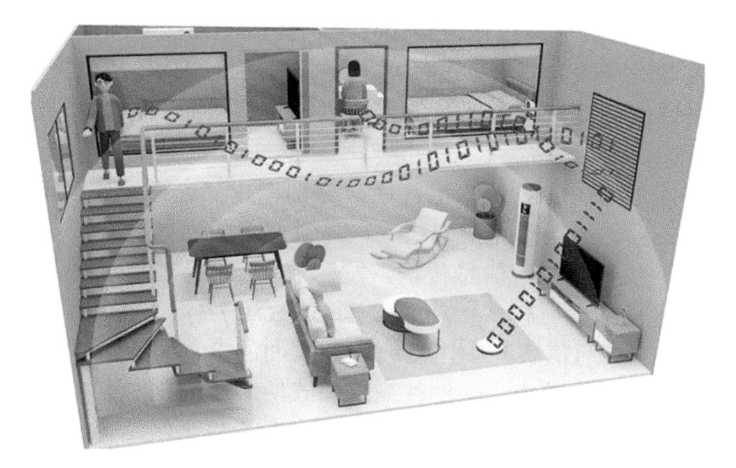

图 7.35 室内环境下利用 Wi-Fi 信号的无源背向散射通信示意图 [28]

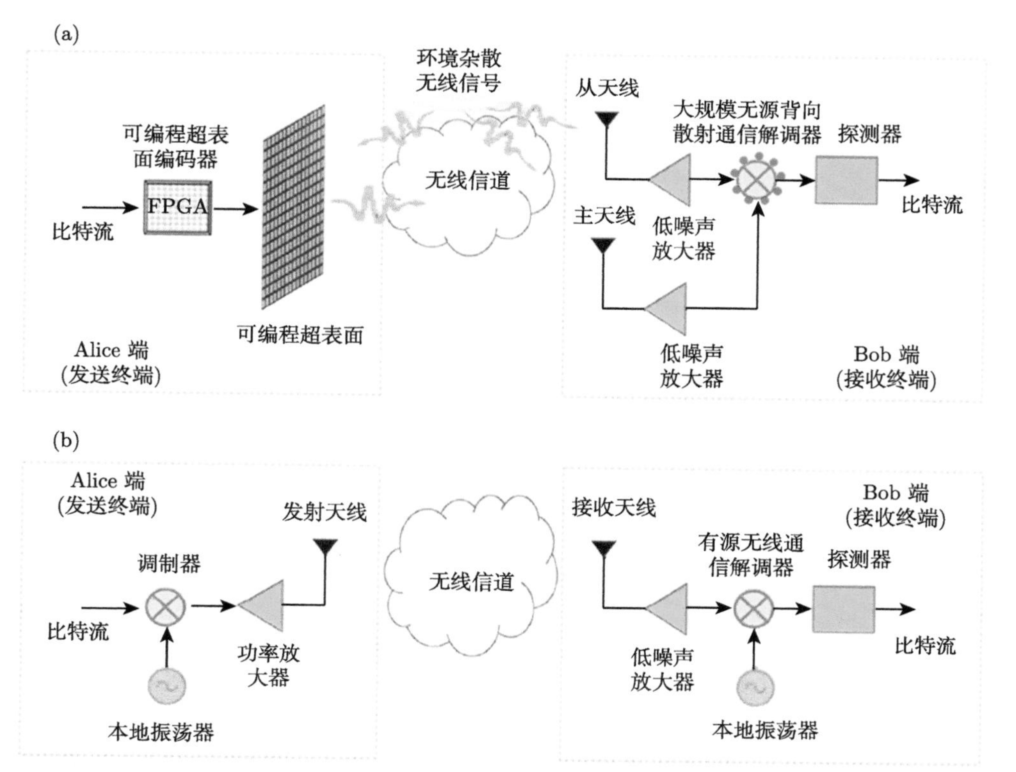

图 7.36 通信结构框图对比 [28]：(a) 大规模无源背向散射通信；(b) 传统有源无线通信

个部分，主天线主要用于接收经超表面调制后的环境信号，而从天线主要用于接收未调制的环境杂波，可被视作一种由环境中提取的高频本振信号。主/从天线将接收信号送入低噪声放大器后，进行相干解调和阈值判决，从而恢复出原始信息。无源背向散射通信调控空间中已有的无线电信号，无需额外的频谱资源，且不影响环境中已有的通信信号。

为了验证该 MBWC 系统的可行性，分别构建三通道 ASK 和二进制相移键控 (binary phase shift keying，BPSK) 调制方式的通信实验，如图 7.37(a) 所示。为实现三个独立通道的信息传输，发射端 (Alice) 的可编程超表面至少需要 $2^3 = 8$ 种可被区分的编码模式；接收端 (Bob-R/G/B) 至少需要 3 根主天线和 1 根从天线。在 ASK 通信实验中，可编程超表面的 8 种编码模式如图 7.37(b) 所示，在 2.412GHz 工作频点上，8 种编码模式所对应的信号强度二维空间分布如图 7.37(c) 所示，每种编码模式以幅度高低来表征数字信息，接收端设定阈值来解调信号。

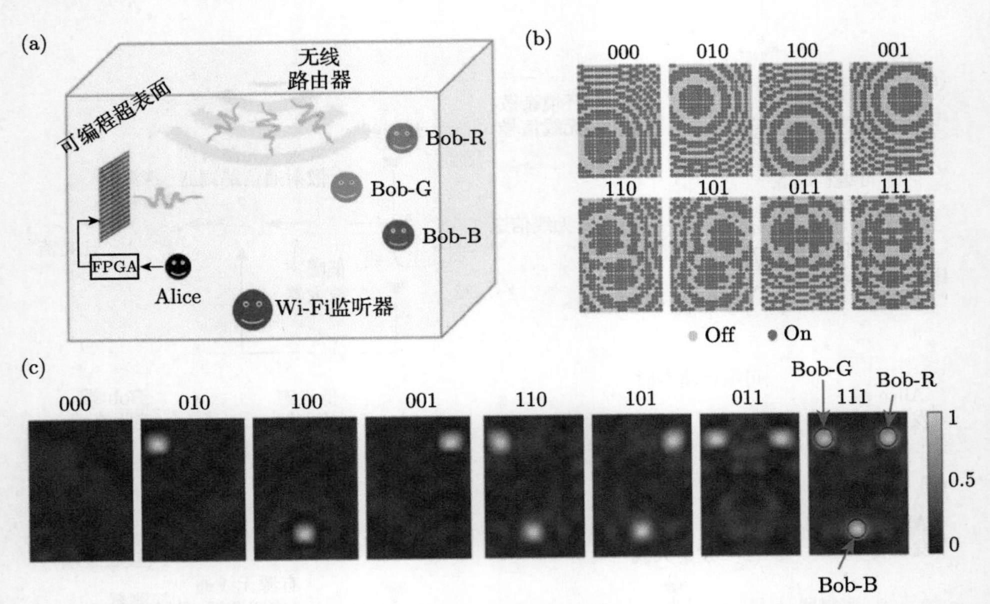

图 7.37 基于 MBWC 系统的三通道 ASK 通信实验 [28]：(a) 室内环境下利用 Wi-Fi 信号的三通道无源背向散射通信示意图；(b) 基于 MBWC 系统三通道 ASK 通信的 8 种优化控制编码；(c) 在距离超表面 3m 处、2.412GHz 频点下，对应 8 种编码模式下信号强度的分布图

在 BPSK 通信实验中，可编程超表面的 8 种编码模式如图 7.38(a) 所示，对应信号在二维空间的幅度和相位分布如图 7.38(b) 所示，每种编码模式以相位来表征数字信息，三个接收端通过相干处理来获得信号的相位，用于解调和恢复原

始信息。在图 7.38(c) 中，橙线为主天线接收到的 BPSK 信号，而蓝线为从天线接收到的环境杂波信号；图 7.38(c) 的下半部分展示了主从天线信号经过相干解调后的相位信息。

最后构建三通道 BPSK 通信系统进行图片传输实验，进一步验证该 MBWC 系统的信息传输性能。发送端将彩色图片编码信息分为 R/G/B 三个通道，通过可编程超表面同时发送给三个接收天线。接收端成功解调出相应通道的二进制比特流，并且将三个通道的 RGB 信息重新合成为一张彩色图片，结果如图 7.39 所示。大规模无源背向散射通信方法很好地发挥了信息超材料的优势，仅利用空间中现有的无线信号就可以实现多通道的信息传输，具备潜伏通信的特性，该技术有望在电子对抗系统中发挥重要作用。

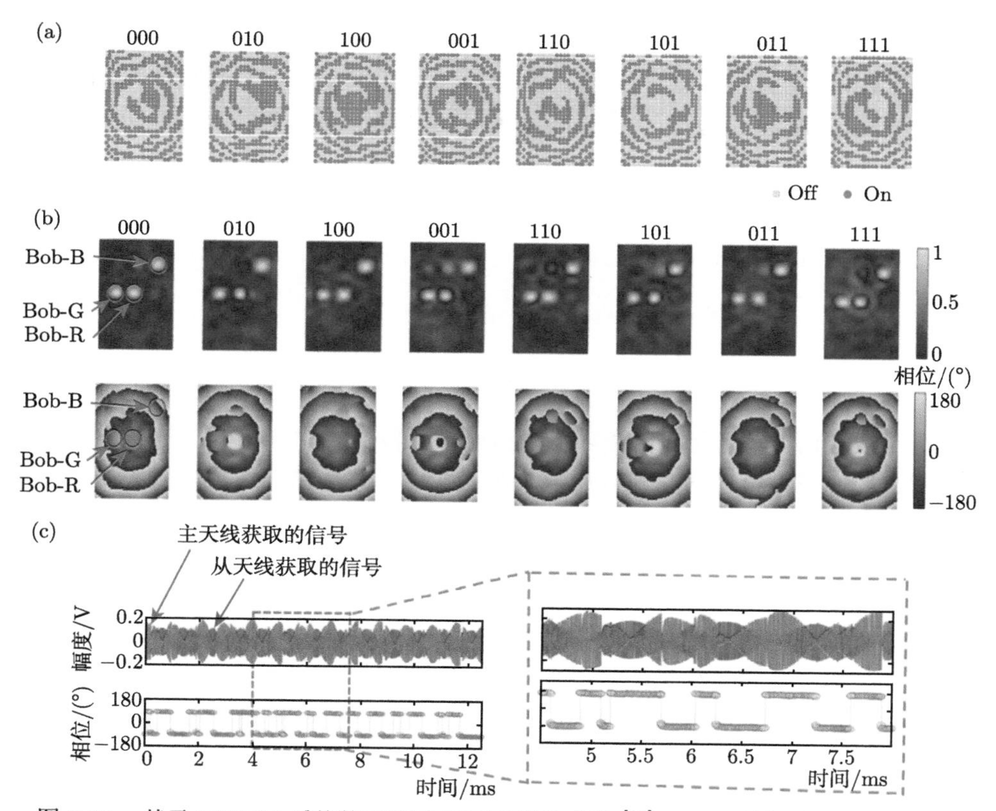

图 7.38 基于 MBWC 系统的三通道 BPSK 通信实验 [28]：(a) 8 种优化控制编码模式；(b) 在距离超表面 3m 处和 2.412GHz 频点下，对应 8 种编码模式下信号幅度和相位的分布图；(c) 幅度部分代表主天线接收信号 (橙线) 和从天线接收信号 (蓝线)；相位部分代表 BPSK 解调后的相位结果

(a)

在Alice处传输的图像

Bob 处接收到的三通道图像

(b)

Bob-R处接收到的单通道图像-红色通道

Bob-G处接收到的单通道图像-绿色通道

Bob-B处接收到的单通道图像-蓝色通道

图 7.39　基于 MBWC 系统的三通道 BPSK 图片传输实验 [28]：(a) 发送端 (Alice) 原始彩色图片和接收端 (Bob) 解调恢复后的彩色图片；(b) 三个接收端所恢复的 R/G/B 单色图片

7.6　超表面自由空间路径损耗模型

在无线通信领域，无线信道环境是指电磁波传播的物理环境。在传统观点中，无线信道环境是不可控的，并且通常会对无线信号的传播产生负面效应，比如地形、建筑等障碍物对无线信号的反射和折射会产生多径效应，进而导致信号的快速衰落。信息超材料具有对电磁波强大的操控能力，可被用于人为定义空间电磁环境。在传统无线通信系统中引入超表面，可在三维空间对信号传播的方向进行调控，同时抑制干扰并增强信号，进而打破无线信道不可控的传统观念。信息超表面辅助的新型无线通信系统将成为构建下一代智能无线环境的新范式，为未来无线通信系统带来新的机遇 [1,5,6,10]。

如图 7.40 所示，超表面的典型应用场景可分为两类：① 超表面辅助的波束成形；② 超表面辅助的信号广播。在超表面辅助波束成形应用中，其反射信号将使单个特定用户的接收功率最大，并实时调整波束方向追踪用户移动；在超表面辅助信号广播应用下，其反射信号将均匀覆盖特定区域内的所有用户。以上两种典型场景的具体实现主要依赖两方面的因素：①超表面单元的反射系数；② 收发机与超表面的近远场关系。

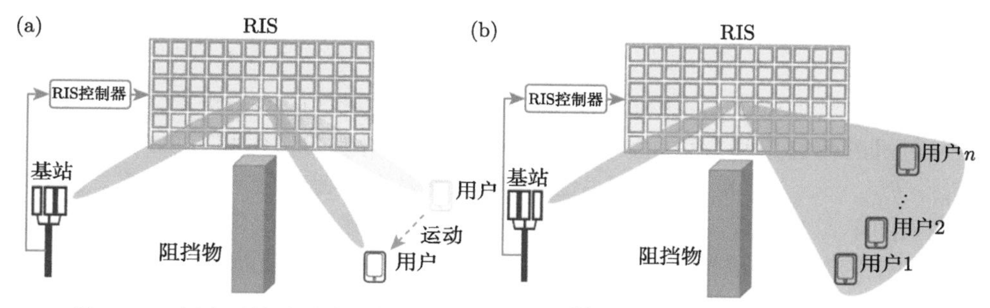

图 7.40 超表面辅助无线通信的典型应用场景 [9]：(a) 波束成形；(b) 信号广播

近年来，源于信息超材料的 RIS 引起了通信领域学者的广泛研究，公开发表了一批具有创新性和应用价值的研究工作，为构建智能无线环境的新范式提供了具体的思路和方案。然而，目前的研究工作大多数都是基于简化的数学模型，其中超表面被简单地建模成单元相位矩阵。这一简化的数学模型将直接导致后续算法设计简陋、缺乏通用性，同时也将影响对系统性能的准确预测。具体而言，在缺少简单可靠的超表面物理电磁模型以及超表面对无线信号的响应尚未被研究清楚的前提下，理想的数学模型不能准确地指导新架构无线通信系统的具体落实，并且随着设计的深入，由理想数学模型带来的弊端将日益凸显。针对这一问题，本节将介绍一种可用于超表面辅助无线通信系统分析的可靠路径损耗模型 [29,30]。该模型充分考虑了超表面的电磁特性和其他相关物理因素，其中包括超表面阵列的大小以及近远场效应等。

7.6.1 理论建模与分析

由于收发机之间的直接链路信道模型已得到了充分的研究，因此这里主要考虑收发机间直接路径被完全阻挡时，由超表面提供反射辅助路径的自由空间路径损耗模型。超表面辅助的无线通信系统如图 7.41 所示，其中超表面位于直角坐标系 xOy 平面上，其几何中心与坐标系原点重合，且由 $N\times M$ 个可编程单元组成。为了便于建模和推导，这里假设：N 和 M 均为偶数，每个超表面单元沿着 x 轴的周期长度是 d_x，沿着 y 轴的周期长度是 d_y；超表面单元的归一化功率辐射方向图为 $F(\theta,\varphi)$，超表面单元的散射增益为 G；位于第 n 行、第 m 列的超表面单元 $U_{n,m}$ 距离超表面中心的距离为 $d_{n,m}$，反射系数为 $\Gamma_{m,n}$，中心点坐标可以表示为

$$(x_{n,m},y_{n,m},0)=\left(\left(m-\frac{1}{2}\right)d_x,\left(n-\frac{1}{2}\right)d_y,0\right) \tag{7.20}$$

其中，$n \in \left[1-\frac{N}{2},\frac{N}{2}\right]$，$m \in \left[1-\frac{M}{2},\frac{M}{2}\right]$。此外，$d_1$、$d_2$、$\theta_{\rm t}$、$\varphi_{\rm t}$、$\theta_{\rm r}$ 和 $\varphi_{\rm r}$ 分别表示发射机至超表面中心的距离，接收机至超表面中心的距离，超表面中心至发射机的俯仰角和方位角，超表面中心至接收机的俯仰角和方位角。而 $r_{n,m}^{\rm t}$、$r_{n,m}^{\rm r}$、$\theta_{n,m}^{\rm t}$、$\varphi_{n,m}^{\rm t}$、$\theta_{n,m}^{\rm r}$ 和 $\varphi_{n,m}^{\rm r}$ 分别表示发射机至超表面单元的距离，接收机至超表面单元的距离，超表面单元至发射机的俯仰角和方位角，超表面单元至接收机的俯仰角和方位角。位于 $(x_{\rm t},y_{\rm t},z_{\rm t})$ 的发射机向超表面发射波长为 λ、功率为 $P_{\rm t}$ 的信号，发射天线的归一化功率辐射方向图为 $F^{\rm tx}(\theta,\varphi)$，增益为 $G_{\rm t}$。信号经超表面反射后被位于 $(x_{\rm r},y_{\rm r},z_{\rm r})$ 的接收机接收，接收天线的归一化功率辐射方向图为 $F^{\rm rx}(\theta,\varphi)$，增益为 $G_{\rm r}$。其中 $\theta_{n,m}^{\rm tx}$、$\varphi_{n,m}^{\rm tx}$、$\theta_{n,m}^{\rm rx}$、$\varphi_{n,m}^{\rm rx}$ 分别表示发射天线至超表面单元的俯仰角和方位角，接收天线至超表面单元的俯仰角和方位角。

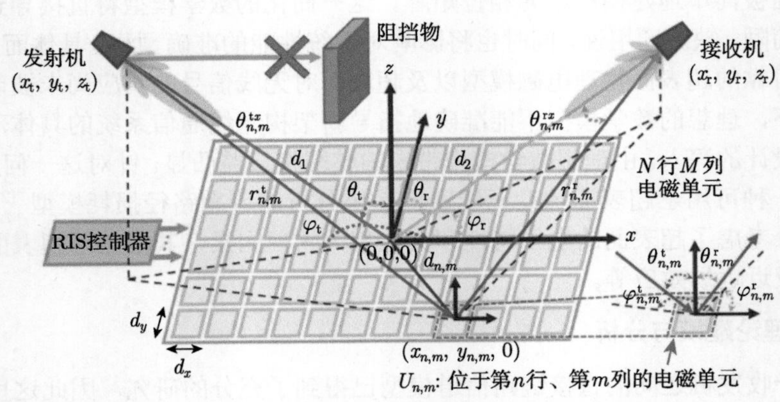

图 7.41　信息超表面辅助的无线通信系统 [29]

在上述假设的基础上，根据各电磁参数与自由空间路径损耗基本关系，可给出基于超表面辅助的无线通信系统路径损耗通用模型 [29]：

$$
\begin{aligned}
PL_{\rm general} &= \frac{p_{\rm t}}{p_{\rm r}} \\
&= \frac{16\pi^2}{G_{\rm r}G_{\rm t}(d_x d_y)^2\left|\sum\limits_{m=1-\frac{M}{2}}^{\frac{M}{2}}\sum\limits_{n=1-\frac{N}{2}}^{\frac{N}{2}}\frac{\sqrt{F_{n,m}^{\rm combine}}\Gamma_{n,m}}{r_{n,m}^{\rm t}r_{n,m}^{\rm r}}{\rm e}^{\frac{-{\rm j}2\pi(r_{n,m}^{\rm t}+r_{n,m}^{\rm r})}{\lambda}}\right|^2}
\end{aligned}
\tag{7.21}
$$

其中，$F_{n,m}^{\rm combine}$ 为发射天线、超表面单元、接收天线的联合归一化功率辐射方向

图，可表示为

$$F_{n,m}^{\text{combine}}=F^{\text{tx}}(\theta_{n,m}^{\text{tx}},\varphi_{n,m}^{\text{tx}})F(\theta_{n,m}^{\text{t}},\varphi_{n,m}^{\text{t}})F(\theta_{n,m}^{\text{r}},\varphi_{n,m}^{\text{r}})F^{\text{rx}}(\theta_{n,m}^{\text{rx}},\varphi_{n,m}^{\text{rx}}) \tag{7.22}$$

式 (7.21) 表明路径损耗与收发天线增益、超表面单元面积的平方成反比；路径损耗与发射/接收天线以及超表面单元的联合归一化功率辐射方向图、超表面单元的数量、每个单元的反射系数以及发射机/接收机与各单元间距离有关。需要注意的是，若超表面单元反射系数是收发互易的，则由超表面辅助的时分双工无线通信系统的上下行信道是互易的，而这一性质也将在时分双工无线通信系统中起到关键性作用。

根据式 (7.21) 给出的超表面整体路径损耗模型，可以逆向使用叠加原理得到单个超表面单元的路径损耗模型为

$$\text{PL}_{\text{general}}=\frac{p_{\text{t}}}{p_{n,m}^{\text{r}}}=\frac{16\pi^2(r_{n,m}^{\text{t}}r_{n,m}^{\text{r}})^2}{G_{\text{r}}G_{\text{t}}(d_xd_y)^2F_{n,m}^{\text{combine}}|\Gamma_{n,m}|} \tag{7.23}$$

式中，$P_{n,m}^{\text{r}}$ 为单个超表面单元反射至接收机处的信号功率。根据式 (7.23)，单个超表面单元的自由空间路径损耗与其至发射机和接收机的距离乘积的平方成正比，与其面积的平方和联合归一化功率辐射方向图成反比。在式 (7.21) 和式 (7.23) 中，都出现了角度相关的损耗因子 $F_{n,m}^{\text{combine}}$，其与发射天线、超表面单元、接收天线的功率辐射方向图相关。实际应用场景中，假设发射天线和接收天线的最大辐射方向指向超表面的中心，则 $F_{n,m}^{\text{combine}}$ 可进一步表示为

$$F_{n,m}^{\text{combine}}=(\cos\theta_{n,m}^{\text{tx}})^{\left(\frac{G_{\text{t}}}{2}-1\right)}(\cos\theta_{n,m}^{\text{t}})^{\alpha}(\cos\theta_{n,m}^{\text{r}})^{\alpha}(\cos\theta_{n,m}^{\text{rx}})^{\left(\frac{G_{\text{r}}}{2}-1\right)} \tag{7.24}$$

其中，α 用于拟合超表面单元的实际方向图，取值与超表面单元的具体设计有关。$F_{n,m}^{\text{combine}}$ 可进一步写作：

$$\begin{aligned}F_{n,m}^{\text{combine}}=&\left(\frac{d_1^2+(r_{n,m}^{\text{t}})^2-(d_{n,m})^2}{2d_1r_{n,m}^{\text{t}}}\right)^{\left(\frac{G_{\text{t}}}{2}-1\right)}\left(\frac{z_{\text{t}}}{r_{n,m}^{\text{t}}}\right)^{\alpha}\\&\cdot\left(\frac{z_{\text{r}}}{r_{n,m}^{\text{r}}}\right)^{\alpha}\left(\frac{d_2^2+(r_{n,m}^{\text{r}})^2-(d_{n,m})^2}{2d_2r_{n,m}^{\text{r}}}\right)\end{aligned} \tag{7.25}$$

其中，d_1、d_2、$r_{n,m}^{\text{t}}$、$r_{n,m}^{\text{r}}$、$d_{n,m}$ 可根据发射机、超表面单元和接收机的相对位置计算得到。式 (7.25) 综合考虑了发射天线、超表面单元和接收天线的辐射方向图对路径损耗的影响，当收发天线全部指向超表面中心时，距离超表面中心越近的单元，接收并反射信号的功率越大。

7.6.2 实验测量与验证

下面通过实验测量来验证上述理论模型的有效性。为了验证该模型的普适性，实验选用了四块不同的超表面，分别工作在 X 波段、Sub-6GHz 频段以及毫米波段，如图 7.42(a)~(d) 所示。实验搭建的路径损耗测量系统如图 7.43 所示，用于测量路径损耗与传输距离 d_1 及 d_2 的关系。发射喇叭天线与信号发生器相连，用于发射相应频段的电磁波；接收喇叭天线和信号分析仪相连，用于测量反射波功率；超表面样品则被放置在三脚架上。

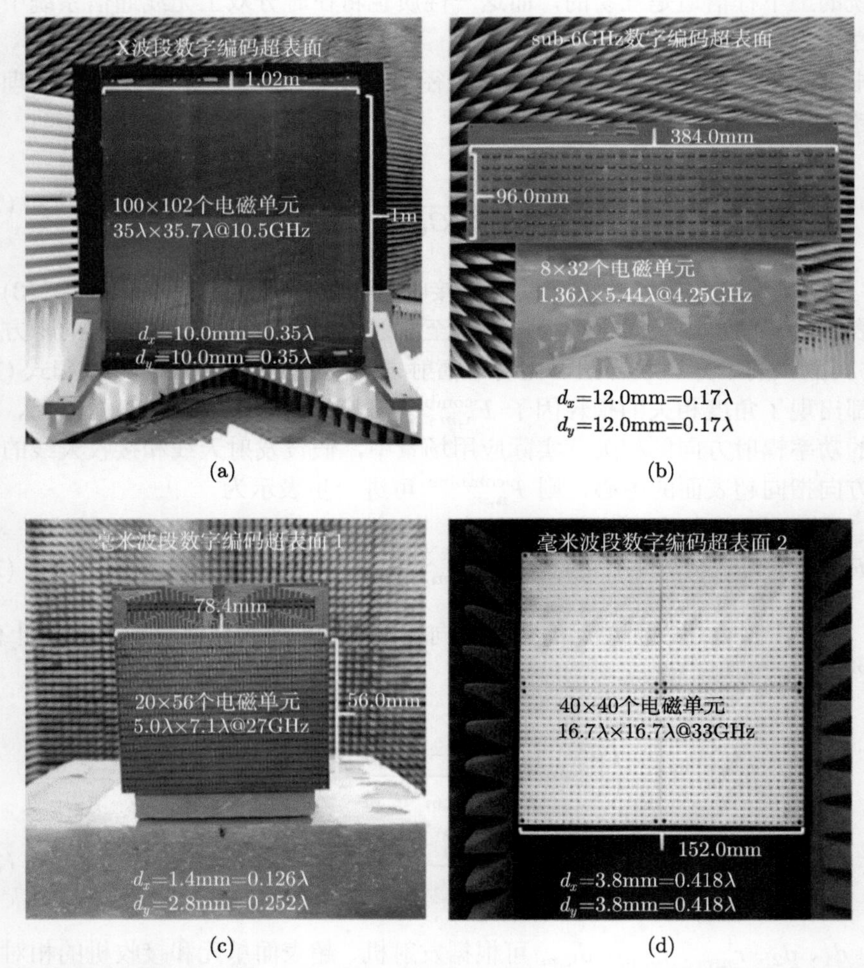

图 7.42 超表面样品图片 [29]：(a) X 波段超表面；(b) Sub-6GHz 频段超表面；(c) 毫米波超表面 1；(d) 毫米波超表面 2

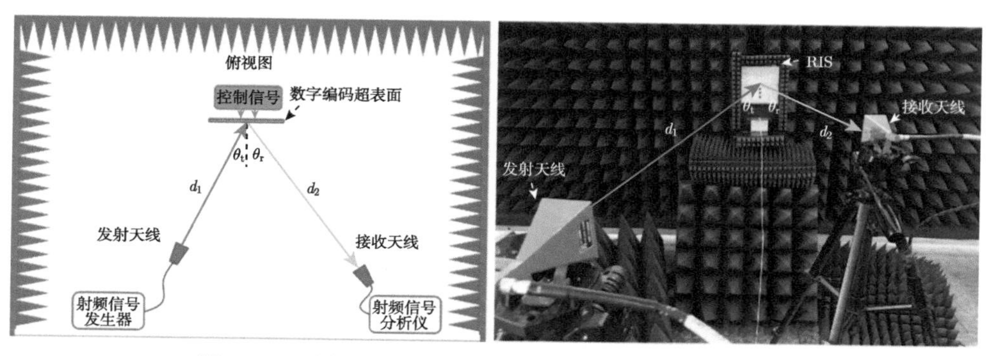

图 7.43 路径损耗测量系统示意图 (左) 与照片 (右)[29]

通过移动发射和接收天线，便可以对不同 d_1、d_2、θ_t 和 θ_r 配置下的路径损耗进行测量。分别对四块超表面样品进行测试，测量结果如图 7.44 所示，可以看出路径损耗的测量值与通用模型的计算值吻合较好，充分说明了该模型的普适性与准确性。这种基于超表面辅助无线通信系统的自由空间路径损耗模型兼顾了超表面的电磁特性和无线通信系统的物理背景，能够帮助研究人员了解超表面辅助的无线通信系统中大尺度衰落的基础特征，可用于链路预算的计算和系统性能极限的分析。

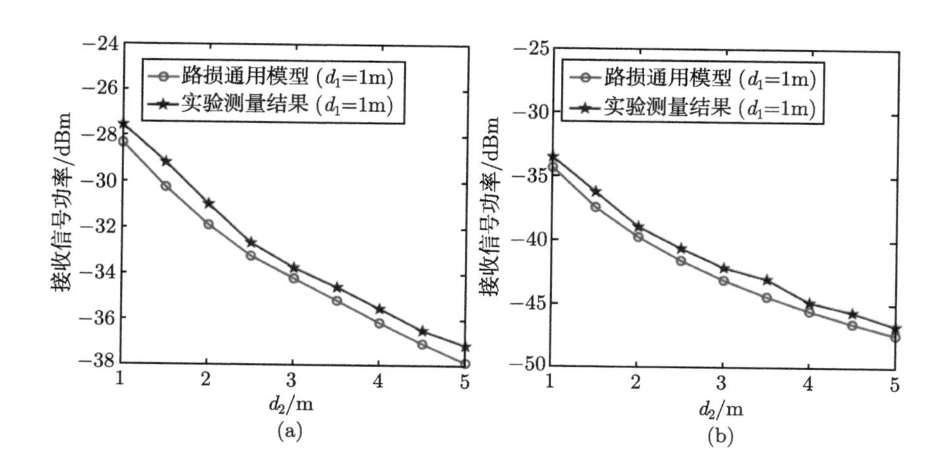

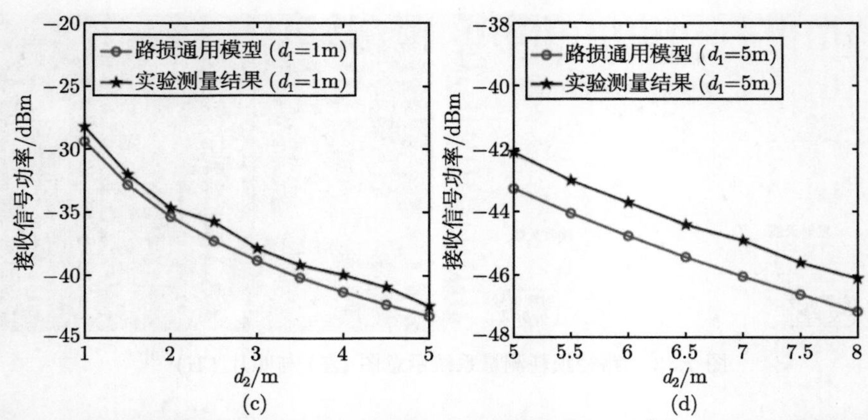

图 7.44　不同频段超表面路径损耗的理论模型与测量结果对比 [29]：(a) X 波段超表面；(b) Sub-6GHz 频段超表面；(c) 毫米波超表面 1；(d) 毫米波超表面 2

7.7　小　结

信息超材料凭借其出色的电磁调控能力与低成本、低能耗、易部署等优点，近年来引起了无线通信领域内越来越多学者的关注。基于信息超表面的新架构无线通信发射机，结合了信息科学中的通信算法和可编程超表面的硬件资源，已开发出包括 FSK 调制、PSK 调制、QAM 调制、方向图调制等多种方案的原型系统，以及 MIMO 传输系统，为未来无线通信的发展提供了一种极具潜力的硬件架构。此外，本章还介绍了光控微波信号无线发射机、多维复用无线通信方法、近场多通道无线通信以及无源背向散射通信，最后介绍了信息超表面在 RIS 应用场景下自由空间路径损耗模型，为 RIS 辅助的无线通信系统研究提供了准确的理论指导，推进了信息超表面在无线通信中的工程应用。可以预见，信息超表面在未来智能无线通信环境中将发挥重要作用，为下一代无线通信系统的发展带来前所未有的新机遇。

参 考 文 献

[1] Renzo M D, Debbah M, Phan-Huy D T, et al. Smart radio environments empowered by reconfigurable AI meta-surfaces: an idea whose time has come[J]. EURASIP Journal on Wireless Communications and Networking, 2019, 2019(1): 1-20.

[2] Dai J Y, Tang W, Chen M Z, et al. Wireless communication based on information metasurfaces[J]. IEEE Transactions on Microwave Theory and Techniques, 2021, 69(3): 1493-1510.

[3] Cui T J, Qi M Q, Wan X, et al. Coding metamaterials, digital metamaterials and programmable metamaterials[J]. Light: Science & Applications, 2014, 3(10): e218.

[4] Cui T J, Li L, Liu S, et al. Information metamaterial systems[J]. iScience, 2020, 23(8): 101403.

[5] Liaskos C, Nie S, Tsioliaridou A, et al. A new wireless communication paradigm through software-controlled metasurfaces[J]. IEEE Communications Magazine, 2018, 56(9): 162-169.

[6] Wu Q, Zhang R. Towards smart and reconfigurable environment: intelligent reflecting surface aided wireless network[J]. IEEE Communications Magazine, 2019, 58(1): 106-112.

[7] 程强. 电磁超材料 [M]. 南京: 东南大学出版社, 2022.

[8] 戴俊彦. 时域超表面理论研究与应用 [D]. 南京: 东南大学, 2019.

[9] 唐万恺. 基于智能超表面的无线通信系统设计与信道特性研究 [D]. 南京: 东南大学, 2021.

[10] Cheng Q, Zhang L, Dai J Y, et al. Reconfigurable intelligent surfaces: simplified-architecture transmitters—from theory to implementations[J]. Proceedings of the IEEE, 2022, 110(9): 1266-1289.

[11] Zhao J, Yang X, Dai J Y, et al. Programmable time-domain digital-coding metasurface for non-linear harmonic manipulation and new wireless communication systems[J]. National Science Review, 2019, 6(2): 231-238.

[12] Dai J Y, Tang W K, Zhao J, et al. Wireless communications through a simplified architecture based on time-domain digital coding metasurface[J]. Advanced Materials Technologies, 2019, 4(7): 1900044.

[13] Tang W, Dai J Y, Chen M, et al. Programmable metasurface-based RF chain-free 8PSK wireless transmitter[J]. Electronics Letters, 2019, 55(7): 417-420.

[14] Dai J Y, Tang W, Yang L X, et al. Realization of multi-modulation schemes for wireless communication by time-domain digital coding metasurface[J]. IEEE Transactions on Antennas and Propagation, 2019, 68(3): 1618-1627.

[15] Chen M Z, Tang W, Dai J Y, et al. Accurate and broadband manipulations of harmonic amplitudes and phases to reach 256 QAM millimeter-wave wireless communications by time-domain digital coding metasurface[J]. National Science Review, 2022, 9(1): nwab134.

[16] Dai J Y, Zhao J, Cheng Q, et al. Independent control of harmonic amplitudes and phases via a time-domain digital coding metasurface[J]. Light: Science & Applications, 2018, 7(1): 90.

[17] Cui T J, Liu S, Bai G D, et al. Direct transmission of digital message via programmable coding metasurface[J]. Research, 2019, 2019: 2584509.

[18] Haykin S. Communication Systems[M]. New York: John Wiley & Sons, 2008.

[19] Venkateswaran V, van der Veen A J. Analog beamforming in MIMO communications with phase shift networks and online channel estimation[J]. IEEE Transactions on Signal Processing, 2010, 58(8): 4131-4143.

[20] Pan C, Ren H, Wang K, et al. Intelligent reflecting surface aided MIMO broadcasting for simultaneous wireless information and power transfer[J]. IEEE Journal on Selected

Areas in Communications, 2020, 38(8): 1719-1734.

[21] Tang W, Dai J Y, Chen M Z, et al. MIMO transmission through reconfigurable intelligent surface: system design, analysis, and implementation[J]. IEEE Journal on Selected Areas in Communications, 2020, 38(11): 2683-2699.

[22] 张信歌. 可编程超表面电磁实时调控与应用 [D]. 南京: 东南大学, 2022.

[23] Zhang X G, Sun Y L, Zhu B, et al. A metasurface-based light-to-microwave transmitter for hybrid wireless communications[J]. Light: Science & Applications, 2022, 11(1): 126.

[24] 张磊. 时空编码数字超表面及应用 [D]. 南京: 东南大学, 2020.

[25] Zhang L, Chen M Z, Tang W, et al. A wireless communication scheme based on space- and frequency-division multiplexing using digital metasurfaces[J]. Nature Electronics, 2021, 4(3): 218-227.

[26] Ke J C, Chen X, Tang W, et al. Space-frequency-polarization-division multiplexed wireless communication system using anisotropic space-time-coding digital metasurface[J]. National Science Review, 2022, 9(11): nwac225.

[27] Wan X, Zhang Q, Chen T Y, et al. Multichannel direct transmissions of near-field information[J]. Light: Science & Applications, 2019, 8(1): 60.

[28] Zhao H, Shuang Y, Wei M, et al. Metasurface-assisted massive backscatter wireless communication with commodity Wi-Fi signals[J]. Nature Communications, 2020, 11(1): 3926.

[29] Tang W, Chen M Z, Chen X, et al. Wireless communications with reconfigurable intelligent surface: path loss modeling and experimental measurement[J]. IEEE Transactions on Wireless Communications, 2020, 20(1): 421-439.

[30] Tang W, Chen X, Chen M Z, et al. Path loss modeling and measurements for reconfigurable intelligent surfaces in the millimeter-wave frequency band[J]. IEEE Transactions on Communications, 2022, 70(9): 6259-6276.

第 8 章　智能超材料及系统级应用

信息超材料的可编程设计已发展出丰富多样的调控方式，例如电控式、机械式、光控式等；调控的电磁参数也从最初的相位逐步扩展到幅度、极化、频率等。然而目前大多数动态调控的可编程超材料仍需要人为介入来更改控制指令或程序，实现不同电磁功能的切换，难以实现自适应的智能化应用。其根本原因在于早期的设计无法自主感知并反馈当前的状态。本节将介绍基于信息超材料的智能化可编程体系，这种全新的智能化超材料系统可以实现自主感知、自主决策，可在一定程度上实现自适应的智能电磁调控。

8.1　新体制成像系统

8.1.1　可编程全息成像

在以往的研究中，研究者设计了大量的超表面全息图以实现高效率、高画质和全彩色的全息图像，并在太赫兹、红外和可见光领域进行了实验验证 [1,2]。虽然它们提供了非凡的成像效果，但是静态的超材料只能实现单个图样的稳定成像，一旦样件制造加工完成后，其相位和幅值分布就会固定下来，且无法更改。可编程信息超材料为克服这一问题提供了有效路径，能够在微波频段生成动态全息图。

本节将首先介绍一种基于 1 比特反射式信息超材料的可编程全息成像系统及其在微波段的演示验证 [3]。如图 8.1 所示，该系统主要由 20 × 20 个超级子单元的信息超表面和馈源天线组成，覆盖面积 600mm×600mm。每个超表面单元的金属结构完全相同，均为 F4B 基板顶层的两个平面对称图案，在它们之间放置一个 PIN 二极管，每个平面结构通过基板上预留的 4 个金属通孔与底面的 4 片分离金属片相连，用于施加直流偏置电压。因此，每个单元的散射状态可以通过改变二极管上的偏置电压来独立控制，就可以通过 FPGA 变换全息图中 0 和 1 构成的编码图案，实现多幅全息图的动态构建。因此，与传统的静态超表面全息成像相比，可编程超表面全息图的生成可实时变化，成像效率更高。

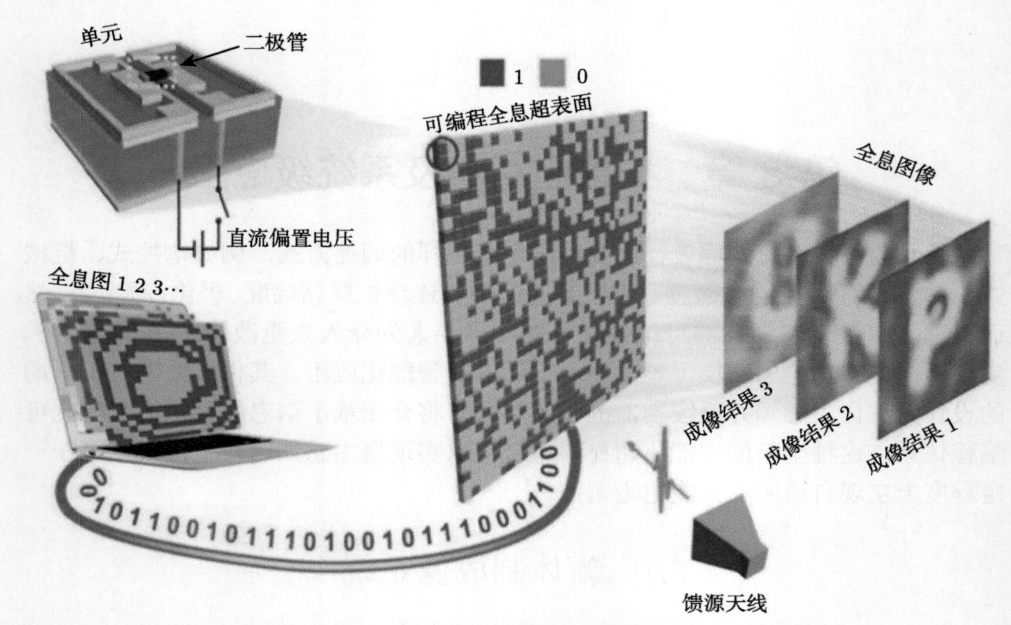

图 8.1 基于信息超材料的可编程全息成像系统示意图 [3]

硬件设计完成后，根据要显示的全息图像利用改进 Gerchberg-Saxton (GS) 算法计算超表面的编码排布，拟合后确定图 8.2(a) 中不同的编码图案并存储到 FPGA 中，实时发送给信息超表面。在平面电磁波的照射下，在距离超表面样件 400~500mm 的平面上即可获得相应的目标像，并在编码图案改变后实时重建。图 8.2(b) 给出了不同全息图像的测试结果，即 “LOVE PKU!SEU!NUS!”。该设计中所使用 FPGA 的时钟频率为 100MHz，对应于每个工作周期的时间为 10ns。要并行改变 PIN 二极管状态，编译后需要 3 个运行周期。因此，全息图的总重构时间仅为 33ns。这种基于信息超表面的可编程全息成像理念可以轻松地扩展到多比特模式甚至相位和幅度的联合调制，实现更加先进、高效和通用的器件，同时具备自适应和可重写的功能。若存在合适的商用二极管，如太赫兹的肖特基二极管 [4]、红外和可见光频率的热 VO_2 二极管 [5]，该方法也可以拓展到更高频率生成可编程全息图。此外，也可以通过将其他相变材料如 $Ge_2Sb_2Te_5$[6] 引入纳米天线设计中，通过动态修改每个天线的散射相位，可以将信息超表面动态全息术的概念扩展到更高频率，同时保持相同的散射强度。

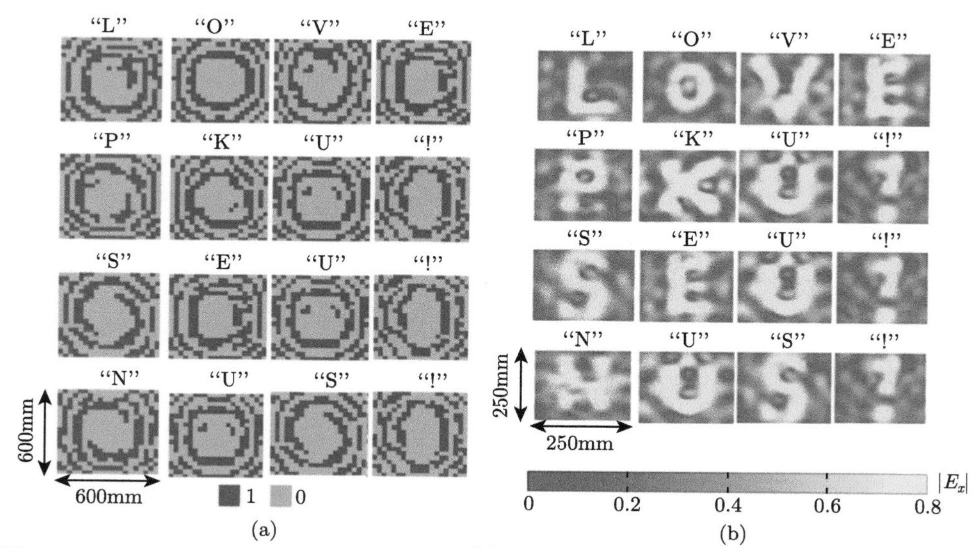

图 8.2 (a) 不同成像目标所对应的编码图案 [3]；(b) 可编程全息成像的测试结果，即 "LOVE PKU!SEU!NUS!"[3]

8.1.2 微波成像系统

全息成像属于主动成像的一种，所观测到的像由研究者设计并将所需的编码图案发送至信息超材料去主动构建。而信息超材料也可以用在目标的被动成像当中，实现对未知目标的探测。目前，使用较为广泛的成像系统包括真实孔径 (RA) 系统 [7]、合成孔径 (SA) 系统 [8] 和孔径编码计算成像仪 [9,10] 三种。RA 系统由大量的大口径天线元件组成，测量方式更加灵活，但存在尺寸大、重量重、功率大、硬件成本高等问题。相反，SA 系统通过数据后处理，依靠单个 (或几个) 传感器的机械运动，虚拟地形成一个大的扫描孔径。与 RA 系统相比，它的硬件成本相对较低，但数据采集效率很低。近来，由于压缩感知等算法的蓬勃发展，各种孔径编码的计算成像仪被提出，其中单像素相机引起了研究者的广泛关注 [11]。因此，本节将介绍图 8.3 中基于可编程信息超表面的微波段透射式单频点单天线成像系统 [12]，可以利用辐射方向图的实时变化完成对未知目标的探测。

对于单频点单天线成像系统，需要利用方向图的变化构建多个不同的测量模式，以构成一个广义的系统响应矩阵。因此，实现该功能的关键在于实现高透射率的透射式可编程超材料，并具备足够的相位编码范围以实现远场散射波束的实时变化。该设计利用了图 8.4(a) 中的双层透射式可编程超表面单元，每层包含一个可实时切换的二极管。为了方便接地，在单元馈线设计中使用了金属网状结构，

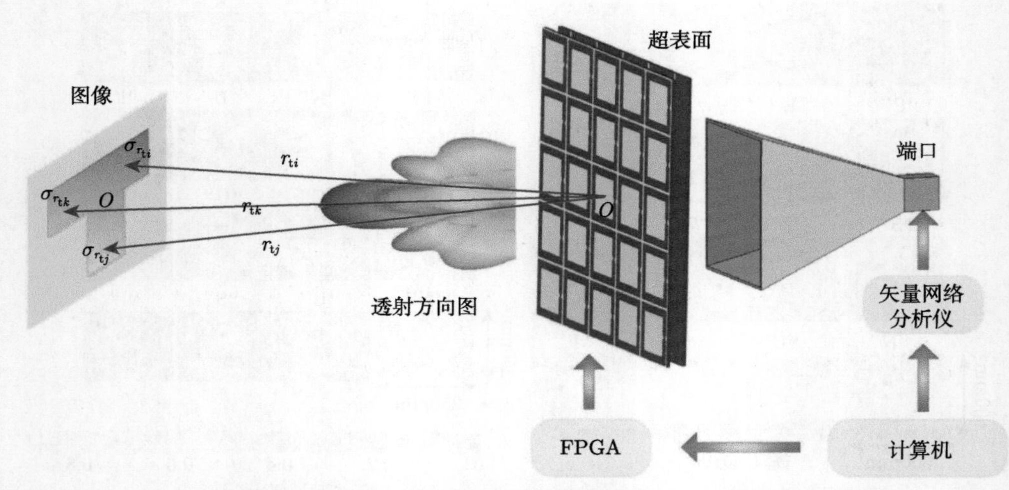

图 8.3　基于微波段可编程超表面的单频点单天线成像系统原理图 [12]

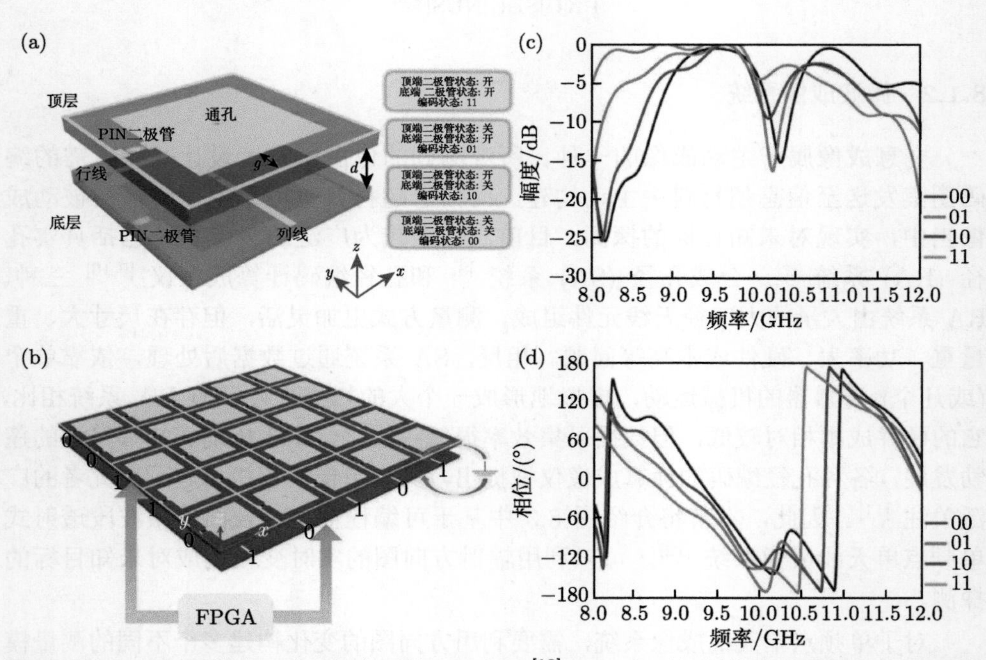

图 8.4　(a) 双层透射式可编程超表面单元示意图 [12]；(b) 行列控制的双层透射式可编程超表面；(c) 和 (d) 单元在不同编码状态下的幅相响应 [12]

正电压通过通孔加载在单元格的顶层，馈线水平，而位于底层的馈线则是垂直的，它们将分别执行行和列的控制。由于每一层具备独立响应能力，因此整个单元存在所示的四种状态，分别利用 2 比特二进制编码 00、01、10 和 11 表征。图 8.4(c) 和 (d) 的仿真结果表明，该 2 比特编码单元在目标频段内具有良好的高透射率特性和足够的相移，满足了单频点单天线成像的要求。

基于此单元设计构建了一个 5×5 透射式可编程超表面，如图 8.4(b) 所示。超表面厚度为 5mm，接近 $\lambda/7$ (λ 为 9GHz 波长)。利用 FPGA 发送随机二进制码可以控制行和列上的高电压和低电压，产生不同的编码组合。虽然不是单独控制每个超表面单元，但是行列的同时控制已经足以使其辐射方向图发生可用于目标成像的变化。

图 8.3 给出了整个成像系统的流程图，其实际场景如图 8.5(a) 所示。实验过程概述如下：首先在成像平面各子区域移动一个规则的小金属物体进行标定，以点对点扫描的方式获得发射和接收性能，获取系统响应函数的信息，随后由 FPGA 发送随机编码序列，改变超表面的工作状态并利用馈源激励其在空间产生相应的辐射模式，利用同一天线采集辐射信号入射到金属目标后产生的散射信号，通过 FPGA 多次产生不同信号并重复这一过程且记录，如图 8.5(b) 所示；最终利用逆散射成像算法对金属目标进行恢复。在实验中重构了三个金属物体：一个金属条，一个 T 形金属目标，和一个旋转 90° 的 T 形金属目标，分别如 8.5(c)~(e) 所示。最终在 9.2GHz 得到了图 8.5(f)~(h) 中的实验成像结果，3 个目标均被清晰还原，验证了该成像系统的效果，而其单频点、单天线、无需扫描等特点，简化了系统的架构和处理难度，提升了成像效率。

上述的设计已经基于信息超材料的实时可编程特性实现了一系列优异的成像功能，但是无论是主动全息成像还是被动探测成像，其编码图案仍需要人工调节或预先设计，导致这些成像仪的数据采集效率仍然较低。为了解决这一困难，可以引入机器学习算法构建了图 8.6(a) 中的新型可编程超材料成像仪，通过使用可编程信息超材料进行现场训练，生成机器学习优化测量模式所需的辐射模式。该成像仪的实时可编程特性使其可以访问整个数据集的优化方案，实现在动态变化的场景中存储和传输全分辨率的原始数据 [13]。基于其高精度图像编码和识别特性，可以对包括手写数字和穿墙身体手势等姿势进行实时成像，而硬件部分只需要一个实时可编程的信息超表面即可完成。

首先概述机器学习成像仪的原理。通常，微波成像可以用来从散射场的测量中识别目标和场景。解决这个逆问题需要基于测量返回的信号构建相应的场景，这一过程表示为 $\boldsymbol{y}=\boldsymbol{H}\boldsymbol{x}+\boldsymbol{n}$，$y\in C^M$ 表示测量，$\boldsymbol{H}$ 表征测量 (或感应) 矩阵，$x\in C^N$ 表示正在成像的场景，$\boldsymbol{n}$ 为测量噪声。$\boldsymbol{H}$ 矩阵的每一行对应一种测量方式，因此其行数等于测量次数。该过程也可以看作是机器学习中的线性嵌入，根据已经建立的机器学习理论，可以从有帮助的场景训练样本中有效地学习测量模式，而这些场景信息可以尽可能地多。通过这种方式，训练有素的测量模式负责产生高质量的图像或/和高精度的分类并显著减少测量次数，即 $M \ll N$。

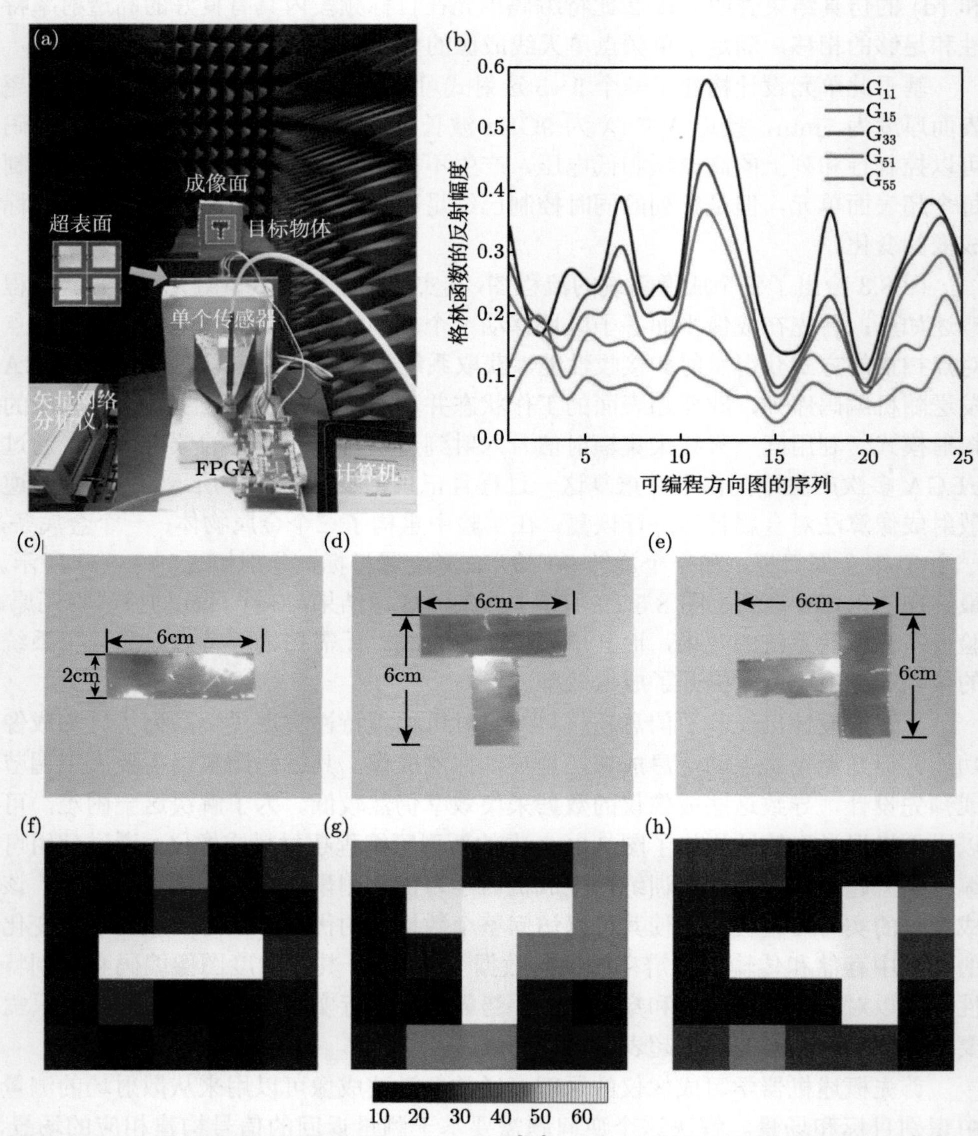

图 8.5　(a) 单频点单天线成像系统测试环境 [12]；(b) 不同模式下的格林函数响应 [12]；(c)~(e) 金属目标实物照片 [12]；(f)~(h) 成像测试结果 [12]

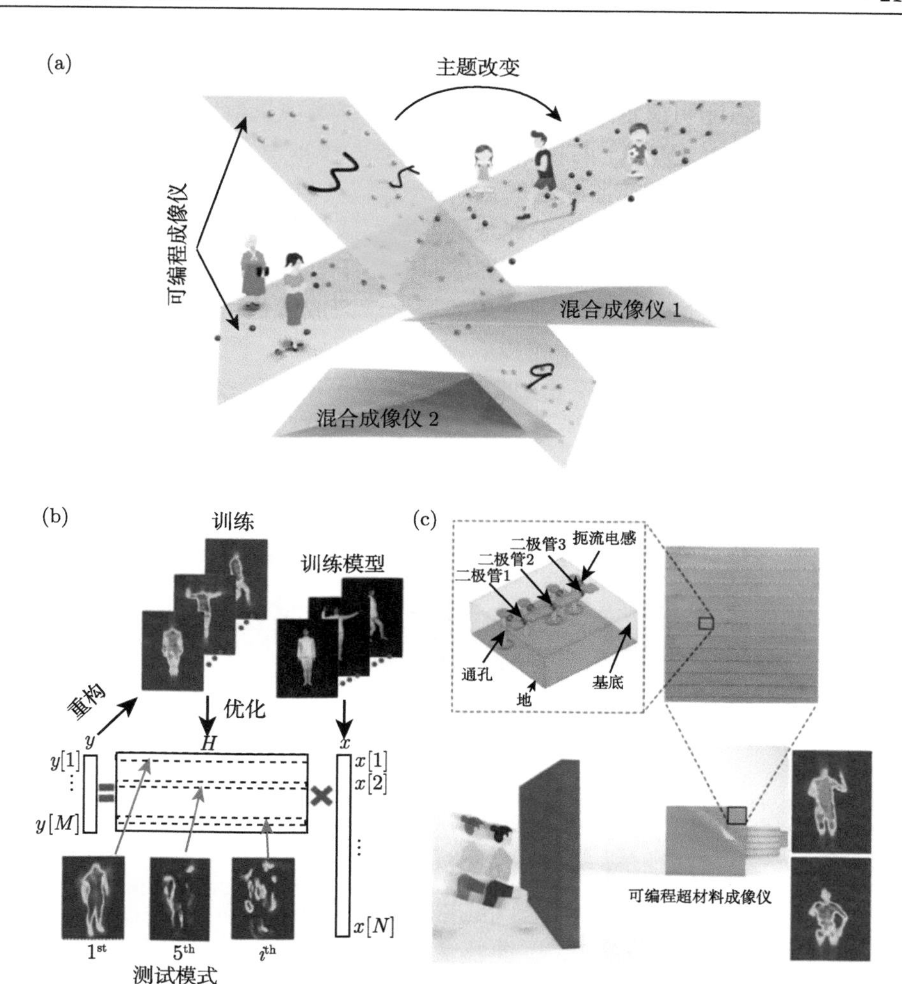

图 8.6 机器学习驱动的可编程超材料成像仪原理示意图 [14]

理论的实现需要高性能硬件的支撑，因此为了实时、高精度地实现机器学习所需的测量模式，选取了如图 8.6(c) 中的 2 比特可编程编码超表面，其工作频率位于 3GHz 附近，不同编码序列的入射波照射在目标上会产生不同的散射场，用于对目标物体的成像。

而这一成像仪的特殊之处在于机器学习算法的引入，因此关键在于对可编程超表面成像仪进行训练，利用 FPGA 控制样件使理想的辐射模式 (即测量模式) 与机器学习所需的模式相匹配。为此，实施了一个简单的设计策略：① 首先使用机器学习技术训练理想的辐射模式：② 根据得到的辐射方向图设计相应的超表面编码图。而这一逆过程是一个非确定性多项式组合优化问题，可利用针对离散值优化问题设计的改进 GS 算法提升设计效率。

为了进行概念证明演示，基于此可编程成像仪实现机器学习引导成像，将随机投影和主成分分析 (PCA) 两种流行的线性嵌入技术用于训练机器学习成像仪。在实验中，通过在超表面前监测人的运动来验证该机器学习成像仪的性能，具体为将一个移动的人的各种行为用于训练机器学习成像仪，并换做另一个移动的人来测试它。经过实验，该系统的整个训练时间小于 20min，并且这一时间可以通过优化接收器设计来显著减少。训练后的机器学习成像仪可以产生 PCA 所需的测量模式。图 8.7(a) 中也给出了相应的理论 PCA 基础，图 8.7(b) 和 (c) 则分别给出了 16 种 PCA 主导测量模式 (即可编程超表面的辐射模式) 和相应的超表面

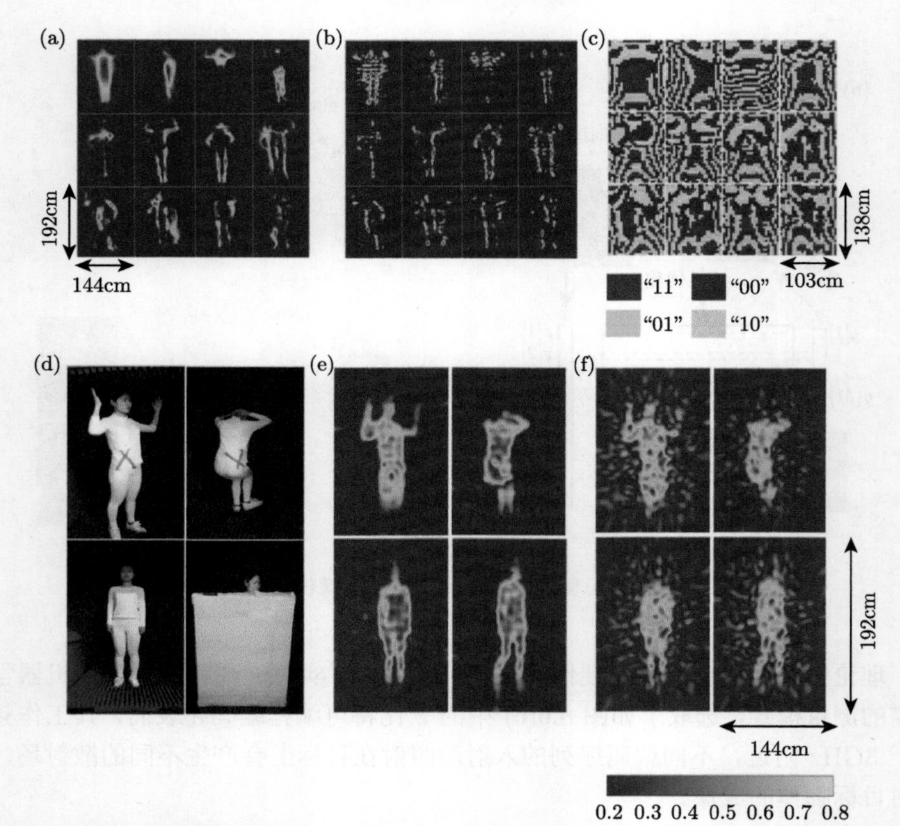

图 8.7　基于可编程超表面的人体成像仪 [13]：(a) 和 (b) 分别给出了 16 种理论 PCA 的主要模式和机器学习成像仪辐射的相应实验模式；(c) 为 (b) 对应的 2 位编码超表面的编码模式；(d) 为 4 张测试者的图片，其中最上面的两张图片是携带了玻璃剪刀，如图红色所示；(e) 和 (f) 是 (d) 对应的重建图像，分别使用经过 PCA 和随机投影训练的机器学习成像仪

编码图案。上述结果表明，机器学习成像仪能够生成 PCA 所需的测量模式，这为显著减少测量的机器学习驱动成像奠定了坚实的基础。

接下来，使用训练好的成像仪监测另一个移动的人。图 8.7(d) 记录了测试者使用剪刀和不使用剪刀的一系列场景重构，结果表明该成像仪不仅可以恢复被试者的手势，而且可以清晰地构建剪刀的形状和位置，并且可以清楚地检测到测试者在 3cm 厚的纸墙后的连续运动。在实验中使用了 400 个 PCA 测量，而经过 PCA 训练后即可以产生高质量的图像，这一数据远远少于 8000 个未知像素的数量。为了展示使用 PCA 训练的机器学习超表面成像仪与随机投影对比的优势，图 8.7 和图 8.8 给出了两者的结果。可以看出，在测量量小的情况下，PCA 重建比随机投影具有压倒性的优势，表明了机器学习成像仪经过良好的训练，可以用于实现实时、高质量的成像，为解决现有的成像体制在成本、效率和精度等方面的难题提供了新途径。

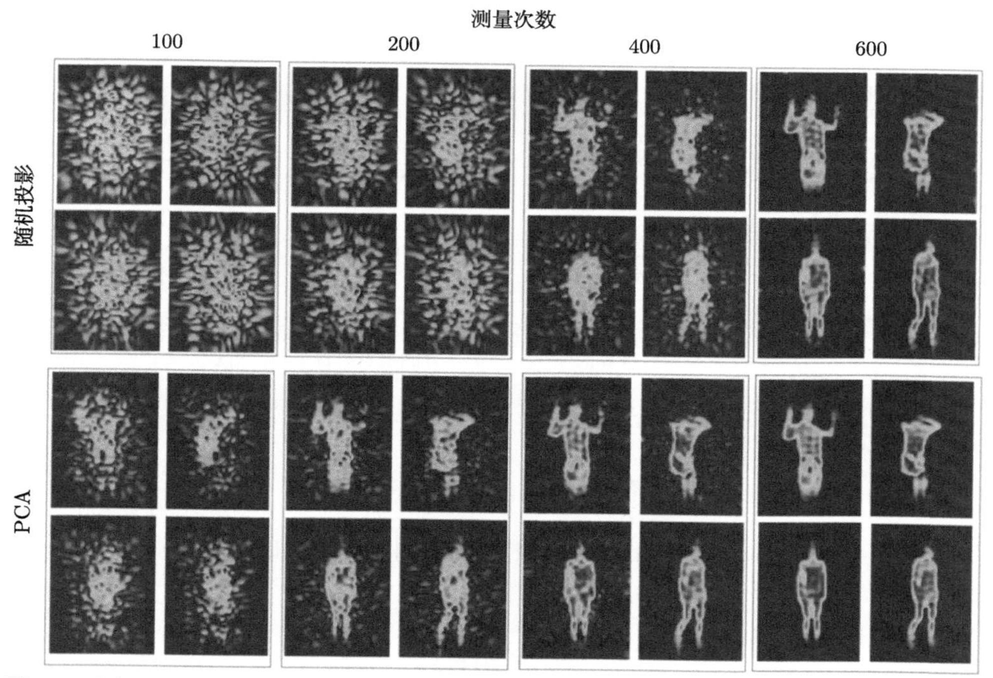

图 8.8 图 8.7(d) 中四种不同情况下的机器学习驱动成像结果 [13]。使用随机投影和 PCA 的线性嵌入技术进行了不同数量的测量，分别为 100、200、400 和 600。这组结果清楚地表明，由于 PCA 中包含了大量相关训练样本，因此由 PCA 重建比由少量测量数据的随机投影获得的重建具有压倒性的优势

在日常生活中，使用射频探头信号进行远程识别和监控的需求日益提升。然而，传统的射频系统很难部署在现实环境中，因为它们通常需要物体有意配合或携带无线主动设备或识别标签。为了使用单一设备实时完成复杂的连续任务，文献 [15] 结合可编程智能超表面成像仪和识别器，通过人工神经网络 (ANNs) 自适应控制数据流，实现了一种新体制的成像识别系统。该设计共采用三种神经网络以提升系统性能，将测量到的微波数据转化为整个人体的图像，对整个图像中特定的点 (手和胸部) 进行分类，并在 2.4GHz 的 Wi-Fi 信号频率下立即识别出人体的手势。图 8.9 中的实验证明了对多名非合作个体的手部体征和生命体征进行瞬时现场全场景成像和自适应识别。同时，即使是被动地受到日常生活中无处不在的杂散 Wi-Fi 信号的激励，该智能超表面系统也能很好地工作。在未来，该方法将为 6G 时代的智能城市、智能家居、人机交互界面、健康监测和安全筛查开辟一条新的途径，有效避免视觉隐私问题。

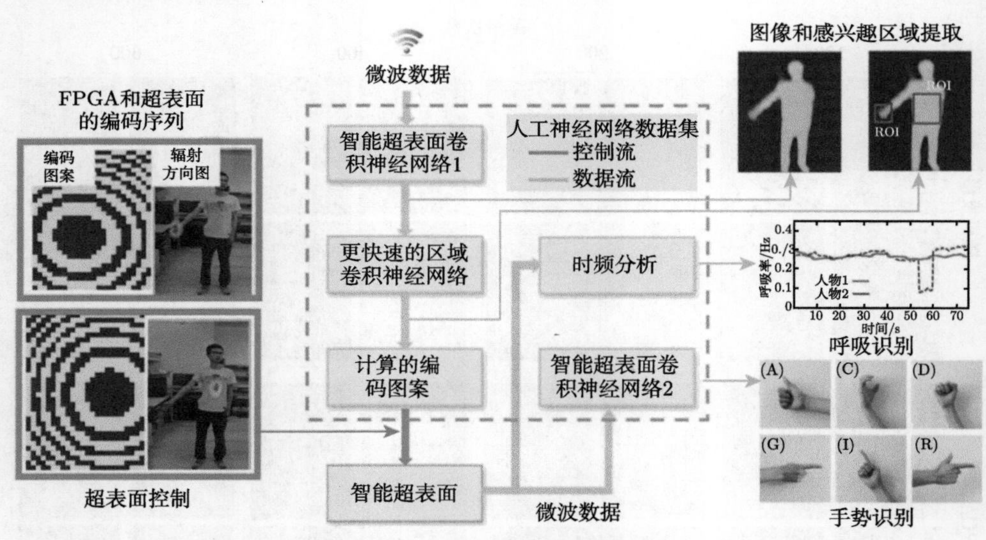

图 8.9 基于可编程信息超表面的新体制的成像与识别系统 [14]

8.2 智能可编程系统

8.2.1 自适应可编程超材料

本书中大量的示例已经证明了可编程信息超材料出色的电磁调控能力，但它们对于电磁特征或功能的调控与切换都需要人为参与执行，即控制部分的操作都需要借助人的主观判断识别来进行。对于智能超材料而言，自适应的智能化操作必须使其本身具有主动识别判断环境变化的能力，从而根据一定的智能算法进行自主决策，本节将介绍几种无需人工干预的自适应和智能信息超材料。首先设想图 8.10(a) 中的应用场景，一款位于动态飞行器上的信息超材料样件需要实现反射波束实时且自适应对准某个固定方向的卫星进行通信，但飞行器的飞行姿态会经常发生变化。此时的超材料样件需要具备主动检测飞行器运动姿态的能力，以及处理感知数据并实时决策的智能算法。因此，在常规的可编程超材料基础上，进一步加入传感器并加载智能反馈算法的微处理器 (micro controller unit，MCU)，构成一个闭环控制回路。在这个控制回路中，控制编码图案构建的 FPGA 将不再需要人为手动调控，而是直接通过微处理器经一定分析处理后进行智能调控。当传感器检测到姿态角度变化时，将感知数据直接传递到微处理器，微处理器根据变化的姿态角差值，以及设定的波束功能 (如波束凝视通信)，快速计算得到所需的偏转方向并生成一组可行的编码图案，实现完整的自适应闭环控制 [15]。

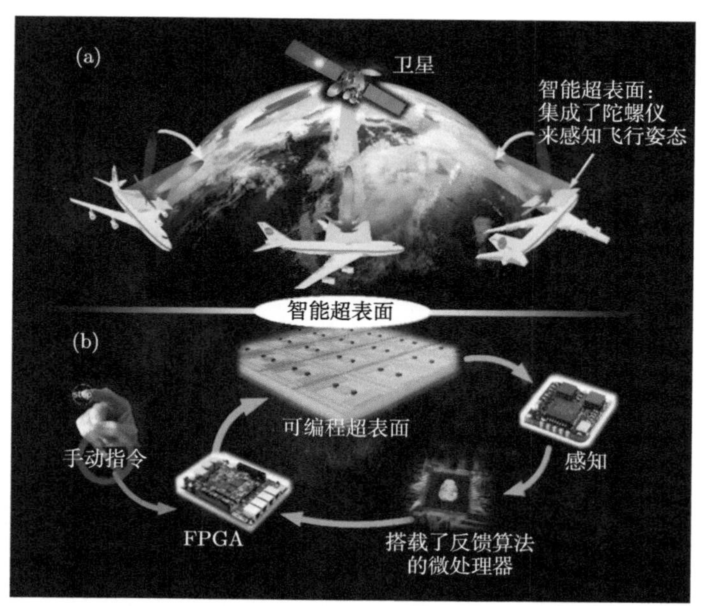

图 8.10 自适应可编程超材料应用场景与架构示意图 [15]：(a) 针对动态飞行器上的卫星通信应用场景示意图；(b) 自适应可编程超材料的新型智能控制架构

为了验证该自适应系统，设计并实现了图 8.11 中 2 比特反射相位调控的逐点可编程的超材料样件。将 8.11(a) 中的控制架构分为图 8.11(c) 中的两大控制层，首先是同以往可编程超材料类似的结合 PIN 二极管的单元结构层和偏置电压控制线路；而另一层则是由 FPGA 控制板、陀螺仪传感器、MCU 处理器共同构成的反馈控制层。图 8.11(b) 给出了 2 比特相位可编程单元的具体结构设计，所选取的二极管型号为 Skyworks SMP1320，其开关状态对应的 RLC 串联等效电路模型分别为：① $R = 0.5\Omega$，$L = 0.75\text{nH}$，$C = 0\text{pF}$；② $R = 0$，$L = 0.5\text{nH}$，$C = 0.24\text{pF}$。PIN 二极管将发挥射频通断开关的作用，来实现编码图案的改变。对应不同的控制层，该单元也采用两种介质压合而成，上层用于实现电磁波的反射调控，介质板材为 F4B，厚度为 h，相对介电常数为 2.65，介质损耗角正切为 0.001；下层用于实现馈电控制线路铺设，介质板材为 FR4，厚度为 h_1，相对介电常数为 4.4，介质损耗角正切为 0.02。其他静态结构的尺寸分别为：$a = 9\text{mm}$, $b_1 = 1.8\text{mm}$, $b_2 = 5.5\text{mm}$, $b_3 = 2.4\text{mm}$, $c_1 = 6.1\text{mm}$, $c_2 = 8.8\text{mm}$, $h = 1.6\text{mm}$, $h_1 = 0.5\text{mm}$, $w = 0.2\text{mm}$。对该单元进行了全波仿真，在中心频点 9GHz 处两个二极管的不同开关状态可产生四种相位差接近 90° 的单元反射状态，且幅度响应线性值均在 0.8 以上。

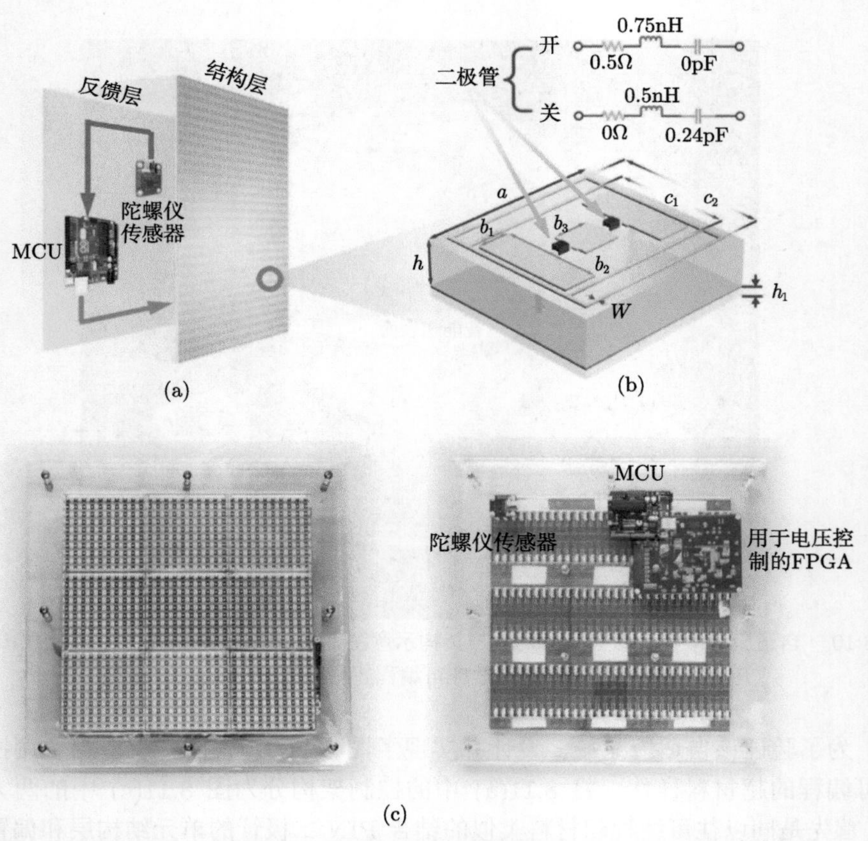

图 8.11　自适应可编程超材料的智能控制体系与单元结构设计 [15]

接下来将展现两种超材料样件智能动态调控波束的典型场景：① 单波束动态自适应波束凝视；② 双波束动态自适应波束凝视与扫描。首先将样件随飞行器姿态三维运动设定为一个球坐标系下的动态变化，如图 8.12(a) 所示。

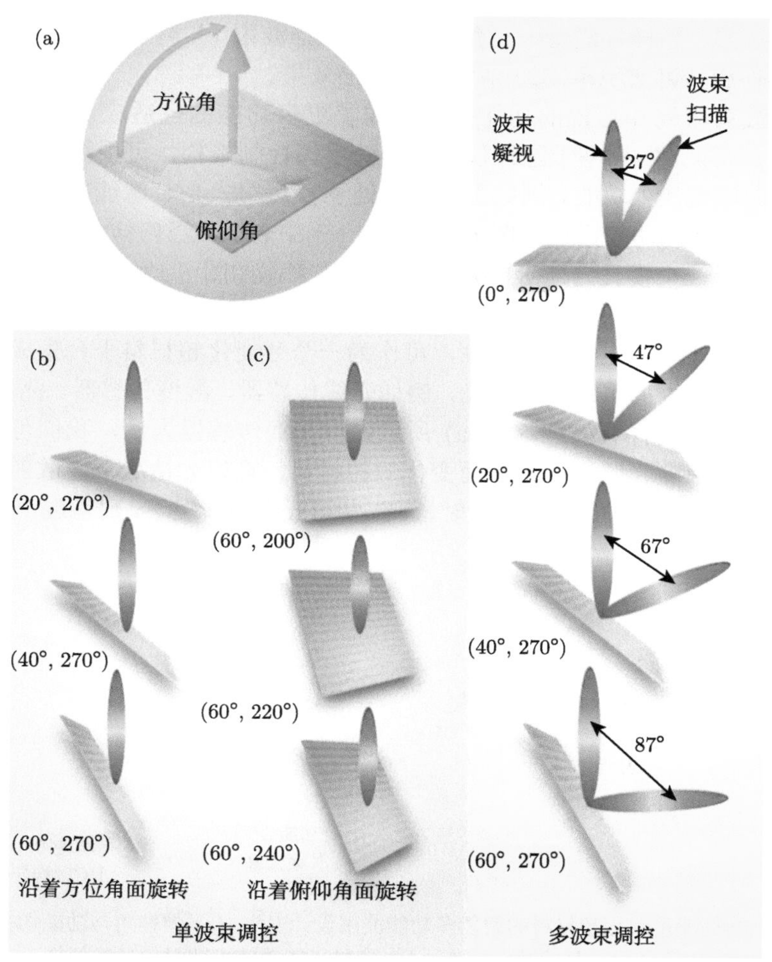

图 8.12 自适应可编程超材料的智能波束调控功能设计说明 [15]：(a) 球坐标系下，超材料的旋转及其自适应波束调控说明；(b) 和 (c) 单波束凝视功能中，超材料以不同俯仰角和方位角旋转的情况；(d) 多波束调控下，超材料的波束扫描和波束凝视功能说明

任何旋转姿态的变化均可归结为俯仰角和方位角的变化，即图 8.12(a) 中的俯仰角和方位角。在波束凝视方案中，分别在方位角旋转和俯仰角旋转上设计了三种不同的角度，如图 8.12(b) 和 (c) 所示。在俯仰角旋转方位角不变的情况下，给出了 (20°，270°)、(40°，270°)、(60°，270°) 三种情况；而在方位角旋转俯仰

角不变的情况下，给出了 (60°，200°)、(60°，220°)、(60°，240°) 三种情况，可以看出反射波束在各种不同的旋转姿态中始终保持凝视 z 轴正上方。在双波束动态调控方案中，当运动姿态沿方位角变化时，令其中一个波束执行定向凝视功能 (向 z 轴正上方)，另一个波束执行扫描，如图 8.12(d) 所示。垂直方向的波束始终凝视正上方，当样件沿着方位角旋转时，扫描波束 (与凝视波束的初始夹角为 27°) 随样件旋转可实现范围为 27°～87° 扫描效果。

除了波束凝视和扫描的功能外也完成了更多功能的自适应可编程设计。如图 8.13(a) 所示，同样基于陀螺仪传感器的反馈控制架构，可根据不同的俯仰角设计不同的电磁波束功能。例如当俯仰角处于 0° ～ 45° 时，智能超材料可执行单波束凝视功能，此功能已经在图 8.12(b) 和 (c) 中表征；当俯仰角为 45°～90° 时，超材料可反射一个模式为二阶的轨道角动量波束，如图 8.13(b) 所示；当俯仰角大于 90° 时，超材料则呈现 RCS 缩减的状态，如图 8.13(c) 所示。此外，这个智能超材料架构还具有充分的扩展性，可作为一个智能化超材料平台集成更多的传感器以实现更强大的感知调控功能，例如光线传感器、湿度传感器、高度传感器、热传感器等传感器件，如图 8.14(a) 所示。以光线传感器为例，我们可以设计一种电磁散射波束随光照强度变化而变化的超材料，在日光情况下，散射场可实现图 8.14(b) 中易于识别的双波束散射，而在夜间低光强情况下，则呈现一种低 RCS 的散射状态。

图 8.13　自适应可编程超材料的智能多功能波束设计 [15]：(a) 俯仰角与功能切换示意图；(b) 轨道角动量的功能切换；(c) 超材料能量随机散射的功能切换

这一设计思路使得可编程信息超表面具备真正意义上的初步的智能判断与决策的能力，为信息超材料未来的智能化发展提供了新的思路。更重要的是，这一开放式的架构和模块化设计不受限于样件设计频率，只需可编程超表面的控制接口与 FPGA 和 MCU 间实现互通即可，为智能信息超材料进一步发展及可认知超材料的实现奠定基础 [16]。

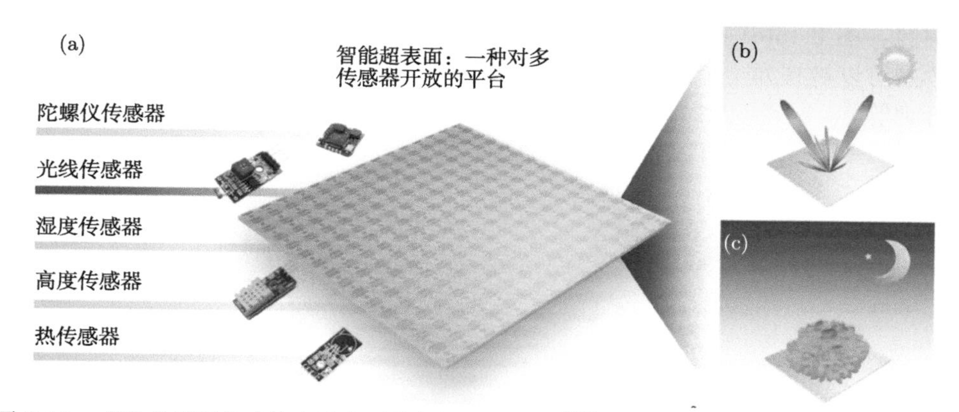

图 8.14 多种传感器集成的自适应可编程超材料设计 [15]：(a) 自适应智能超材料平台集成示意图；(b) 和 (c) 集成光线传感器后的智能散射场调控功能，在强光下实现双波束散射场，在弱光下则实现随机散射特性

8.2.2 可编程人工智能机

人工智能技术的发展通常集中在计算机算法和集成电路方面，包括基于计算机的机器学习方法，如深度学习、极限学习和强化学习等，以及用于特定功能的集成电路和光学芯片。这一技术往往基于分层的人工神经网络来模仿神经元的结构，模拟人类决策过程中的智能行动，目前已在人脸识别、自动驾驶、语言处理和医疗诊断等领域中广泛应用。最近也出现了一种光学衍射式深度神经网络，是由三维打印的光学透镜阵列构成，利用光子的波特性，实现并行计算，并以光速模拟不同的互连结构 [17]。然而，该设计仍然是基于无源器件，制造加工后便功能固化，无法为其他目标和任务重新训练，限制了其更加广泛的应用。本节将介绍一个基于信息超材料的可编程衍射式深度神经网络，在电磁域处理各种深度学习任务，包括图像分类、移动通信编码-解码和实时多波束聚焦，因此也可将其称为可编程人工智能机 [18]。

该设计由一系列可编程信息超材料阵列排列而成，如图 8.15(a)~(c)，每一层所传输的电磁波的能量分布可通过单元集成的放大器芯片分别控制。因此每个单元可看作一个有源的人工神经元，通过 FPGA 增强或减弱穿过每个人工神经元的透射波的复传输系数，与偏置电压一一对应。电磁波在该神经网络中传播时，其幅度会因不同的传输系数和空间损耗等形成不同的输出分布。当入射波束通过第一层超材料时，透射波的幅度和相位由入射电场和可编程人工神经元的复传输系数的乘积决定，根据惠更斯-菲涅耳原理，透射波将作为子波源，辐射至第二层超材料的所有人工神经元，第一层所有人工神经元的子波源彼此叠加，作为第二层人工神经元的入射波，如图 8.15(b) 和 (d) 所示。这个过程一直持续到最后一层超材料。图 8.15(e) 给出了人工神经元的辐射模式，可编程人工智能机的前向传播模型可以被视为一个参数为复数的全连接网络，对人工神经元的复数传输系数进行训练。

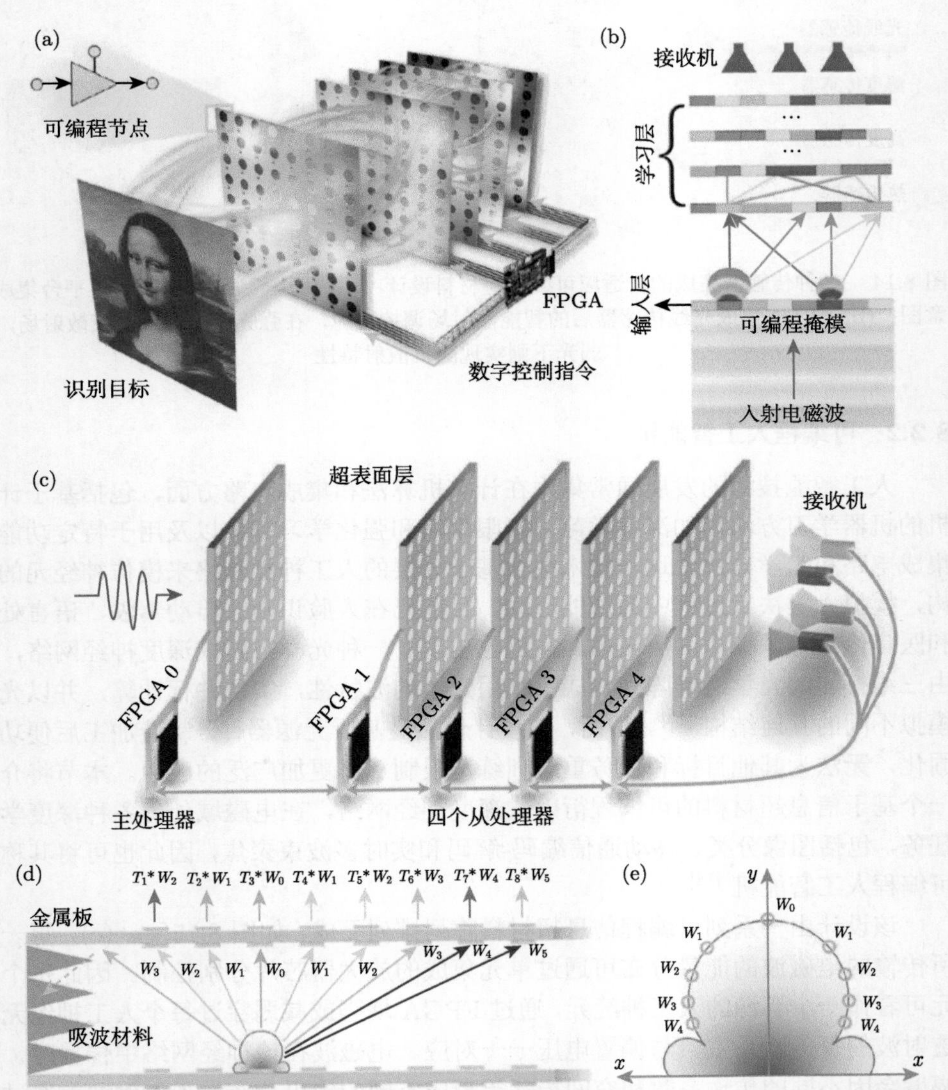

图 8.15　可编程人工智能机原理示意图 [18]：(a)~(c) 基于信息超材料的可编程人工智能机的示意图及 FPGA 控制网络；(d)~(e) 人工神经元的传输模型和辐射模式

在全波仿真中构建了一个六层超材料的系统模拟可编程人工智能机进行一个图像分类任务：对两种油画 (肖像画和风景画) 进行分类，如图 8.16 所示。

假设每层超材料由 25×25 个可编程的人工神经元组成，输入的图像被灰化为 25×25 像素，与神经元相对应。第一层超材料作为可编程人工智能机的输入，其中每个人工神经元的复传输系数被设置为图像相应像素的灰度值，从而使电磁波在通过第一层后，携带了输入图像的信息，其余五层则构成了识别网络。电磁波经过多层信息超材料调制后，由末端的两个接收器来接收。接收能量的高低代表输入图像被分到对应类别的可能性的大小，因此将输入图像划分到接收到更大能量的接收器的对应类别。训练参数共有 $5 \times 25 \times 25$ 个，经过 500 幅油画图像的训练和 100 幅图像的测试，识别两种油画风格的平均准确率为 97%。

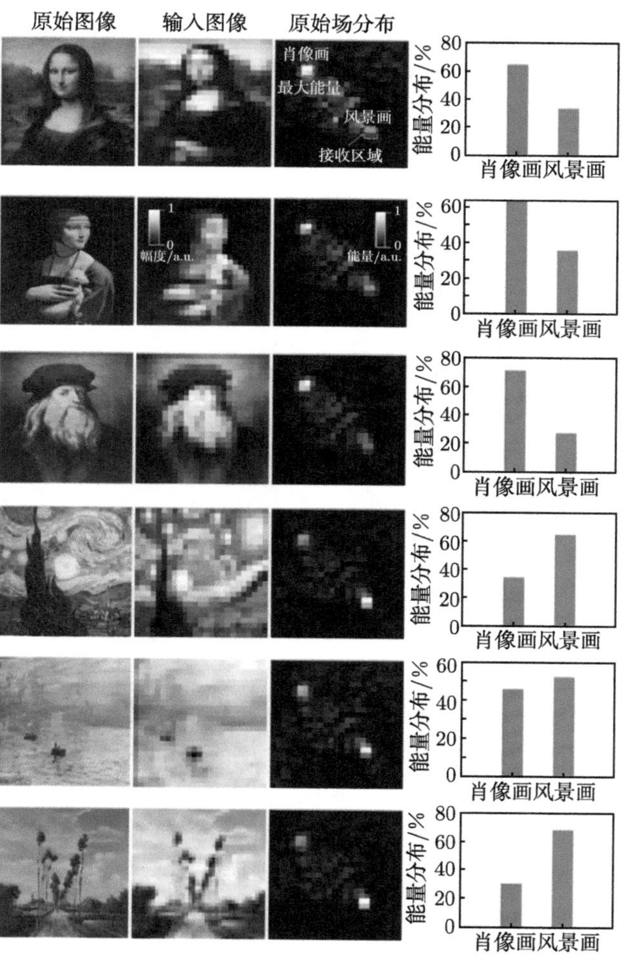

图 8.16 可编程人工智能机进行油画识别的结果 [18]

接下来介绍实际测试中可编程人工智能机样品展现的多种功能，最终的可编程人工智能机样品由五层可编程超材料构成，分别由独立的 FPGA 模块控制，每层由 8×8 个人工神经元组成。每个人工神经元都集成了两个放大器，在 FPGA 的偏置电压控制下，可以单独调控 500 多个不同等级的电磁波传输增益。可编程的复传输系数代表人工神经网络中的网络权重，而人工神经元则被视为全连接网络中的动态神经元。

首先实现对简单的图案 (字母 “I” 和括号 “[ ]”) 进行分类，第一层超材料 (即输入层) 由喇叭天线辐射的 5.4GHz 的电磁波照射，将输入图像转换成相应的电磁波空间分布，输入图像中的不同像素值对应于第一层中人工神经元的不同传输系数，其余四层作为识别器，末端放置若干接收天线。训练过程在计算机中运行，以获得识别器中人工神经元的适当的传输系数。也可以改变图案的位置以使输入的图像更加多样化。实验结果表明，可编程人工智能机可以对两个图案进行分类，准确率达到 100%，如图 8.17(a)~(d) 所示。再以数字识别为例，四个数字 (1~4) 的图像离散成一个 8×8 的二进制像素矩阵，并使用第一层人工神经元的不同偏置电压来代表不同的像素值，实验测试中，识别精度也达到了 100%，如图 8.18(a)~(d) 所示。

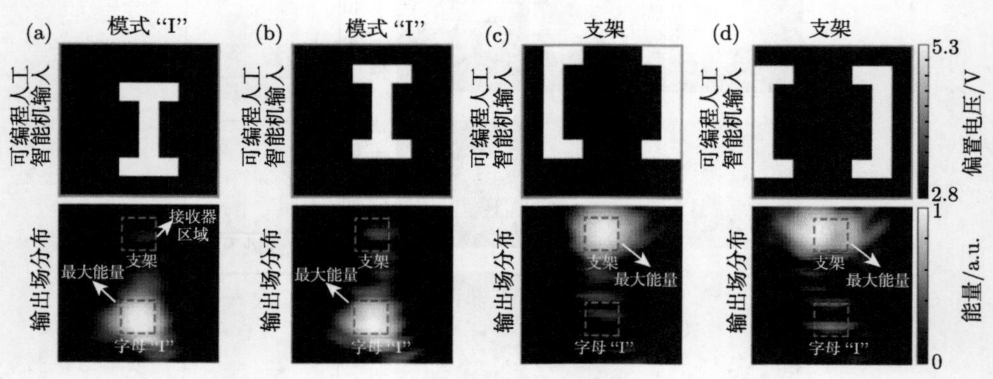

图 8.17　可编程人工智能机进行图案分类的实验结果 [18]

除了图像分类外，该可编程人工智能机还可用于移动通信编解码，在码分多址 (CDMA) 方案中执行编码和解码任务，并在一个信道中同时或分别传输四种正交用户代码。每个用户代码是一串长度为 64 的二进制数字。如图 8.19(a) 所示，第一层的超材料被设置为编码器，每个人工神经元依次对应于二进制数字串中的一个比特。当一个高或低的偏置电压被发送到人工神经元时，它将分别对应于 64 位用户代码中的 1 或 0 位。可编程人工智能机样品末端设置了四个接收天线，每个天线代表一个用户代码。当其中一个天线接收到高能量的电磁波时，这意味着与该天线相关的相应的用户代码被传输。

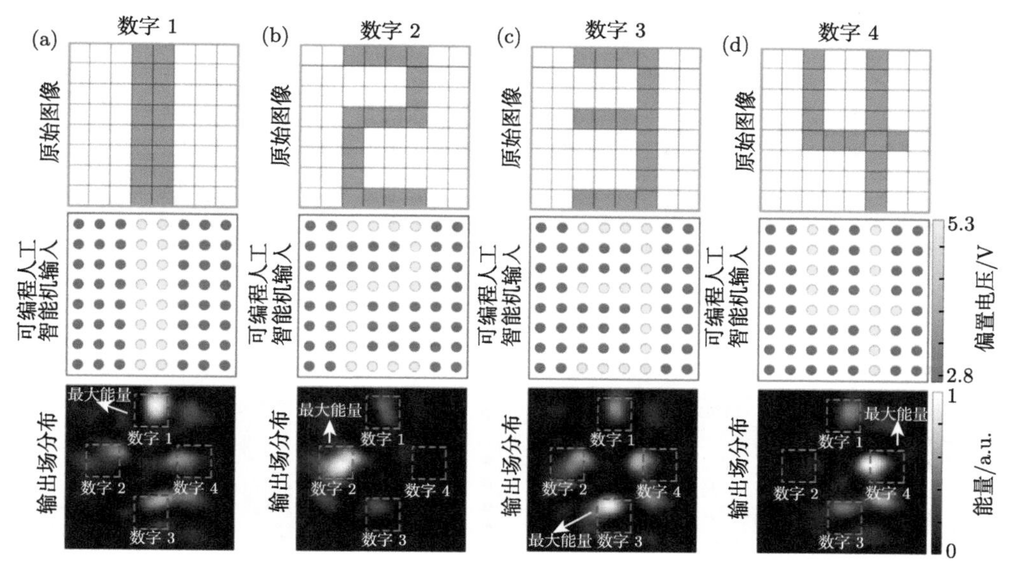

图 8.18 使用可编程人工智能机进行数字图案分类的实验结果 [18]

如图 8.20 所示，用 {C1，C2，C3，C4} 分别代表四个用户代码，对应编码 Code1～Code4 用 {E1，E2，E3，E4} 来代表相应天线的接收能量。剩下的四层可编程超材料被训练为解码器。当 C1 被第一层传输时，{E1, E2, E3, E4} 的值将是 $f(\mathrm{C1}) = \{$高，低，低，低$\}$，其中函数 f 代表可编程人工智能机的线性前向传播函数，“低”表示接收能量远小于“高”。类似地，当 C3 被传输时，接收能量值将是 $f(\mathrm{C3})=\{$低，低，高，低$\}$。当两个用户代码 C_3 和 C_4 同时传输时，接收能量值将是 $f(\mathrm{C}_3+\mathrm{C}_4)=f(\mathrm{C}_3)+f(\mathrm{C}_4)=\{$ 低，低，高，高$\}$。当三个或四个用户代码同时传输时，情况也是如此，每个用户码可以在一个信道中独立传输。

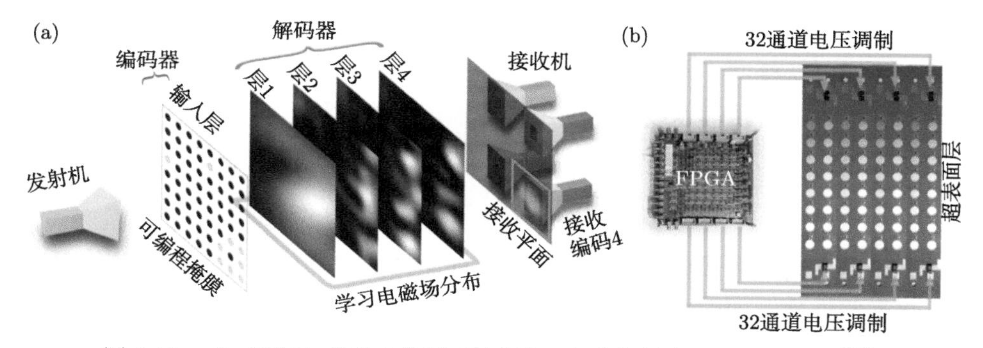

图 8.19 在 CDMA 任务中使用可编程人工智能机的编码器和解码器 [18]

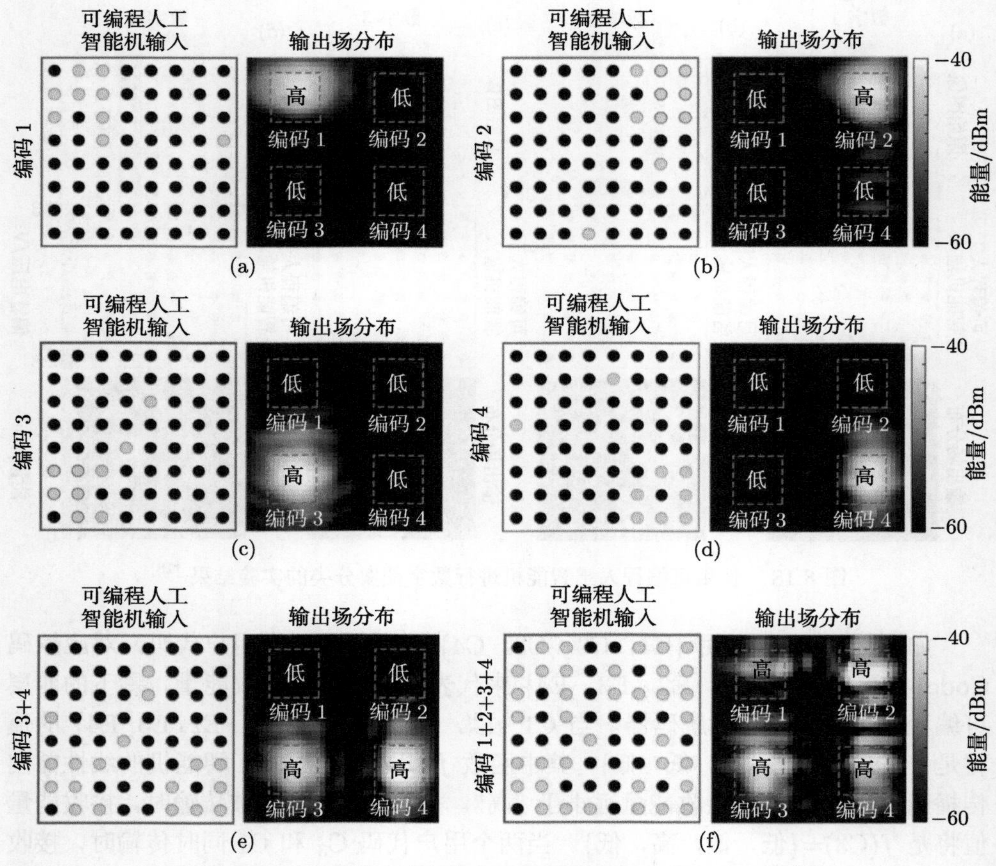

图 8.20　基于可编程人工智能机 CDMA 任务的实验结果 [18]

通信方案以振幅调制为例，即当接收用户域在当前时钟下有高能量时，传输的二进制信号为 1，低能量则对应 0。因为有四个用户编码，对应四个用户信道，所以可以同时传输四个图像。或是选择使用不同的用户信道来传输二进制图像的不同部分，也使得传输速度比只使用一个信道时快四倍。

8.3　小　结

无论是主动全息成像还是对未知目标的感知成像，信息超材料系统均已展示出了优异的性能，而随着机器学习等人工智能方法的引入使信息超材料系统可以自主完成一系列的功能，无需人为干涉，也将智能超材料推向了研究领域的最前沿。未来随着信息超材料智能程度的进一步提升，其势必将在无线通信、信号增强、医疗成像、远程控制和物联网等领域中有广泛的应用前景。

参 考 文 献

[1] Ni X, Kildishev A V, Shalaev V M. Metasurface holograms for visible light[J]. Nature Communications, 2013, 4(1): 2807.

[2] Wen D, Yue F, Li G, et al. Helicity multiplexed broadband metasurface holograms[J]. Nature Communications, 2015, 6(1): 8241.

[3] Li L, Cui T J, Ji W, et al. Electromagnetic reprogrammable coding-metasurface holograms[J]. Nature Communications, 2017, 8(1): 197.

[4] Peatman W C B, Wood P A D, Porterfield D, et al. Quarter-micrometer GaAs Schottky barrier diode with high video responsivity at 118μm[J]. Applied Physics Letters, 1992, 61(3): 294-296.

[5] Ghanekar A, Ji J, Zheng Y. High-rectification near-field thermal diode using phase change periodic nanostructure[J]. Applied Physics Letters, 2016, 109(12): 123106.

[6] Wang Q, Rogers E T F, Gholipour B, et al. Optically reconfigurable metasurfaces and photonic devices based on phase change materials[J]. Nature Photonics, 2016, 10(1): 60-65.

[7] Visser H J. Array and Phased Array Antenna Basics[M]. Hoboken: John Wiley & Sons, 2006.

[8] Brown W M. Synthetic aperture radar[J]. IEEE Transactions on Aerospace and Electronic Systems, 1967 (2): 217-229.

[9] Diebold A V, Imani M F, Sleasman T, et al. Phaseless coherent and incoherent microwave ghost imaging with dynamic metasurface apertures[J]. Optica, 2018, 5(12): 1529-1541.

[10] Hunt J, Driscoll T, Mrozack A, et al. Metamaterial apertures for computational imaging[J]. Science, 2013, 339(6117): 310-313.

[11] Duarte M F, Davenport M A, Takhar D, et al. Single-pixel imaging via compressive sampling[J]. IEEE Signal Processing Magazine, 2008, 25(2): 83-91.

[12] Li Y B, Li L L, Xu B B, et al. Transmission-type 2-bit programmable metasurface for single-sensor and single-frequency microwave imaging[J]. Scientific Reports, 2016, 6(1): 23731.

[13] Li L, Ruan H, Liu C, et al. Machine-learning reprogrammable metasurface imager[J]. Nature Communications, 2019, 10(1): 1082.

[14] Li L, Shuang Y, Ma Q, et al. Intelligent metasurface imager and recognizer[J]. Light: Science & Applications, 2019, 8(1): 97.

[15] Ma Q, Bai G D, Jing H B, et al. Smart metasurface with self-adaptively reprogrammable functions[J]. Light: Science & Applications, 2019, 8(1): 98.

[16] 马骞. 多功能数字编码超表面及其智能感知应用 [D]. 南京: 东南大学, 2021.

[17] Lin X, Rivenson Y, Yardimci N T, et al. All-optical machine learning using diffractive deep neural networks[J]. Science, 2018, 361(6406): 1004-1008.

[18] Liu C, Ma Q, Luo Z J, et al. A programmable diffractive deep neural network based on a digital-coding metasurface array[J]. Nature Electronics, 2022, 5(2): 113-122.

第 9 章 结 束 语

信息超材料作为电磁超材料的新方向，近年来得到了快速发展，标志着人工微结构对电磁波的调控由静态向动态可编程的重大飞跃。从传统的等效媒质超材料到全新的现场可编程超材料，研究者们通过不断探索和实践，为这一领域注入了新活力和无穷的可能性。通过数字编码和实时控制技术，信息超材料不仅简化了超材料的设计与优化过程，还实现了电磁波与数字信息的有机结合，构建了电磁物理世界与数字世界的桥梁，为超材料的进一步发展开辟了新方向。信息超材料在无线通信技术、智能信息系统和国防科技等多个领域展现了颠覆性的应用价值。它不仅为传统通信和雷达架构设计带来了新的理念和功能，还为构建新一代电子信息系统提供了低成本、高效能、自主可控的解决方案。随着研究的不断深入和技术的不断成熟，信息超材料必将在更多领域发挥重要作用，推动科学技术的跨越式发展。

本书对信息超材料的理论基础、设计方法、应用实例进行了系统归纳和详细阐述，从微波到太赫兹波，再到光学和声学频段，展示了信息超材料在不同领域的广泛应用前景。这些内容不仅为学术研究提供了重要参考，也为实际应用和新技术开发提供了理论支撑和实践指导。通过对电磁场与波调控理论、数字信息传输与处理理论、空间/时间/时空编码策略、新体制无线通信方法与系统、智能超表面技术等前沿理论和核心技术的深入探讨，本书为读者呈现了信息超材料的物理内涵和独特性，同时揭示了其在未来科技发展中的巨大潜力。本书的编写旨在为读者提供全面、系统的知识框架和实践案例，期望能够激发更多学者和工程师的研究兴趣，共同推动信息超材料的研究和应用。

信息超材料是一个快速发展的新方向。在本书编纂的过程中，又涌现出很多新方法、新技术、新系统，在不久的将来会有更大发展。因此，本书最后对信息超材料的未来方向和可能的技术突破做一个预测，供相关领域的研究人员和高等院校师生参考。

在信息超材料理论层面，时空联合编码超材料对电磁波的调控理论与模型已初步建立 [1]，但其蕴含的新物理现象还亟待挖掘。尤其是时间编码超材料对非线性频谱的自由调控 [2] 与空间编码超材料对空间波束波形的可编程调控 [3] 交织在一起，将构成很多新物理机制和潜在应用。最近提出的各向异性时空编码超材料和非同步时空编码超材料为新物理机制创新带来更多契机 [4,5]。除了对电磁场与波的动态可编程调控外，信息超材料的更大魅力在于同时调控电磁波和处理数字信息，这一能力使信息超材料融合了电磁物理空间与数字空间，因此可进一步融合电磁场与波的调控方法和数字信号处理方法，在大信息领域形成新的理论和方法论突破。本书第四章所介绍的信息超材料数字信息理论只是浅显的初步探讨，后续在信息超材料宏模型和统计模型 [6]、电磁信息论及信息调控理论等方面还需要更深入突破。

在信息超材料赋能无线通信层面，基于智能超表面 (RIS) 改变和操控无线信道与无线环境的研究正在国内外如火如荼地展开，但所用到的 RIS 还仅限于空间编码超表面对空间波束和波形的可编程调控特性。时空联合编码超表面对电磁波时空频的统一调控特性 [1]、各向异性时空编码超表面对时空频极化的统一调控特性 [4]，以及非同步时空编码超表面对时空频的关联调控特性 [5] 等将为无线信道与无线环境的多自由度控制带来新的发展思路，为建立新的无线通信机制和无线网络架构奠定物理基础。

在新体制电子信息系统层面，基于信息超材料的极简架构和新体制发射机系统已经取得重要进展，但新的物理层创新会带来更前沿的技术进步。例如，各向异性时空编码超材料可用于构建空间分集-频率分集-极化分集新体制无线系统发射机 [4]。与发射机相比，信息超材料新体制接收系统的研究还不多见，是未来的一个方向。基于信息超材料发射与接收系统可构建新体制基站，其对空间波束的自由调控能力使基站更智能，而在电磁空间直接调制数字信息的能力将显著降低基站功耗，实现绿色基站。根据信息超材料对发射和接收口面场的精细调控还可构建全息 MIMO 通信系统。将有源放大器件集成到超材料单元扩展了信息超材料的无线能量传输能力，进而可构建出时空编码超材料的无线通信与无线输能一体化系统 [7]、能够收集空间电磁能量的自供电信息超材料 [8] 等。和无线通信系统类似，信息超材料对电磁波和数字信息的实时调控特性可用来建立新体制雷达体系，使传统雷达的数字信号处理从后端转移到超材料前端，在电磁空间进行数字信号处理，实现雷达系统的原始创新。同时，可进一步构建信息超材料感知通信一体化、雷达通信一体化。

在电磁空间安全层面，信息超材料提供了一个全新的视角和解决方案。作为矛的一方，信息超材料可构建物理层电磁空间攻击系统 [9]，包括被动攻击和主动攻击两种模式。在被动模式下，信息超材料通过建立具有高容量的窃听链路并适当地重新定向无线信号，完成窃听。该模式无射频能耗，因此具有隐蔽攻击的特征。在主动模式下，攻击者不仅可以窃听，还可以通过向目标发送一些欺骗性信息来隐蔽地伪造无线信号，俗称电磁黑客。作为盾的一方，信息超材料可实现高度安全的保密通信。根据香农保密模型，如何利用信息超材料构造动态可变、随机性密钥是保密通信的关键，而信息超材料的极化编码提供了随机动态可变的物

理密钥 [10]。基于此，可进一步构建具有信息伪装功能的空间和极化分集复用的加密无线通信系统 [11]。该系统具有高安全性，深度融合了物理层安全和算法加密；具有高信道容量，能同时且独立传输加密数字信息和物理层秘钥，实现“一次一密”的绝对安全通信。

在信息超材料与人工智能 (AI) 的融合层面，虽然本书在第八章做了简明阐述，但这是一个潜力无限的方向，有大量的创新需要突破。早在 2022 年 4 月 25 日，我们在杭州举办的电磁研究进展大会 (PIERS) 上做了题为“Intelligent Metamaterials and Metasurfaces”的主题报告，讨论了信息超材料与人工智能的深度融合问题。该融合包含两个层面：智能信息超材料 (AI 赋能信息超材料) 和信息超材料智能 (信息超材料赋能 AI)。目前，国内外学者对智能超材料已经展开了大量研究，尤其是基于 AI 的超材料设计 (例如超材料单元的自动设计和超材料编码的自动设计 [12,13])。而本书第八章的内容则体现了智能超材料的更深层次内涵：信息超材料硬件与 AI 算法的深度融合赋予了超材料新的智能，例如智能成像与智能识别 [14,15]。与 AI 赋能信息超材料相比，信息超材料赋能 AI 体现了独特魅力，其中可编程神经网络智能计算机大大拓展了 AI 的广度，使其不但可以像普通计算机一样对图像进行分类与识别，而且可以行使目标定位和编解码通信的功能 [16,17]。实际上，其重复可编程特性还能开发出更多的功能。信息超材料赋能 AI 的研究刚起步，不久将来会产生信息超材料 + 大模型 [18,19]、信息超材料智能体 [20]、信息超材料具身智能等更先进的模态。目前，以 ChatGPT 为代表的语言大模型在理解电磁波的物理本质方面存在困难，且无法控制外部空间的电磁物理特性。针对这一问题，可将信息超材料编码数据库与语言大模型数据库融为一体，生成信息超材料 + 大模型，以打破封闭虚拟空间语言大模型对外部物理世界控制的壁垒，与机器人和无人机等协作 [21]，实现人与外部环境的灵活互动，进而形成信息超材料智能体和具身智能，推动电磁技术与人工智能的融合与发展。

综上所述，信息超材料的未来充满了无限可能。我们相信，在本领域科研人员和高校师生的不懈努力下，信息超材料必将在科学研究和实际应用中取得更加辉煌的成就。

参 考 文 献

[1] Zhang L, Chen X Q, Liu S, et al. Space-time-coding digital metasurfaces[J]. Nature Communications, 2018, 9(1): 4334.

[2] Zhao J, Yang X, Dai J Y, et al. Programmable time-domain digital-coding metasurface for non-linear harmonic manipulation and new wireless communication systems[J]. National Science Review, 2019, 6(2): 231-238.

[3] Cui T J, Qi M Q, Wan X, et al. Coding metamaterials, digital metamaterials and programmable metamaterials[J]. Light: Science & Applications, 2014, 3(10): e218.

[4] Ke J C, Chen X, Tang W, et al. Space-frequency-polarization-division multiplexed wireless communication system using anisotropic space-time-coding digital metasurface[J]. National Science Review, 2022, 9(11): nwac225.

[5] Wang S R, Dai J Y, Zhou Q Y, et al. Manipulations of multi-frequency waves and signals via multi-partition asynchronous space-time-coding digital metasurface[J]. Nature Communications, 2023, 14(1): 5377.

[6] Shao R W, Wu J W, Wang Z X, et al. Macroscopic model and statistical model to characterize electromagnetic information of a digital coding metasurface[J]. National Science Review, 2024, 11(3): nwad299.

[7] Wang X, Han J Q, Li G X, et al. High-performance cost efficient simultaneous wireless information and power transfers deploying jointly modulated amplifying programmable metasurface[J]. Nature Communications, 2023, 14(1): 6002.

[8] Chang M, Mu Y, Han J, et al. Tailless Information–Energy Metasurface[J]. Advanced Materials, 2024: 2313697.

[9] Wei M, Zhao H, Galdi V, et al. Metasurface-enabled smart wireless attacks at the physical layer[J]. Nature Electronics, 2023, 6(8): 610-618.

[10] Wang H L, Ma H F, Cui T J. A polarization-modulated information metasurface for encryption wireless communications[J]. Advanced Science, 2022, 9(34): 2204333.

[11] Wang H L, Ma H F, Zhang Y K, et al. Multichannel highly secure wireless communication system with information camouflage capability[J]. Science Advances, 2024, 10(21): eadk7557.

[12] Zhang Q, Liu C, Wan X, et al. Machine-learning designs of anisotropic digital coding metasurfaces[J]. Advanced Theory and Simulations, 2019, 2(2): 1800132.

[13] Liu C, Yu W M, Ma Q, et al. Intelligent coding metasurface holograms by physics-assisted unsupervised generative adversarial network[J]. Photonics Research, 2021, 9(4): B159-B167.

[14] Li L, Ruan H, Liu C, et al. Machine-learning reprogrammable metasurface imager[J]. Nature Communications, 2019, 10(1): 1082.

[15] Li L, Shuang Y, Ma Q, et al. Intelligent metasurface imager and recognizer[J]. Light: Science & Applications, 2019, 8(1): 97.

[16] Liu C, Ma Q, Luo Z J, et al. A programmable diffractive deep neural network based on a digital-coding metasurface array[J]. Nature Electronics, 2022, 5(2): 113-122.

[17] Gao X, Ma Q, Gu Z, et al. Programmable surface plasmonic neural networks for microwave detection and processing[J]. Nature Electronics, 2023, 6(4): 319-328.

[18] Zhang H, Chen Y, Wang Z, et al. Semantic regularization of electromagnetic inverse problems[J]. Nature Communications, 2024, 15(1): 3869.

[19] Meng Z K, Shi Y, Wu Q W, et al. Voice interactive information metasurface system for simultaneous wireless information transmission and power transfer[J]. npj Nanophoton-

ics, 2024, 1(1): 12.

[20] Hu S, Li M, Xu J, et al. Electromagnetic metamaterial agent[J]. Light: Science & Applications, 2024, in press.

[21] Zhao H, Hu S, Zhang H, et al. Intelligent indoor metasurface robotics[J]. National Science Review, 2023, 10(8): nwac266.

索　引